U0309963

园林植物栽培养护
及病虫害防治技术研究

韩 旭 王庆云 宋开艳 著

中国原子能出版社

图书在版编目 (CIP) 数据

园林植物栽培养护及病虫害防治技术研究 / 韩旭，
王庆云，宋开艳著 . -- 北京：中国原子能出版社，
2019.11

ISBN 978-7-5221-0192-7

Ⅰ . ①园… Ⅱ . ①韩… ②王… ③宋… Ⅲ . ①园林植
物—栽培技术—研究②园林植物—病虫害防治—研究
Ⅳ . ① S688 ② S436.8

中国版本图书馆 CIP 数据核字〔2019〕第 263790 号

内 容 简 介

本书从实用的角度出发，论述了园林植物栽培养护与病虫害防治的相关
知识。主要内容包括：园林植物生长发育规律，园林植物资源调查与选配，
园林植物苗木培育技术，园林树木栽植技术，园林树木的养护技术，园林花
卉栽培与养护技术，草坪的建植与养护技术，园林植物病虫害防治等。本书
结构合理，条理清晰，内容丰富新颖，可供从事园林工作的人员参考使用。

园林植物栽培养护及病虫害防治技术研究

出版发行	中国原子能出版社（北京市海淀区阜成路 43 号 100048）
责任编辑	张 琳
责任校对	冯莲凤
印　　刷	三河市铭浩彩色印装有限公司
经　　销	全国新华书店
开　　本	787mm×1092mm　1/16
印　　张	19.25
字　　数	345 千字
版　　次	2020 年 3 月第 1 版　2020 年 3 月第 1 次印刷
书　　号	ISBN 978-7-5221-0192-7　定　价　92.00 元

网　　址：http://www.aep.com.cn　E-mail:atomep123@126.com
发行电话：010-68452845　　　　　版权所有　侵权必究

前　言

近年来,随着我国经济社会的发展和人民生活水平的不断提高,园艺园林产业发展取得了长足的进步,在长期的园林植物栽培与养护管理实践过程中,劳动人民更是积累了丰富的理论知识和实践经验。现如今,改善生态环境、提高人居质量、发展城乡一体化绿化正成为我国城市建设的主旋律。有许多城市提出建设"生态城市""花园城市""森林城市"的目标更加促进了园林行业的蓬勃发展。

在这样的背景下,作为园林绿化主体的园林植物在数量上增速迅猛。园林植物生长的好坏,直接影响到园林绿化的效果。要想让园林植物持久健壮地生长,获得长期稳定的生态效益和观赏效果,必须进行科学合理的管理。这就急需大量面向城镇园林建设第一线,从事园林绿化,特别是园林植物栽培养护管理等方面的专业人才。向更多的人普及园林植物栽植养护基本知识势在必行。

为此,作者结合自身多年的科研成果和实际工作经验,吸收了国内外园林植物栽植养护经验的精华和近几年的最新研究成果,精心写作了本书。本书正是立足于满足人们对园林植物的审美要求、对城市环境的美好需求而展开的对现代园林植物栽培与养护管理的深入研究。

全书共分为九章。第一章主要对园林植物的基本概念、分类、作用和任务等进行了简单的介绍。第二章主要分析了园林植物生长发育的基本规律,包括园林植物生长发育的生命周期、年生长发育周期、各器官的生长发育。第三章是对园林植物的资源调查、选择与配植的讨论。第四章至第八章分别探讨园林植物苗木培育技术、园林植物栽植技术、园林树木的养护技术、园林花卉栽培与养护技术、草坪的建植与养护技术。第九章重点分析了园林植物的病虫害及其防治。

全书在写作的过程中,将重点放在园林植物的栽培与养护管理上,遵循了实用、系统、深入浅出的原则,逐渐形成了自身的特点和特色。本书图文并茂、通俗易懂、实用、可操作性强,在探究园林植物栽培与养护管理基本知识的基础上,穿插介绍了一些常用园林植物的栽培与养护技术,并对大树移栽技术作了简要介绍。本书可供从事园艺、绿化、林业、园林等方面工作的技术人员、工人参考,还可供园林(林业)绿化公司、林场、园林所、苗圃场的技术工人阅读。

本书在撰写的过程中,参阅了大量资料,引用了其中的一些内容,并且还从网络上搜集了一些插图以便于更好地理解,在此对有关作者表示衷心的感谢。由于时间紧张,加之作者水平的限制,书中疏漏和不足之处在所难免,恳请有关专家学者批评指正。

作　者

2019 年 9 月

目　录

第一章　园林植物栽培与养护基础

园林植物是园林建设的基本材料,是植物造景的基础。园林绿化以园林植物为主体,园林植物是城市园林景观的主体。我国地域辽阔,在广袤的土地上生长着种类繁多的植物,我国园林植物栽培与养护管理有着悠久历史,不论是传统园林还是现代园林,对园林植物的栽培与养护管理都十分重视,尤其是在推崇生态、环保理念的今天,植物造景更成为园林建设的主流。

第一节　园林植物的概念及分类

一、园林植物的概念

园林植物是指具有一定的生态价值、经济价值和观赏价值,能够满足人们优化生态环境和丰富人们的精神生活的栽培植物。

园林植物十分广泛,一般可以认为园林植物是指在园林绿化栽培中应用的植物,既包括木本和草本的观花、观叶或观果植物,也包括适用于风景名胜区和园林绿地的经济植物与防护植物,还包括蕨类、水生类、仙人掌多浆类、食虫类等植物种类。此外,室内花卉及装饰用的植物也属于园林植物。而今,随着社会的不断发展以及科学技术的不断进步,园林植物的范畴呈现出逐渐增对的趋势。

二、园林植物的分类

园林植物种类繁多,范围甚广,来源于世界各地的园林植物习性各异,栽植应用方式多种多样。为了更好地利用园林植物,使其更加有效地显示出园林植物的价值,对园林植物进行正确识别和科学分类因此显得十分重要。

（一）按生物学特性分类

1. 木本园林植物

木本园林植株的茎部木质化，枝干坚硬，难以折断，根据形态分为三类。

（1）乔木类

树体高大，有明显的主干，分枝繁盛，树干和树冠的区别十分明显，如广玉兰、银杏、悬铃木、雪松、冷杉、桂花等。

（2）灌木类

灌木类植物一般植株较矮，其地上部分无明显主干，靠近地面处生出许多枝条，呈丛生状，如紫丁香、绣线菊、牡丹、月季、蜡梅等。

（3）藤木类

藤木类植株比较典型的特点是其茎木质化，长而细弱，因此藤木类植物一般不能直立，必须要缠绕或攀缘在其他物体上才能进行正常生长，该类植物比较典型的有凌霄、金银花、山葡萄、紫藤等。

2. 草本园林植物

植物的茎为草质，木质化程度低，柔软多汁易折断。大多数园林花卉属于草本植物。

（1）露地栽植植物

指在露地自然条件中可完成其生长发育过程的草本植物。依其生长年限和根系状况又可细分为 1 年生花卉、2 年生花卉、宿根花卉、球根花卉等。

（2）保护地栽植植物

指一些原产于热带、亚热带及我国南部温暖地区，在气候较冷的北方不能露地栽植越冬的草本植物，如仙客来、瓜叶菊、兰科植物、仙人掌类等植物只能在温室或塑料大棚内保护越冬；再比如苏铁、棕竹等植物需要在温床、冷床、风障保护下才能越冬。

（3）水生植物

指其生长发育在沼泽地或不同水域中的草本植物，如荷花、睡莲、千屈菜、菖蒲等。

（4）草坪植物

指用于覆盖地面，形成较大面积而平整的草地的草类植物，如细叶结缕草、黑麦草等。

3. 水生园林植物

水生园林植物顾名思义是指生长在水中或潮湿土壤中的植物。我国水系众多,水生园林植物资源非常丰富,仅高等水生园林植物就有300多种。在园林中,根据其生活习性和生长特性,水生园林植物可分为五类。

（1）挺水植物

挺水植物是指根、下部茎,有的还包括部分下部叶浸没于水中,而上部的茎叶挺伸出水面以上的植物。一般生活在水岸边或浅水的环境中,常见的有鸢尾、水葱、菖蒲、蒲草、芦苇、荷花、雨久花、半枝莲等(图1-1)。

（2）漂浮植物

漂浮植物是指根系漂浮在水中,茎和叶露在水面生长的植物,该类植物生长的地方并不固定,随水流的变化而发生变化。常见的漂浮植物有浮萍、萍蓬草、大漂、凤眼莲等(图1-2)。

图1-1　荷花、鸢尾(图片来自网络)

图1-2　浮萍、凤眼莲(图片来自网络)

（3）浮叶植物

浮叶植物是指其根生长在水下泥土之中,而叶片生长在水面上,叶柄细长的植物,常见的浮叶植物有睡莲、满江红、金银莲花、菱等(图1-3)。

图 1-3　睡莲、金银莲花（图片来自网络）

（4）沉水植物

沉水植物是指根生在水中的泥土之中，茎、叶全部沉没于水中的植物。典型的水生植物如苦草、菹草、金鱼藻（Hottonia）和黑藻等（图 1-4）。

（5）滨水植物

滨水植物是指在水域的周边生长的植物，短期内可以忍耐被水淹没的环境。常见的滨水植物有水杉、池杉、落羽杉、竹类、垂柳、水松、千屈菜、辣蓼、木芙蓉等（图 1-5）。

图 1-4　苦草、黑藻（图片来自网络）

图 1-5　垂柳、木芙蓉（图片来自网络）

4. 多浆、多肉类园林植物

这类植物又称为多汁植物,植株的茎、叶肥厚多汁,部分种类的叶退化成刺状,表皮气孔少且经常关闭,以降低蒸腾、减少水分蒸发,并有不同程度的冬眠和夏眠习性。该类植物大多数为多年生草本或木本植物,有少数为一二年生草本植物,如仙人掌、燕子掌、虎刺梅、生石花等。

(二)按植物的观赏部位分类

按园林植物的花、叶、果、茎、芽等具有观赏价值的器官进行分类,可分为以下几类。

1. 观花类

以观花为主,花朵大而美丽的植物,包括木本观花类和草本观花类,如月季、山茶、菊花、三色堇、唐菖蒲、大丽菊等。

2. 观茎类

以观赏茎枝为主的植物,植株的茎、分枝形态奇特、婀娜多姿,具有独特的观赏价值。如白桦、红瑞木、佛肚竹、仙人掌、光棍树等。

3. 观叶类

以观叶为主,其叶片叶色多种多样、色泽艳丽并富于变化,或叶形奇特,具有很高的观赏价值,且观赏期长,越来越成为人们喜爱的植物,如彩叶草、文竹、变叶木、绿宝石、龟背竹、竹芋等。

4. 观果类

以观赏果实为主的植物。植株的果实形状奇特,果色鲜艳,挂果期长,能装点秋冬季节室内外环境。如花楸、南天竺、金银忍冬、佛头花、火棘、石榴、佛手、金橘、乳茄等。

5. 观芽类

以观芽为主,芽肥大的植物,如银芽柳等。

6. 观根类

以观赏根为主的植物。植株主根呈肥厚的薯状,须根呈小溪流水状,气生根呈悬崖瀑布状。如榕树、根榕盆景等。

7. 观姿态类

枝条扭曲、盘绕、似游龙如伞盖的植物,如雪松、龙柏、龙爪槐、龙爪柳等。尤其是雪松,以其树干高大挺拔、姿态秀丽,成为世界五大观赏树种之一。

（三）按园林用途分类

按园林植物在园林中配置的位置和用途分类,可分为以下几类。

1. 行道树

行道树一般是比较大的乔木,其遮阳的效果比较好,一般在道路两旁成行栽植。行道树在城市道路绿化与园林绿化中起着骨架作用。

由于城市街道环境条件复杂,如土壤板结、肥力差、地下管道的影响、空中电线电缆的障碍等,故对行道树种也提出较高的要求。具体如下:行道树分为常绿行道树和落叶行道树两大类。行道树的主要标准是树形整齐,枝叶茂盛,冠大荫浓;树干通直,花、果、叶无异味,无毒无刺激;繁殖容易,生长迅速,移栽成活率高,耐修剪,养护容易,对有害气体抗性强,病虫害少,能够适应当地环境条件。

在园林实践中,完全符合要求的行道树种并不多。悬铃木、樟树、国槐、榕树、重阳木、女贞、毛白杨、银桦、鹅掌楸、椴树、柳树、杨树等是我国常见的行道树品种。

2. 庭荫树

庭荫树类树冠浓密,能形成较大的绿荫,在庭院、场地或草坪内孤植或丛植,或在开阔有湖畔、水旁栽植,供游人在树荫下纳凉,或为了造景需要而特意栽植的植物。

一般树木高大、树形美观、树冠宽阔、枝叶茂盛、无污染物,选择时应兼顾其他观赏价值,如榕树、榉树、梧桐、国槐、玉兰、枫杨、柿树等常用作庭荫树。

3. 花灌木

花灌木色艳、浓香,以观花、赏花为目的而栽植,花灌木一般是小乔木或灌木,在园林中应用最广。观花灌木如榆叶梅、蜡梅、绣线菊等,观果灌木如火棘、金银木、华紫珠、凌霄、金银花等。

4. 绿篱植物

绿篱植物一般是具有代替护栏起保护或装饰作用的植物,由耐修剪的植物成行密植而成。绿篱类一般树木枝叶密集、生长慢、耐修剪、耐密植、养护简单。按其特点又分为花篱、果篱、刺篱、叶篱、彩叶篱等,按高度可分为矮篱、中篱、高篱、绿墙等。常见的有水蜡、茶条槭、小叶丁香、金焰绣线菊、大叶黄杨、雀舌黄杨、法国冬青、侧柏、小叶女贞、九里香、马甲子、火棘等。

5. 垂直绿化植物

以攀缘墙面或布满藤架,起绿化装饰作用为目的而栽植的具有攀附能力的植物。它对提高绿化质量、增强造园效果、美化空间环境等具有独特的生态保护功能。比较典型的垂直绿化植物有常春藤、南蛇藤、爬山虎、紫藤等。

6. 花坛植物

花坛植物供游人赏玩,露地栽植成各种图案的植物。该类园林植物一般采用观花、观叶的草本植物和少数低矮灌木。比较典型的有一串红、万寿菊、月季、金盏菊、金叶女贞、郁金香、紫叶小檗、百合、五色苋等。

7. 草坪植物及地被植物

地被类是指能覆盖地面并有一定观赏价值的低矮植物,包括蔓生植物、丛生植物、草甸植物、缠绕藤本植物及蕨类植物。这类植物的主要用途是覆盖裸露地表、防止尘土飞扬、防止水土流失、减少地表辐射、增加空气湿度、美化环境。如六月雪、雀香栀子、偃柏、铺地柏、五叶地锦、木通、常春藤、五味子、小叶黄杨、矮生黄杨、凌霄等。

8. 切花及室内装饰植物

用盆花或切花来美化室内环境,或专为各种集会、展览场所进行美化。通常该类树木应具有树姿优雅、生长缓慢、枝叶细小、耐修剪、耐干旱瘠薄、易栽植、寿命长等特点。如散尾葵、绿萝、蕨类植物、兰花、凤梨等。

9. 片林

按带状或成片栽植,作为公园外围的隔离带或公园内部分隔功能区的隔离带的植物。在实际的生活中,片林比较常见,如工矿区的防护林带、自然风景区的风景林、城乡周围的林带、公园外围的隔离带等。适合片林种植的植物有松、柏、杨树林等。环抱的林带可组成一个闭锁空间。

（四）按自然花期分类

1. 春花类

花朵在 2～4 月盛开的园林植物。如蒲包花、石竹、虞美人、瓜叶菊、雏菊、金鱼草、紫罗兰、金盏菊、三色堇、麦秆菊、报春花类、春兰、君子兰、仙客来、花毛茛、铃兰、郁金香、百合、迎春、杜鹃、瑞香、木香连翘、红继木、桃、梨、樱花、海棠、碧桃、玉兰、金花茶、茶花、木棉等。

2. 夏花类

花朵在 5～7 月盛开的园林植物。如凤仙花、鸡冠花、千日红、万寿菊、孔雀草、一串红、太阳花、含羞草、萱草、天竺葵、朱顶红、鹤望兰、美人蕉、荷花、锦带、茉莉、黄蝉、蔷薇、栀子花、牡丹、芍药、扶桑、龙船花、棣棠、黄槐、紫薇、鸡冠刺桐、中国无忧花、大花紫薇、仪花、粉花山扁豆、合欢等。

3. 秋花类

花朵在 8～10 月盛开的园林植物。多数一年生草本植物，如美女樱、百日草、雁来红、金苞花、菊、大丽花、凤梨、秋石斛、一品红、桂花等。

4. 冬花类

花朵在 11 月至翌年 1 月盛开的园林植物。如梅、蜡梅、水仙花等。

5. 一年多次开花类

花朵在一年内开花 2 次以上的园林植物，如月季、四季海棠等。

（五）按栽培目的分类

1. 观赏用

以布置园林绿地和进行室内外装饰为主要目的栽培的植物，包括花坛植物、盆栽植物、切花植物、园林绿化植物等。

2. 食用

有些观赏植物的茎、叶和花可以食用。如板栗、榛子、木薯等果实含淀粉较多的木本粮食类；油茶、油桐、核桃、乌桕等果实含脂肪较多且可供榨油的木本油料类；苹果、枇杷、柑橘、桃、杏、李、梨等果实可供人们食用的果用植物；石刁柏、香椿、落葵等嫩茎叶可食用的蔬菜类植物等。

3. 医药用

药用植物是指根、茎、叶、皮等可入药的园林植物。李时珍的《本草纲目》记载了近千种植物的性、味、功能及临床药效。桔梗、牡丹、芍药、金银花、连翘、菊花、茉莉及美人蕉等 100 多种观赏植物均为常用的中药材。

4. 香料工业用

园林植物可以作为香料工业的原料。例如,代代、茉莉、玫瑰、白兰、栀子等都是在香料工业中十分重要的植物,是制作"花香型"化妆品的高级香料。

第二节　园林植物的栽培意义

园林植物具有绿化、美化和净化环境的功能。将园林植物应用于城乡绿化和园林建设具有重要意义。

一、调节空气温度和湿度

由于树冠能遮挡阳光,减少辐射热,降低小环境内的温度,因而人们夏季在树荫下会感到凉爽和舒适。试验表明,树木的枝叶能够将太阳辐射到树冠的热量吸收 35% 左右,反射到空中 20%～25%,再加上树叶可以散发一部分热量,因此,树荫下的温度可比空旷地降低 5～8 ℃,而空气相对湿度则要增加 15%～20%。所以,夏季在树荫下会感到凉爽。

园林植物对改善小环境内的空气湿度有很大作用。据统计,植物生长过程中所蒸腾的水分,要比它本身的重量大 300～400 倍。阔叶林夏天要向空气中蒸腾水分 167 t/667 m² 以上,松林每年可蒸腾水分近 33 t/667 m²。不同的树种具有不同的蒸腾能力,在城市绿化时选择蒸腾能力较强的树种对提高空气湿度具有明显的作用。

二、改善环境质量

在人口密集的大城市,由于人的活动,特别是大工业的发展,大工厂排出的污水和有毒气体往往造成空气污染,加之噪声等严重影响人们的健康和工作。环境科学的测试表明,在全面、合理的规划下,栽培园林植物可以大大改善环境质量,起到净化空气、防风固沙、保持水土、滞尘杀菌、减轻污染、减弱噪声、降温增湿等作用。在以园林植物为主要素材而形成的绿草如茵、繁花似锦、鸟语花香的优美环境中,人与自然紧密接触,由此而赏心悦目,消除疲劳,振奋精神。在城市的公园和学校,园林植物还是普及自然科学知识、丰富教学内容的材料,用以激发人们热爱自然、保护环境的热情。

三、美化环境

在自然界中生长着多种多样的,各具不同形态、色彩、风韵和芳香,各有其优美姿态的园林植物。园林植物本身的枝、皮、叶、花、果和根都具有无穷的魅力,随季节变化而色彩纷呈,或冬夏常青,或繁花一时,或婀娜多姿,或柔细娟纤,或色彩鲜艳,或清香扑鼻,或秋色迷人,或果实累累,具有极高的观赏价值,给城市增添了生动的画面,美化了环境,减少了城市建筑的生硬化和直线化,能起到建筑设计所不能起到的艺术效果。

园林植物色彩变化丰富,时迁景变,不仅具有美学的意义,还能使人的神经系统得到休息,给人们创造安静舒适的休息环境,供广大劳动人民工作之余享受休息。

园林植物还给人以音乐美的享受,风声、树声、鸟语虫鸣组成天然的交响乐。

园林植物的优美姿态和生活习性,也令人欣赏。

四、产生经济效益

在当今专业化经营规模日趋扩大、科技含量和生产水平不断提高的条件下,园林植物的姿、韵、色、香等品质全面提高,成本降低,销路扩展,经营园林植物已成为欣欣向荣、极富投资价值的产业。我国特产的园林植物如水仙、牡丹、碗莲、山茶等,深受世界各国人们的喜爱,已成为出口农林产品中极具潜力的商品。还有许多园林植物的枝、叶、花、果及根、皮等可以用作药材、食物及工业原料。随着我国农林产业结构的调整,园林植物生产将成为农林生产中的后起之秀。凡此种种,都表现出园林植物的多种生产功能及较好的经济效益。

五、招引鸟类

园林植物还有保护各种野生动物,招引各种鸟类的作用。如奥地利维也纳的西部和西南部已建成世界闻名的"维也纳森林"。丛林灌木相间而生,珍禽异兽混迹其间,到处呈现一派鸟语花香的气象。

第三节 园林植物与环境

环境是植物生存的基本条件,是植物生存地点周围一切空间因素的总和。植物的生长发育究其实质而言是细胞的分裂与分化,这个过程从根本上来讲是在遗传(基因)的作用下进行的,但是该过程的发生与植物所生存的环境有着莫大的联系。环境因子的变化,能够直接影响植物生长发育。植物只有在适宜的环境中,才能进行良好的生长发育,才能实现植物的各种价值。

植物生存的环境因子,按照其对植物影响的直接性与否划分为直接因子和间接因子。

直接因子,即直接作用于园林植物生命过程的环境因子,又称为"生态因子"。它分为气候因子、土壤因子、生物因子、地形因子和人为因子五大类:其中每一类又由许多更具体的因子组成。这些直接因子并不是孤立存在的,它们相互关联、相互制约,共同对植物起作用。

间接因子是指对植物的生长发育并不直接起作用的因素,一般会通过直接因子影响植物的生命进程。比较典型的间接因子主要包括生物、人为影响地势及地形等。如地形改变,则会引起光照、温度及水分的改变,从而影响植物的生长。可见,植物的生长发育与外界环境之间的关系是十分复杂的。

为了更好地实现园林植物的栽培与养护管理,需要对环境进行认真深入地研究,只有认真研究,掌握其规律,才能为园林植物创造出适宜的生长环境,才能促进园林植物正常生长发育,才能实现园林植物的经济、社会、生态价值。

一、气候因子对园林植物生长的影响

气候因子属于直接因子,对园林植物的生长发育有着直接且十分重要的影响,气候因子主要是指光照、温度、水分和空气等。

(一)光照

光是地球上所有生物得以生存和繁衍最基本的能量源泉,地球上生物生活所必需的全部能量,都直接或间接地源于太阳光。光本身又是一个十分复杂的环境因子,太阳辐射的强度、质量及其周期性变化对植物的生长发育和地理分布都产生着深刻的影响,而植物本身对这些变化的光因子也有着极其多样的反应。

1.光照强度

(1)不同园林植物对光照的需求

地球上的各种植物都要求在一定的光照强度下生长。各种植物由于长期所处的环境不同,其器官在发展过程中逐渐形成了较大的差异,这些差异导致不同的园林植物对光照强度的反应不一样,如月季、碧桃、仙人掌等,光照充足时,植株生长健壮;有些园林植物如含笑、珊瑚树、红豆杉等强光下生长不良,在半阴条件下健康生长。

根据园林植物正常生长发育对光照强度的需要,可将其分为三种类型。

①喜光园林植物。这类园林植物在全光照下生长最好,在荫蔽或弱光条件下生长发育不良。它们的光饱和点为全光照的 50% ~ 70%。此类园林植物叶绿素 a/b 比值大,光合作用一般以红光为主,在明显缺光照的条件下不能很好地进行生长发育。常见种类有蒲公英、松、杉、杨、柳和槐等。

②耐荫园林植物。这类园林植物生长发育需光少,并喜一定的荫蔽,不能忍受过强的光照。它们的光饱和点小于全光照的 50%。此类园林植物叶绿素 a/b 比值小,即叶绿素 b 的含量相对较多,能充分地利用蓝紫光而生长在荫蔽的环境中。光照过强,叶片会显得暗淡、苍老,没有光泽,甚至会导致整株植物的死亡。栽培中应保持 50% ~ 80% 的荫蔽度,常见种类有连钱草、铁杉、红豆杉和紫果云杉等。很多药用植物,如人参、三七、半夏等也属于阴生植物。

③中性园林植物。中性园林植物是一类比较喜光,在全日照条件下生长良好,但又能耐荫的植物。但光照过强常超过其光的饱和点时,易灼伤而影响其生长。故对于该类植物的养护与管理应该注意盛夏合理遮阴。合理遮阴是在保持一定遮阴效果的前提之下,注意一定的光照强度,因为过分荫蔽会削弱光合作用,造成植株的营养不良。如青冈属、山毛榉、云

杉、桔梗、黄精、山楂、珍珠梅和党参等。

（2）园林植物不同生长发育阶段与光照的关系

园林植物不同的生长发育时期对光照强度的要求也不同。以木本植物为例，其幼年期和营养生长为主的时期需光量稍小，稍能耐荫，而进入成年后和生殖生长时期，特别是在由枝叶生长转向花芽分化的临界时期，对光照要求较多，此时如果光照不足，则会发生植物花芽分化困难，不开花或少开花的现象。

2. 光质

地球上接收到的太阳光根据是否可被人的肉眼看见分为可见光和不可见光。其中可见光具有最大的生态意义，因为只有可见光才能在光合作用中被植物利用并转化为化学能。

可见光是人眼能看见的白光，是植物进行光合作用的能源。白光分红、橙、黄、绿、青、蓝、紫7色。波长不同的光对园林植物生长发育有着不同的影响。一般而言，红光、橙光能够促进植物碳水化合物的合成，并对长日照植物的发育有促进作用，对短日照植物的发育有抑制作用，蓝紫光的作用则恰恰相反。因此，栽培上为培育优质的壮苗，可人为地调节可见光成分，例如，可以选用不同颜色的玻璃或塑料薄膜覆盖。

不可见光主要是红外线和紫外线。紫外线波长短于390 nm，主要作用是能促进花青素的形成和抑制茎的伸长。高山上的植物生长慢，植株矮小，而花朵的色彩比平地艳丽，热带植物花色浓艳等就是因为紫外线较多之故。紫外线还能促进种子发芽、果实成熟、杀死病菌孢子等。红外线波长大于760 nm，它是一种热线，可觉察它的存在。红外线能够被地面吸收转变为热能，进而使气温和地温升高，满足植物生长所需要的热量。

光质（light spectrum）就是指光谱成分，它的空间变化规律是短波光随纬度增加而减少，随海拔升高而增加；长波光则与之相反。光质的时间变化规律是冬季长波光增多，夏季短波光增多；一天之内中午短波光较多，早、晚长波光较多。不同波长的光对植物有不同的作用。表1-1所示为太阳辐射不同波长范围对植物生命的效应。

表1-1 太阳辐射不同波长范围对植物生命的效应

光谱区	波长/nm	百分数	光合作用	辐射的效应		
				形态建成	光害	热
紫外线	290～380	0～4	不重要	轻微	重要	不重要
光合作用有效范围	380～710	21～46	重要	重要	轻微	不重要
红外线	750～4 000	50～79	不重要	重要	不重要	重要
长波辐射	4 000～100 000		不重要	不重要	不重要	重要

当太阳光透过森林生态系统时,因植物群落对光的吸收、反射和透射,到达地表的光照度和光质都大为改变,红橙光和蓝紫光也所剩无几。因此,生长在生态系统不同层次的植物对光质的需求是不同的。太阳光通过水体时,光质改变更为强烈。水对光有很强的吸收和反射作用。水所反射的光的波长为 420 ~ 550 nm,所以水多呈淡绿色,湖水以黄绿色占优势,深水多呈蓝色,海洋中以微弱的蓝绿色为主。

3. 光照时间

除了光质和光照强度外,园林植物的生长发育也会受到光照时间长短的影响。研究光照时间对园林植物生长发育的影响需要明白两个基本的概念:光周期和光周期现象。

在一天 24 h 的循环中,白天和黑夜长度总是随着季节不同而发生有规律的交替变化。一天中白天和黑夜的相对长度,称为光周期。地球上不同纬度的温度、雨量、日照长度等随季节发生着有规律的变化。经过长期的适应,其生长发育形成了温周期性和季节周期性。在各种气象因子中,日照长度变化是季节变化最可靠的信号。北半球不同纬度地区随季节日照长度的变化见图 1-6。

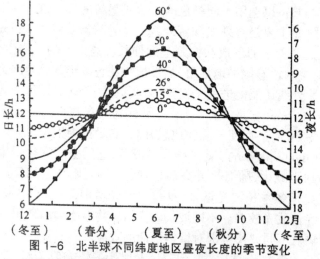

图 1-6 北半球不同纬度地区昼夜长度的季节变化

有些园林植物只能在昼短夜长的秋冬季开花,有些园林植物却只能在昼长夜短的夏季开花。根据园林植物开花对光照时间的反应和要求,可将其分为以下四类。

①长日照植物。长日照园林植物是指只有当日照长度超过其临界日长时才能开花的植物。一般原产于温带和寒带。只有满足该光照时间的条件才能进行正常的生殖生长,否则只进行营养生长,不能形成花芽。常

见的种类有牛蒡、紫菀、凤仙花等；作物中有冬小麦、大麦、菠菜、油菜、甜菜、甘蓝和萝卜等。人为延长光照时间可促使这些植物提前开花。

②短日照植物。短日照植物相对于长日照植物而言，指只有当日照长度短于其临界日长时才能开花的植物。这类园林植物原多产于热带和亚热带地区。只有满足该光照条件的短日照植物才能形成花芽，否则便不开花或明显推迟花期，并且在一定时间范围内，黑暗时间越长，开花越早。常见的有牵牛花、苍耳、菊花等；作物中有水稻、大豆、玉米、烟草、麻和棉等。这类植物通常在早春或深秋开花。

③中日照植物。中日照植物是指只有在昼夜时间相当的时候才能开花进行生殖生长的植物。这类植物既不能在白昼时间长于黑夜，也不能在白昼时间短于黑夜的条件下进行开花。如甘蔗要求日照长度在 12.5 h 左右才能开花。

④中间性植物。中间性植物是指对光照时间长短并不十分在意，只要其他条件满足就可以开花的植物。如黄瓜、番茄、四季豆、番薯和蒲公英等。

光周期现象与植物的地理分布有关。地球上不同纬度的光周期是不一样的，在不同的环境中形成了相应的植物。短日照植物大多产于热带或亚热带；长日照植物大多产于温带和寒带。

如果把短日照植物北移，由于日照时数增加，会延迟休眠的起始时间，易使植物受到冻害，其开花也可能因为长光周期而受到限制；如果长日照植物南移，会由于长日照条件不足，不会开花。在园林植物的生长和发育上，可以利用植物的光周期现象，通过人为控制光照强度、光质和光照时间等条件，来达到控制开花时间的目的。了解植物的光周期现象，对植物的引种驯化、花卉培育等工作十分重要。

（二）温度

温度是植物极为重要的生态因子之一。地球表面温度变化很大，空间上，温度随海拔升高、纬度（北半球）的北移而降低；随海拔的降低、纬度的南移而升高。时间上，一年中有季节的变化，一天中有昼夜的变化。北半球的亚热带和温带地区，夏季温度较高，冬季温度较低，春、秋两季适中；一天中的温度昼高于夜，最低值发生在将近日出时，最高值一般在 13 ~ 14 时，日变化曲线呈单峰型。

植物属于变温类型，植物体温度通常接近气温（或土温），随环境温度的变化而变化，并有一滞后效应。生态系统内部的温度也有时空变化。在森林生态系统内，白天和夏季的温度比空旷地面要低，夜晚和冬季相反；但昼夜及季节变化幅度较小，温度变化缓和，随垂直高度的下降，变幅也下降；生态系统结构越复杂，林内外温度差异越显著。

温度的变化直接影响着植物的光合作用、呼吸作用、蒸腾作用等生理作用。不同植物对温度的适应性存在着明显的差异，但是不论何种植物，其生长发育对温度的适应性都表现为三基点，即最低温度、最高温度和最适温度。一般而言，植物正常生长发育所需的最适温度为 20～35 ℃，植物种类及发育阶段的差异性会影响植物适应性的最低和最高温度。不同的植物对温度三基点的要求是不相同的，如原产北方的植物比南方植物生长要求的温度整体上要稍低；同一植物在不同的生长发育阶段对温度的适应性也表现出明显的差异性，如早春开花的梅、海棠等的开花期比叶芽萌发期耐低温。

1. 温度对植物花芽、花色的影响

（1）温度影响植物花芽分化

我国劳动人民在很早的时候就发现了温度对植物的发育有深刻的影响。例如，在实践中发现许多植物（一般不指一年生的植物）会经历春化阶段，即植物为了花芽分化、开花结实必须要经过一定时间的低温。

温度对植物的花芽分化会产生明显的作用，而且不同的植物完成正常的花芽分化阶段对温度的要求存在显著的差异。比较典型的是，水仙完成正常的花芽分化所需的温度为 13～14 ℃，杜鹃为 19～23 ℃，郁金香为 20 ℃，八仙花需在 10～15 ℃且光线充足时才能进行花芽分化，山茶花则要求白天温度 20 ℃以上，夜间温度 15 ℃以上时才能进行花芽分化。可见温度是观赏植物形成花芽的主要因素。因此在生产中创造适宜的温度，保证花芽顺利分化，能够使园林植物按照实际需求大量开花，提升园林植物的价值。

（2）温度影响花色

温度对于花色的影响只是针对有些植物，温度并不影响所有植物的花色。大丽花在温暖地区栽植时，夏季高温炎热，花小、色暗淡，甚至不开花，秋后才开出鲜艳夺目的花朵来，而在寒冷的地区，夏季仍花大艳丽。蓝白复色的矮牵牛花，颜色会随着温度的变化发生明显的变化，在 15 ℃以下时会呈白色，在 15～30 ℃之间时则呈蓝白复色，而在比较高的温度 30～35 ℃时，花呈蓝色或紫色。比较典型的受温度影响花色变化比较大的植物还有菊花、翠菊等，其在高温下花色暗淡，在较低温度下花色浓艳、活泼。形成这种变化的主要原因是温度影响植物花青素的形成。

2.节律性变温对植物的影响

节律性变温就是指温度的昼夜变化和季节变化两个方面。昼夜变温对植物的影响主要体现在:能提高种子萌发率,对植物生长有明显的促进作用,昼夜温差大则对植物的开花结实有利,并能提高产品品质。此外,昼夜变温能影响植物的分布,如在大陆性气候地区,树线分布高,是因为昼夜温差大的缘故。植物适应于温度昼夜变化称为温周期,温周期对植物的有利作用是因为白天高温有利于光合作用,夜间适当低温使呼吸作用减弱,光合产物消耗减少,净积累增多。

温度的季节变化和水分变化的综合作用,使植物产生了物候这一适应方式。例如,大多数植物在春季温度开始升高时发芽、生长,继之出现花蕾;夏秋季高温下开花、结实和果实成熟;秋末低温条件下落叶,随即进入休眠。这种发芽、生长、现蕾、开花、结实、果实成熟、落叶休眠等生长发育阶段,称为物候期。物候期是各年综合气候条件(特别是温度)的如实、准确反映,用它来预报农时、害虫出现时期等,比平均温度、积温和节令更准确。

3.极端温度对植物的伤害

(1)高温对植物的伤害

高温伤害是指当植物生存环境的温度超过植物生长所能适应的最高温度之后给植物带来的伤害。高温能够直接阻碍植物的生长发育,甚至直接导致植物的死亡,对植株产生十分严重的影响。

一般而言,如果植物生存环境的温度达到35 ~ 40 ℃时,植物会停止生长,因为在这种温度下,植物光合作用和呼吸作用不能维持平衡,呼吸作用会远远强于光合作用,植物营养物质的消耗大于积累。如果植物生存环境的温度达到45 ℃以上时,高温会直接影响植物体内酶的活性,酶是生物生命活动不可缺少的物质,缺乏酶的植物会形成局部伤害或全株死亡。另外,温度过高使蒸腾作用加强导致整株植株萎蔫枯死的现象和使叶片过早衰老减少有效叶面积的现象也是时有发生。高温还会灼伤树皮,观花类植物花期缩短或花瓣焦灼。观叶植物在高温下叶片褪色失绿、根系早熟与木质化,降低植物根系对营养物质和水的吸收能力进而影响植物的生长。生长于沙土地上的植物幼苗,常因土壤温度过高,根茎和苗干受日灼而死亡。

自然界中存在着形形色色的种类各异的植物,各种植物耐高温的能力有着明显的差异。例如,米兰只有在夏季高温下才能花香浓郁,生长旺盛;而水仙、仙客来和吊钟等,在夏季会因高温而进入休眠期。一些秋播花草,在夏季来临前即干枯死亡,而以种子的形式度过夏天。同一植物处在不同的生长发育时期,其耐高温的能力也存在着明显的差异,一般来说,种子期的耐高温能力最强,而开花期耐高温能力最弱。在进行植物的栽培与养护管理的过程之中,应该尽量让植物处于最适合的生长温度,在高温的情况下,需要适时采取降温措施以帮助植物安全越夏。

(2)低温对植物的伤害

不仅高温能够对植物产生严重的伤害,低温对植物的伤害同样需要引起重视。低温伤害是指当植物生存环境的温度降到植物所能忍受的最低温度以下时,低温对植物的伤害。低温伤害就其实质来说有三种。一是冻害,即冬季温度低于0 ℃时,造成植物体内结冰给植物组织造成的伤害。二是霜害,霜害是指空气中的饱和水分因气温降低在叶片周围凝结成霜,对植物造成伤害。如早春植物发芽后易遭突如其来的晚霜的伤害。三是寒害,又称冷害,是指气温在0 ℃以上的低温对植物造成的伤害,寒害一般发生在热带和亚热带地区,寒带地区植物一般能够忍受。

低温对植物造成伤害的程度与多种因素有关,首先与植物本身的抗寒能力有关,其次与低温持续的时间、温度降低的幅度和发生的季节有着明显的联系。一般南方植物忍受低温能力要比北方植物的差,如扶桑、茉莉等在10 ~ 15 ℃的气温下即受冻,而珍珠梅、东北山梅花可耐 −45 ℃左右的低温。在栽培过程中,应采取保护性措施,如涂白、灌水、埋土、根茎堆土、束草把、搭风障、防霜等防止低温伤害。关于低温的危害及其预防措施在第六章第四节详述。

4. 温度对植物分布的影响

由于温度能影响植物的生长发育,因而能制约植物的分布。影响植物分布的温度条件有年均温以及最冷月和最热月的均温、积温、极端温度(最高、最低温度)等。

根据植物分布与温度的关系,可将植物分为两种生态类型,即广温植物和窄温植物。

广温植物(eurytherm)指能在较宽的温度范围内生活的植物。如松(Pinus)、桦(Betula)、栎(Querus)等属的植物能在 −5 ~ 55 ℃的温度条件下生活,因此它们分布广,是广布种。

窄温植物(stenotherm)指只能在很窄的温度范围内生活,不能适应温度变动较大的植物。其中仅能在低温范围内生长发育而最怕高温的植物,称为低温窄温植物,如雪球藻、雪衣藻只能在冰点的温度范围内发育繁殖;仅能在高温条件下生长发育而最怕低温的植物,称为高温窄温植物,如椰子、可可等只分布在高温的热带地区。

5.土温与植物生长的关系

除少数水生植物之外,植物的根系一般生长在土壤之中,土壤的温度变化会直接影响根系,进而影响整株植物的生长发育。根系如果处在适宜的土壤温度之下,生长会十分旺盛,并不断形成新根。

需要注意的是,在对土壤进行管理的过程之中,土温变化切忌过快。特别是在炎热的夏季,土壤吸热很多,温度较高,尤其在中午前后,土壤的温度一般达到了全天的最高温,此时若给植物浇灌冷水,土温会在短时间之内下降很多,生长在土壤之中的根系温度也会随之下降,根系温度的这种急剧变化会直接导致根系对水分的吸收能力急剧下降,植物在炎热的夏天不能吸收充足的水分满足蒸腾作用对水分的蒸发,植物体内水分供应失衡,会出现暂时性的萎蔫。北方地区冬季比较严寒,土壤冻结层很深,在这种条件下,根系无法吸收充足的水分以满足蒸腾作用消耗的水分,植株在这种情况下一般会发生生理干旱。为了缓解冬季植物的生理干旱,需要适当提高土壤温度,可以在入冬后,将雪堆放在植物根部或适当根部盖草。

（三）水分

水分是植物体的重要组成部分。一般植物体都含有60%～80%,甚至90%以上的水分。植物对营养物质的吸收和运输,以及光合、呼吸、蒸腾等生理作用,都必须有水分的参与才能进行。水是植物生存的物质条件,也是影响植物形态结构、生长发育、繁殖及种子传播等重要的生态因子。

水与植物的生产量有着十分密切的关系。所谓需水量就是指生产1 g干物质所需的水量。一般说来,植物每生产1 g干物质约需300～600 g水。不同种类的植物需水量是不同的,凡光合作用效率高的植物需水量都较低。当然,植物需水量还与其他生态因子有直接关系,如光照强度、温度、大气湿度、风速和土壤含水量等。植物的不同发育阶段吸水量也不相同。

1.水分对植物生态类型的影响

不同的植物及同一植物在不同的发育阶段对水分的需要量是不相同的,一般耐荫植物要求较高的湿度,喜光植物对水分要求相对较少。同种植物往往在生长的前期需水量较大,后期相对较少。根据植物对水需求量的差异可以将植物划分为旱生植物、湿生植物、中生植物和水生植物四类。

①旱生植物。旱生植物顾名思义是指耐旱能力较强,能够在水分较少的环境下进行生存的植物。主要分布在干热草原和荒漠地区。比较典型的旱生植物有柽柳、胡颓子、桂香柳、仙人掌等。

②湿生植物。这类植物适宜生长在空气与土壤湿润的环境中,不能长时间忍受缺水。土壤短期积水时,也可以正常生长,但干旱则会导致植物缺水死亡。可分为阴性湿生植物和阳性湿生植物。前者要求光照较弱的潮湿环境,主要分布在茂密森林的下层,以草本植物多见,如雨林中的多种附生植物、秋海棠等;后者要求光照较强的潮湿环境,如水稻、灯心草、半边莲、毛茛、泽泻等。

③中生植物。中生植物是一类比较多的植物,自然界中的大多数植物均属于该类,这类植物适宜生长在干湿适中的环境下,在过度干旱和过度潮湿的环境中,植物都不能正常地进行生长发育。

④水生植物。这类植物只能生长在水中,如荷花、红树等。

2. 水分过分或过少对植物的不利影响

同一种植物年发育周期中,处在不同的物候期,对水的需求量呈现明显的差异性。一般而言,植物在早春萌芽阶段对水的需求并不多,而当植物进入枝叶生长期时需要较多的水分来满足植物的生长发育,花芽分化期和开花期需水较少,结实期需水较多。在植物的生命周期中,植物体内的含水量会逐渐增多,但到一定数值后又开始递减。

水对植物的不利影响主要是旱害和涝害两种。

旱害(drought)主要是由大气干旱和土壤干旱引起的,由于水分缺乏,植物体内的生理活动受到阻碍,水分平衡失调。轻则使植物生殖生长受阻、抗病虫害能力减弱、产品品质下降,重则导致植物长期处于萎蔫状态而死亡。一般植物有一定的耐旱和抗旱能力,但抗旱能力的大小差异很大。

涝害(flood)则是因土壤水分过多和大气湿度过高而引起的,淹水条件下土壤严重缺氧、CO_2 积累,使植物的生理活动和土壤中微生物活动失常、土壤板结、养分流失或失效、植物产品品质下降。植物对水涝也有一定的适应性,如根系的木质化增加、形成通气组织等。

3. 水分对植物花色的影响

水分多少对植物的开花和花色均有显著的影响。开花期内的植物需要大量的水分,若开花期内水分不足,花朵将难以完全展开,不能充分显示出品种固有的花形与花色,而且花期也会随着缩短,影响到观赏效果。不仅如此,土壤水分的含量,对花朵色泽的浓淡也会产生很大的影响。一般而言,花朵在水分不足的情况下颜色会变浓。所以在进行园林植物栽培与养护管理的过程中,应及时进行水分调节,避免植物缺水现象的产生。

（四）空气

地球的表面笼罩着一层厚厚的大气,经过研究发现,其主要成分是氮气（78%）和氧气（21%）,以及少量的二氧化碳和稀有气体。而今,随着现代化和工业化建设,各地与大气的相互作用、相互影响也是越来越频繁,大气的成分和比例在不同的时间和不同的地区会发生一定的变化,例如,在工矿区、城镇还混有大气污染物、烟尘等。园林植物的正常生长发育过程需要时时有大气的参与,大气成分和大气中各种成分的比例对园林植物的生长发育有着十分重大的影响。

1. 空气主要组成成分对植物生长的影响

（1）二氧化碳

空气中的二氧化碳含量会随时间、地点的差异而显示出一定的差异性,但就整体而言,一般占整个大气体积的 0.03%。二氧化碳是绿色植物进行光合作用合成有机物质的原料之一,对植物的生长发育十分重要,二氧化碳的含量与光合强度密切相关,当光照充足时,二氧化碳的浓度便成为限制光合速度的主要因子,所以空气中二氧化碳对植物的光合作用影响并不是特别明显。因此在栽培上,特别是在温室、塑料大棚栽培条件下,可以适量提高室内二氧化碳的浓度和光合强度来提高光合效率,比较常见的增加二氧化碳浓度的方法是施二氧化碳肥。施二氧化碳肥时,一般用干冰、二氧化碳发生器或二氧化碳气袋施放,浓度不超过 0.3%。目前这种方法在菊花、香石竹以及月季花的栽培中均已取得较好的效果,对产品的产量和品质有着明显的提高。

（2）氧气

植物的光合作用会吸收空气中的二氧化碳,释放一定量的氧气。有氧呼吸会吸收空气中的氧气,释放一定的二氧化碳。植物的光合作用和呼吸作用强度并不是完全一样,一般情况下,植物的呼吸作用要小于植物的光合作用,即植物进行同化反应。空气中的氧气含量约占空气体积的 21%,足以满足植物呼吸作用的需要。但在园林植物栽培中,人们过度地使用化学肥料、化学农药以及不合理地使用土壤,导致土壤板结影响植物根系呼吸的现象时有发生,在植物根系缺氧的情况下,根系无氧呼吸增加而使生长受阻、新根不能形成。同时,嫌气有害细菌的增加及其乙醇等发酵产物积累还会使根系中毒,甚至腐烂死亡。在园林植物栽培中的排水、松土、翻盆及清除花盆外的泥土、青苔等工作都有改善土壤通气条件的作用。

（3）氮气

空气中的氮气占空气体积的 78% 左右。空气中的氮气十分稳定,一般不能为植物所直接利用,只有首先通过固氮作用之后,将氮气转化为铵盐或氨,然后再经过硝化细菌转化为亚硝酸盐或硝酸盐才能为植物吸收。植物将吸收进去的氮经过一定的转化可以合成蛋白质,构成植物体。

2. 空气污染对园林植物的影响

现代化和工业化进程对于大气的污染已是越来越严重,这些有毒有害气体在大气中不仅对人的健康产生重大的影响,而且对植物的生长发育也会产生一些不可逆的影响。大气中的污染物主要有以下几种类型。

（1）二氧化硫

当空气中二氧化硫含量增至 0.002% 甚至为 0.001% 时,便会对植物产生严重的危害,而且空气中的二氧化硫含量越高,对植物的危害作用越大,甚至会直接导致植株的死亡。二氧化硫对植物的伤害过程主要是:从气孔及水孔浸入叶部组织,使细胞叶绿体受到破坏,组织脱水并坏死。表现症状即在叶脉间发生许多褐色斑点,受害严重时,致使叶脉变为黄褐色或白色。

（2）氨

在保护地中大量施用有机肥或无机肥常会产生氨,土壤之中氨浓度维持在一定浓度时能够促进植物的生长发育,因为氨在一定条件下能够转化为植物可以利用的硝酸盐和亚硝酸盐,进而合成植物完成生命活动所需的蛋白质。但是当氨含量过多,对园林植物反而有害。当空气中氨含量达到 0.1% ~ 0.6% 时就可发生叶缘烧伤现象;含量达到 0.7% 时,质壁分离现象减弱;含量若达到 4%,经过 24 h,植株即中毒死亡。施用尿素后也会产生氨,为了防止氨害的发生,最好在施氨肥后盖土或浇水。

（3）氯气

空气中的氯气对植物的伤害要远远大于二氧化硫,当空气中的氯气维持在较小的浓度时就能很快破坏叶绿素,最终会使叶片褪色漂白脱落。氯气对植物的伤害初期,伤斑主要分布在叶脉间,呈不规则点或块状。受害组织与健康组织之间没有明显的界限,所以很难将受害组织直接除去,这也是氯气对植物的伤害与二氧化硫对植物伤害的较大差异之处。

（4）氟化氢

空气中的污染物氟化氢主要来源于炼铝厂、磷肥厂及搪瓷厂等厂矿地区，是氟化物中毒性最强、排放量最大的一种。氟化氢对植物的危害首先表现在危害植株的幼芽和幼叶，先使叶尖和叶缘出现淡褐色至暗褐色的病斑，而且这种病态会逐渐向内扩散，并最终会使整株植物出现萎蔫的现象。氟化氢还能导致植株矮化、早期落叶、落花及不结实。

（5）烟尘

空气中的污染物、烟尘对园林植物的危害属于间接危害，其一般通过堵塞植物的气孔，覆盖在叶面，进而抑制植物的光合作用、呼吸作用以及蒸腾作用而对植物的生长发育产生影响。对于烟尘的影响，在实际的园林植物栽培与养护管理过程中，可以采取用水浇灌植物的方法予以解决。

总的来说，各种有害气体对植物的危害程度受到很多因素的影响，例如，会受到植物种类、环境因子、生长发育时期等多重因素的影响。一般而言，在晴天、中午、温度高、光线强的条件下，有害气体对植物的危害要强于阴天和早晚的条件下；当空气湿度达到 75% 以上时，叶片气孔张开，对于有害气体的吸收量大，会造成园林植物严重受害。生长旺季和花期的园林植物抵抗力稍弱，有害气体对植株的影响要比平时更加严重。另外，植物离有毒气体及烟尘源的距离、风向、风速的不同，对园林植物的危害也存在着明显的差异。

（五）风对园林植物生长的影响

风是因大气和地表温度的地区差异而引起的气压差异，导致空气从气压高处向气压低处的运动。它从湖泊和海洋向内陆传送水蒸气，保证了降水的供应，也是海洋性气候和大陆性气候构成的一个重要原因。风对裸露的土壤具有侵蚀作用，并可改变土壤肥力。

1. 风对繁殖体的散播

风是许多植物花粉的传播者。像松树、杨树、柳树等都是靠风来传播花粉的（风媒花植物），生长在凉爽和寒冷气候中的大多数树木是风媒植物。风媒植物的花粉量远比动物传粉的花粉量要大得多。风是许多植物种子、孢子，甚至是无性繁殖体的传播者。这类植物也有适应风传播的特征，如榆树、槭树、白腊树等植物果实都有翅；菊科、杨柳科等植物果实或种子的外面有毛；孢子植物的孢子、兰科等植物的种子都非常小而轻，风可以将它们传播很远。一些植物活的枝条脱落后，如被风传播到适宜的环境中可以生根成活,形成新的植株。还有些生长在沙漠、草原等地的植物在种子成熟后整株折断,并随风滚动传播种子(风滚植物)。

2. 风对植物生理过程的影响

风对植物与大气之间的气体交换有显著影响,它加速了植物 CO_2 和 O_2 的交换速率;夜间风还减少了群落内,特别是森林群落内 CO_2 的夜间积累,降低了早晨植物能光合作用的效率。

风加速了植物的蒸腾作用,风使蒸腾作用加大和吹走植物周围的暖空气,具有降低体温的作用,这对炎热环境中的植物防止高温危害是有利的,但对寒冷环境中的植物可能会因温度降低而产生危害。

风所携带的物质有时会对植物生长产生严重影响。在沿海多风地区,风所携带的盐或沙粒可以"杀死"暴露在风中的叶和芽;风将工业污染物运移到其他地区,使其他地区的植物受到伤害,有的甚至造成林木的成片死亡。

3. 风对植物形态的影响

在一些地区风对植物的形态具有明显的影响。长期在干燥性风影响下生长的植物,细胞常不能得到足够的水分扩大体积,细胞分裂受到抑制,使植物发生矮化。另外,寒冷环境中的风使植物生长速率下降,也是植物矮化的原因之一。

植物迎风面的芽和叶常因风的干燥而死亡,背风面的影响则小,结果导致树冠变形,形成旗形树。风速超过 10 m/s 就会引起树木、作物等风倒(连根拔起)和风折(树干斩断)。一般浅根性植物比深根性植物容易发生风倒。

灌木和森林群落具有降低风速、防止风害的作用。一般来说,靠近地面水平方向运动的风,在群落的迎风面约林带高度 5 倍距离的地方,风速就开始下降。到达群落的风,一部分风上升,从群落上部越过,在群落高 10 ~ 15 倍距离的地方着陆,风速开始回升。另一部分风直接穿过群落,植被粗糙的表面形成了巨大的摩擦面,使风速很快下降。灌木和森林群落降低风速的程度,主要决定于树种、林分结构和林分密度。

植被还具有减少土壤风蚀、截获吹沙的作用。植被,尤其是森林植被,可防止冬季积雪被风吹走,从而得以保持地温以及为植物提供水分(春夏季雪融),这对一些地区的农业生产具有重要意义。

二、土壤因子对园林植物生长的影响

　　土壤是指陆地表面具有肥力的疏松层,它是园林植物生长的基础,是水、肥、气、热的源泉,既是生态系统中的一个因子,又是自然界物质和能量转化的场所,所以是一个独立的生态系统。

　　土壤对植物最明显的作用之一就是提供植物根系生长的场所。没有土壤,植物就不能直立,更谈不上生长发育。根系在土壤中生长,土壤提供了植物生活必需的营养和水分,是生态系统中物质与能量交换的重要场所。由于植物根系与土壤之间具有极大的接触面,二者之间进行着频繁的物质交换。

(一)土壤种类

　　通常按照矿物质颗粒直径大小将土壤分为沙土类、黏土类和壤土类。

1. 沙土类

　　土壤以粗沙和细沙为主,粉沙和黏粒比例小。土壤黏性小、孔隙多,通气透水性强,保水、保肥能力差,易干旱。土温受环境影响较大,昼夜温差大;有机质含量少,分解快,肥力强但肥效短,常用作培养土的配制成分和改良黏土的成分,也常用作扦插、播种基质或栽培耐旱园林植物。

2. 黏土类

　　土壤以粉沙和黏粒为主,质地黏重,结构致密,保水、保肥能力强,但孔隙小,通气透水性能弱,湿时黏,干时硬,易板结。含矿质元素和有机质较多。土壤温度基本保持不变,昼夜温差小,需要注意的是,由于早春土温上升慢,会影响园林植物对土壤温度的要求,严重抑制了园林植物的生长,幼苗生长。除少数黏性土园林植物外,大部分不适应此类土壤,如果使用该类土壤作为植物的培养土,需要在该类土壤之中加入其他的基质。

3. 壤土类

　　土壤质地比较均匀,既不松又不黏,其中沙粒、粉沙和黏粒所占比例大致相等。有机质含量较多,土温比较稳定,既有良好的通气排水能力,又能保水保肥,对植物生长有利,能满足大多数园林植物的要求,是比较理想的农作土壤。

（二）土壤的水分、空气和温度

土壤水分（soil water）能直接被植物根系所吸收。土壤水分的适量增加有利于各种营养物质的溶解和转移，有利于磷酸盐的水解和有机态磷的矿化，这些都能改善植物况。土壤水分还能调节土壤温度。土壤水分过多或过少都会影响植物的生长。

土壤空气（soil air）中的成分与大气是不同的，且不如大气稳定。土壤空气中的含氧量一般只有 10%～12%，在土壤板结、积水、透气性不良的情况下可降到 10% 以下，此时，植物根系的呼吸会受到抑制，从而影响植物的生理功能。土壤空气中 CO_2 的含量比大气高几十倍甚至几百倍，其中一部分可扩散到近地面的大气中被植物叶片的光合作用吸收，一部分可直接被根系吸收。但在通气不良的土壤中，CO_2 的含量常可达 10%～15%，这不利于植物根系的发育和种子萌发，CO_2 的进一步增加会对植物产生毒害作用，破坏根系的呼吸功能，甚至导致植物窒息死亡。通气不良的土壤会抑制好气性微生物，减缓有机物的分解，减少植物可利用的营养物质；但若过分通气又会使有机物的分解速率太快，使土壤中腐殖质数量减少，不利于养分的长期供应。

土壤温度（soil temperature）能直接影响植物种子的萌发和实生苗的生长，还影响植物根系的生长、呼吸和吸收能力。大多数植物在 10～35 ℃时生长速度随土壤温度的升高而加快。土壤温度对土壤微生物的活动、土壤气体交换、水分的蒸发、各种盐类的溶解度以及腐殖质的分解都有显著影响。土壤温度具有随季节变化、日变化和垂直变化的特点。

（三）土壤的质地与厚度

土壤质地的好坏关系着土壤肥力的高低，含氧量的多少，对园林植物生长发育和生理机能都有很大的影响。根系正常的生长和更新需要土壤的含氧量达到 12% 以上。故大多数园林植物对土壤的要求是土质疏松、肥沃。

土层深浅决定园林植物根系的分布。通常土层深厚根系分布深，且能吸收较多的水分和养料，并能增强其适应性和抗逆性。土层过浅，植物生长不良，植株矮小，枝梢干枯、早衰或寿命短。

园林植物种类繁多，不同的园林植物耐瘠薄能力存在着很大的差别。如梅花、梧桐、樟树、核桃等喜肥沃深厚土壤的植物应栽植在深厚、肥沃和疏松的土壤上。而油松、马尾松等耐瘠薄的植物可在土质稍差的地点种植。需要注意的是,耐瘠薄的植物虽然可以在耐瘠薄的土地上进行正常的生长发育,但是如果将该类植物移植到肥沃、疏松和质地深厚的土地上进行种植,该类植物生长得将会更好。

（四）土壤的酸碱度

土壤酸碱度是土壤重要的理化性质之一,对植物的生长发育有着重大的影响。我国一般把土壤酸碱度分成五级:pH < 5 为强酸性;pH 5~6.5 为酸性;pH 6.5 ～ 7.5 为中性;pH 7.5 ～ 8.5 为碱性;pH > 8.5 为强碱性。土壤的酸碱性一般是通过影响植物根系的吸收影响植物的生长发育。

不同的植物对土壤的酸碱度要求不一样,在实际的栽培与养护管理过程之中,应该根据植物对土壤酸碱度的不同要求合理种植植物。根据园林植物对土壤酸碱度的要求,将园林植物划分为以下三种类型。

①喜酸性植物。要求土壤 pH 在 6.8 以下才能正常生长的植物。比较典型的喜酸性园林植物有柑橘类、山茶、肉桂、高山杜鹃、棕榈科、栀子花等。

②喜碱性植物。要求土壤 pH 在 7.2 以上才能正常生长的植物。比较典型的喜碱性园林植物有新疆杨、木槿、油橄榄、木麻黄、香豌豆、石竹类、侧柏、扶郎花、紫穗槐等。

③喜中性植物。要求土壤 pH 在 6.8 ～ 7.2 之间才能正常生长的植物。就目前而言,适合在中性土壤中生长的植物占大多数,比较典型的喜中性园林植物有菊花、杨、百日草、矢车菊、杉木、雪松、柳等。

（五）土壤有机质和无机元素

土壤有机质(soil organic matter)是土壤的重要组成部分,它包括腐殖质和非腐殖质两大类。腐殖质是土壤微生物在分解有机质时重新合成的多聚体化合物,占土壤有机质的 85% ～ 90%,对植物的营养有重要的作用。土壤有机质能改善土壤的物理和化学性质,有利于土壤团粒结构的形成,从而促进植物的生长和养分的吸收。一般说来,土壤有机质的含量越多,土壤动物的种类和数量也越多,因此在富含腐殖质的草原黑钙土中,土壤动物的种类和数量极为丰富,而在有机质含量很少并呈碱性的荒漠地区,土壤动物非常贫乏。

植物的无机元素(inorganic elements)主要从土壤中摄取。植物生长发育不可缺少的营养元素有 13 种是土壤供给的：N、P、K、S、Ca、Mg、Fe、Mn、Mo、Cl、Cu、Zn 及 B。这些无机元素主要来自土壤中的矿物质和有机质的分解。腐殖质是无机元素的储备源，通过矿化作用缓慢释放可供植物利用的元素。通过合理施肥改善土壤的营养状况是提高植物产量的重要措施。

（六）培养土

现代社会随着科技的快速发展，人们培养园林植物的方式正在发生着巨大变化，而今，很多园林植物已经使用培养土进行培养。该类培养土为了满足植株正常的生长条件，应具备以下条件：无异味、有毒物质和病虫滋生；保水保肥能力强；营养成分完整且丰富；通气透水好；酸碱度适宜或易于调节。

实际的园林栽培中，常用的培养土有以下 10 种。

①堆肥土。用植物的残枝落叶、青草或有机废弃物与田园土分层堆积 3 年，每年翻动 2 次，经充分发酵堆积而成。含有丰富的腐殖质和矿物质，pH 为 6.5 ~ 7.4，原料易得，但制备时间长。制备时，应保持潮湿、堆积疏松，使用前需消毒。

②腐叶土。用阔叶树的落叶、厩肥或人粪尿与田园土层层堆积，经 2 年的发酵腐熟而成，每年注意翻动 2 ~ 3 次。这种土土质疏松，营养丰富，腐殖质含量高，pH 为 4.6 ~ 5.2，为应用最广泛的培养土，适用于栽培多种花卉。注意堆积时应提供有利于发酵的条件，贮存时间不宜超过 4 年。

③草皮土。草地或牧场上层 5 ~ 8 cm 表层土壤经 1 年腐熟而成。含矿质较多，腐殖质含量较少，pH 为 6.5 ~ 8 适于栽培玫瑰、菊花、石竹等花卉。

④松针土。用松、柏等针叶树的落叶或苔藓类植物经大约 1 年时间的堆积腐熟而成。属强酸性土壤，pH 为 3.5 ~ 4.0，腐殖质含量高，适宜于栽培喜酸性土的植物，如杜鹃花等。

⑤沼泽土。取沼泽地上层 10 cm 土壤直接做栽培土或用水草腐烂而成的草炭土代用。沼泽土为黑色，腐殖质丰富且呈强酸性反应，pH 为 3.5 ~ 4.0。草炭土一般为微酸性，用于栽培喜酸性土的花卉及针叶树。

⑥泥炭土。取自山林泥炭藓长期生长并炭化的土壤。一般有两种：一是褐泥炭，黄至褐色，富含腐殖质，pH 为 6.0 ~ 6.5，具有防腐作用，适宜于加河沙后作扦插床用土；二是黑泥炭，矿物质含量丰富，有机质含量较少，pH 为 6.5 ~ 7.4。

⑦河沙及沙土。取自河床或沙地。养分含量很低，但通气透水性好，pH 为 7.0。

⑧腐木屑。由锯末或碎木屑腐化而成。有机质含量高，保水、保肥性好，如果加入人粪尿腐化更好。

⑨蛭石、珍珠岩。无营养物质，但保肥水，通透性好，卫生洁净，一般做扦插用的插壤，利于成活。

⑩煤渣。煤渣含矿质，卫生洁净，通透性好，多用于排水层。

三、生物因子对园林植物生长的影响

生物因子对园林植物的影响也存在着明显的差异，影响园林植物生长发育的具体生物因子主要有动物、植物及微生物。其中有些对园林植物的生长有益，称为有益生物，如蜜蜂、七星瓢虫等。有些对园林植物生长有害，称为有害生物，如有害昆虫，导致植物生病的细菌、真菌、病毒、线虫及寄生性种子植物等。

园林植物虫害主要是由危害园林植物的动物所引起的。主要有昆虫、蜗类和软体动物等，其中以昆虫为主。园林植物病害导致园林植物正常的生理机能受到干扰，细胞、组织、器官受到破坏，甚至引起园林植物植株的死亡。

四、地形地势因子对园林植物生长的影响

地势因子对植物的影响主要是通过引起相关因子如光照、温度、水分等的变化间接影响植物的生长发育。比较典型的地势因子有海拔高度、坡向、坡度等。

（一）海拔高度影响温度、湿度和光照

海拔能够直接影响温度，一般海拔每升高 1 000 m，气温降低 4 ~ 6 ℃。降雨量、相对湿度在一定范围内，也会随海拔的增高而增加。另外，海拔升高，日照增强，紫外线含量增加。这些因素都会影响植物的生长与分布。由于不同植物对温度、光照、水分、空气等生存因素存在着不同的要求，在长期的进化过程中，逐渐形成了各自的"生态最适带"，这种随海拔高度成层分布的现象，称为树木的垂直分布。在进行山地园林建设的过程中，应按海拔垂直分布规律来进行栽培与养护管理以形成符合自然规律的雄伟景观。

（二）坡向和坡度

坡向水热条件的差异,形成了不同的小气候环境。一般而言,阳坡较阴坡的日照时间长,接收的辐射多,气温较高,蒸发量大,大气和土壤较干燥。在北方由于降水少,一般阴坡植被较阳坡茂盛。在南方由于雨量充沛,阳坡植被较茂盛。

坡度的缓急不但会形成小气候的变化,关键是对水土流失有影响。坡度越大,水土流失量也越大。因此,坡度也会影响到植物的生长和分布。

总之,在不同的地形地势条件下配置植物时,应充分考虑地形和地势造成的各种因素,如在温度、湿度和光照等的差异基础上,结合植物的生态特性,合理栽培管理园林植物。

五、人为因子对园林植物生长的影响

人为活动也影响到园林植物的生长。城市人口密度大、流动性大。频繁的人为活动对园林植物的破坏性也较显著,尤其是公园及街道的树木,常会遭受人为的损害。如抚摸树造成树皮损伤、撞击树使植株根系受损、在树干上刻字留念、无目的地刻画树皮、在树干上打钉拴绳晾晒衣被等行为使园林植物的生长受影响。我们应该大力进行爱树、爱花、爱草的宣传教育,及时发现并制止人为损害园林植物的行为。

另外,城市因行人与车辆多,尘土易飞扬,附在植物表面,堵塞气孔,影响呼吸和光合作用。有些植物,因为叶片尘埃过多,花芽的形成和开花都受到影响。在干旱的季节或少雨的地区应经常向树冠喷水,洗去尘埃。

园林植物的栽植地点主要在城市。由于人类的活动,对环境产生一定的影响,与大面积的荒山和宜林地相比,有其特殊生态环境,并表现出许多不利于植物生长的因素。

第四节　园林植物栽培养护的任务

现代社会,园林植物因其作用而显得越来越重要,因此加强园林植物的栽培与养护管理成为园林工作的关键。园林植物栽培与养护管理的任务主要体现在以下三个方面。

第一,加强对现有园林植物的管理,使现有的园林植物能够健康生长,充分发挥其应有的生态效益、社会效益和经济效益。

第二,在保护现有园林植物和园林区域的基础上,应该为扩大绿地面积、提高绿化覆盖率做打算。

第三,通过现代化的科学技术手段和仪器,努力培育出具有更好的生态效益、社会效益和经济效益的园林植物,让园林植物的范畴更加广泛,让园林植物的作用更加明显,让我们生存的环境更加美好。

第五节　园林植物栽培养护的设施

园林植物栽培养护设施是指人为建造的适宜或保护不同类型的园林植物正常生长发育的各种建筑及设备,主要包括温室、塑料大棚、冷床与温床、荫棚、风障、冷窖,以及机械化、自动化设备、各种机具和容器等。

园林植物栽培养护设施,可在不适于某类园林植物生态要求的地区和不适于园林植物生长的季节进行生产,不受地区、季节的限制,满足人们一年四季对各种园林植物的需求。

一、温室

温室是指具有透光、防寒、加温设备,能通过人工调节控制光、温、水、气等环境因子的保护设施。温室是园林植物苗木栽培中主要的设施之一,比其他栽培设施(如冷床、温床、阴棚等)对环境因子的调解与控制能力更强、更全面,是比较完善的保护地类型。园林植物工厂化、现代化和商品化生产,有赖于现代温室设备的智能化、大型化、机械化和自动化。

现代温室又称为连栋式温室或智能温室,是栽培设施中的高级类型,设施内的环境实现了自动化控制,在此设施内的植物生长基本不受外界环境影响,能周年全天候进行生产。适用于鲜切花生产、名特优盆花等园林植物的工厂化生产。

1. 屋脊形现代温室

屋脊形温室主要分布在欧洲,以荷兰为最,代表型为荷兰的芬洛型温室。温室的骨架采用钢架和铝合金构成,透明覆盖材料是玻璃,单间跨度为 6.4 m、8 m、9.6 m 或 12.8 m (图1-7)。具有用钢量少、透光率高的优点,但造价成本较高。

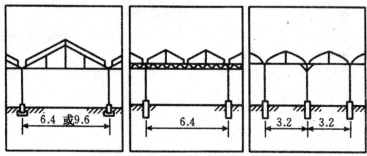

图1-7 荷兰芬洛型温室结构示意图(单位:m)

2.拱圆形现代温室

拱圆形温室广泛应用于法国、以色列、美国、西班牙、韩国等国家,我国目前自行设计建造的现代化温室也多为拱圆形温室(图1-8)。

图1-8 华北形连栋温室结构示意图

温室以塑料薄膜为透明覆盖材料,框架结构简单,材料用量少,建造成本低。有单层膜和双层充气膜两种类型,双层充气膜温室保温性好,但透光性差,光照弱的地区不适宜使用。

二、塑料大棚

塑料大棚育苗在保护地栽培中是保温效果较差的一种,但也有一定的保护作用,是应用较为普遍的保护措施,具有提高温度、保护棚内湿度、降低风速、明显改善苗木的生长环境、促进苗木生长的作用。

目前,塑料大棚的种类较多,根据大棚的屋顶形状可分为拱圆形和屋脊形两种;根据大棚的材料结构可分为全木结构、全竹结构、全钢结构、竹木结构、铁木结构等多种;根据栋数多少可分为单栋大棚和连栋大棚;根据利用时间长短可分为季节性和周年性大棚。各地可结合当地的自然条件、材料来源和经济情况,以经济实用为原则,因地制宜选择适宜园林植物育苗的大棚类型。

三、荫棚

荫棚是培育园林植物苗木的重要设施,其特点是避免阳光直射、降低温度、增加湿度、减少蒸腾等。

荫棚的种类和形式很多,可分为永久性与临时性两种,永久性荫棚的棚架材料多用水泥钢筋预制梁或钢管等,一般高为 2 ~ 3 m,宽为 6 ~ 7 m,它的长度根据需要而定。用于扦插及播种用的临时性荫棚较低矮,一般高为 50 ~ 100 cm,宽为 50 ~ 100 cm,长度也根据需要而定,且多以竹材作为棚架。

常用的遮阳材料包括苇帘、竹帘、遮阳网等。遮阳材料要求有一定的透光率、较高的反射率和较低的吸收率。我国目前使用的遮阳网多由黑色或银色聚乙烯薄膜编织而成,且中间缀以尼龙丝以提高强度,遮光率有20% ~ 90%的不同规格。

第六节　我国园林植物栽培养护的简史、发展现状与前景

一、我国园林植物栽培养护简史

我国国土辽阔,地跨寒、温、热三带,山岭逶迤、江川纵横,奇花异草繁多,园林植物资源极为丰富,各国园林界、植物学界对中国的园林资源评价极高,视为世界园林植物重要的发祥地之一,历来被西方誉为“世界园林之母”。

我国园林植物栽培历史十分久远,可追溯到数千年前。原产我国的乔灌木种有 8 000 多种,在世界园林树木中占有很大比例。许多著名的观赏植物及其品种,都是由我国勤劳、智慧的劳动人民培育出来的,并很早就传至世界许多国家或地区。劳动人民积累了非常丰富的栽培经验。历代王朝在宫廷、内苑、寺庙、陵墓大量种植树木和花草,至今尚留有千年以上的古树名木。梅花、桃花在我国也有上千年的栽培历史,培育出数百个品种,早就传入西方。例如,桃花的栽培历史达 3 000 年以上,培育出上百个品种,在 300 年时传至伊朗,以后又辗转传至德国、西班牙、葡萄牙等国,至 15 世纪又传入英国;梅花在中国的栽培历史也达 3 000 余年,培育出 300 多个品种,在 15 世纪时先后传入朝鲜、日本,至 19 世纪时传入

欧洲；号称"花王"的牡丹，其栽培历史达 1 400 余年，远在宋代时品种就高达 600 种之多，连同月季在 18 世纪时先后传至英国。

我国还存有一些极为珍贵的植物种，有许多植物是仅产于中国的特产科、属、种，例如，素有"活化石"之称的银杏、水杉及金钱松、珙桐、喜树等。此外，我国尚有在长期栽培中培育出的独具特色的品种及类型，如黄香梅、龙游梅、红花继木、红花含笑、重瓣杏花等。这些都是非常珍贵的种质资源。

我国不仅园林植物的种质资源十分丰富，而且在长期引种栽培、选种繁育园林植物方面，积累了丰富的实践经验和科学理论。无数考古事实说明，中华先民在远古时代就有当时居于世界前列的作物栽培技术和高超的审美能力。

早在春秋战国时代，已有关于野生树木形态、生态与应用的记述。秦王嬴政在京都长安、骊山一带修建上林苑、阿房宫，大兴土木，广种各种花、果、树木，开始园艺栽培。

汉代以后，随着生产力的发展，园林植物的栽培由以经济、实用为主，逐渐转向观赏、美化为主。引种规模渐大，并将花木、果树用于城市绿化。关于园林植物的栽培技术，在北魏贾思勰撰写的《齐民要术》中记载"凡栽一切错木，欲记其阴阳，不令转易，大树髡之，小者不髡。先为深坑，内树讫，以水沃之，着土令为薄泥，东西南北摇之良久，然后下土坚筑。时时灌溉，常令润泽。埋之欲深，勿令动……"，论述了园林树木的栽植方法。

隋、唐、宋时代，我国园林植物栽培技术已相当发达，在当时世界上居于领先地位。唐朝是中国封建社会中期的全盛时期，观赏园艺日益兴盛，花木种类不断增多，寺庙园林及对公众开放的游览地、风景区都栽培不少名木。宋代大兴造园、植树、栽花之风，同时，撰写花木专谱之风盛行。

明、清两代在北京、承德、沈阳等地建立了一批皇家园林，在北京、苏州、无锡等城市出现了一批私家园林。前者要求庄严、肃穆，多种植松、柏、槐、栾，缀以玉兰、海棠；后者则注意四季特色与诗情画意，如春有垂柳、玉兰、梅花，夏有月季、紫薇，秋有桂花与红叶树种，冬有蜡梅、竹类等植物。

自明代以后，园艺商品化生产渐趋兴旺。河南鄢陵早在明代就以"花都"著称，这个地区的花农长期以来培育成功多种多样绚丽多彩的观赏植物，在人工捏、拿、整形树冠技术上有独到之处，如用桧柏捏扎成的狮、象等动物至今仍深受群众喜爱。明代《种树书》中载有"种树无时惟勿使树知"，"凡栽树不要伤根须，阔挖勿去土，恐伤根。仍多以木扶之，恐风摇动其巅，则根摇，虽尺许之木亦不活；根不摇，虽大可活，更茎上无使枝叶繁则不招风"。说明了园林树木栽植时期的选择、挖掘要求和栽后支撑的重要性。清初陈淏子《花镜》记载,凡欲催花早开,用硫黄水或马粪水灌根,可提早 2 ~ 4 d 开花,介绍了植物催花技术。

我国历代园林植物栽培方面的专著也不少,如晋代戴凯之的《竹谱》是世界上最早的观赏植物的专著,宋代范成大的《梅谱》、王观的《芍药谱》、陈思的《海棠谱》、欧阳修的《洛阳牡丹记》、刘蒙的《菊谱》,明代张应文的《菊谱》《兰谱》,清代陈淏子的《花镜》等,都详细地记载了多种植物的栽培和养护方面的技术。

二、我国园林植物栽培养护现状

近年来,随着城乡园林绿化事业的发展,园林植物栽培养护技术日益提高。随着科技的发展,一些新知识、新技术、新材料也不断应用到园林植物栽培和管护中,大大推进了园林式城市建设的进程。全国各地广泛开展了园林植物的引种驯化工作,使一些植物的生长区向南或向北推移;塑料工业的发展,使园林植物的保护地栽培得到了较大发展,简易塑料大棚和小棚的应用,使鲜花生产和苗木的繁殖速度得到了提高,一些难以繁殖的珍贵花木,在塑料棚内能获得较高的生根率,对繁殖不太困难的植物,可延长繁殖时期和缩短生根期,降低了苗木生产成本;间歇喷雾的应用,使全光照扦插得以实现;生长激素的推广使苗木的繁殖进入一个新时期;种质资源的调查研究,使一些野生园林植物资源不断地被发现和挖掘,如金花茶、红花油茶、深山含笑等。

我国对园林绿地的保护和建设的重视不仅表现在发展城市公园、建设风景区、休养区、疗养区等方面,同时还表现在对居民小区、工业区、公共建筑和街道、公路、铁路等的绿化上。20 世纪 90 年代,我国开始推行国家园林城市建设活动,在园林绿化的规划和建设上,充分体现以人为本的理念,苏州、大连等 20 多个城市相继进入国家园林城市行列。同时越来越多的单位也被命名为园林式单位。

我国园林植物栽培具有悠久的历史,并积累了丰富的栽培经验,但目前的栽培技术和生产水平与世界先进水平相比,还有一定的差距。生产专业化、布局区域化、市场规范化、服务社会化的现代化产业格局还没有真正形成。科研滞后生产、生产滞后市场的现象还相当突出。无论是产品数量还是产品质量都远不能满足社会日益增长的需要,与社会主义市场经济不相适应。所以,园林植物的栽培应在继承历史成功经验的同时,借鉴世界先进经验与技术,站在产业化的高度,利用我国丰富的园林植物资源,推进商品化生产,使其为我国社会主义精神文明建设和物质文明建设服务。

三、我国园林植物栽培养护前景

在栽培方面,保护地栽培技术广泛应用,生产逐步走向温室化、专业化;大树移植技术,古树名木更新复壮技术趋于完善;在养护管理方面,激素促进栽植成活技术在生产上已有应用,比如抗蒸腾剂是一种极好的抗干燥剂,它的使用大大提高了阔叶树带叶栽植的成活率;施肥上采用新方法、新肥料。修剪则由人工修剪转向机械修剪、化学修剪;灾害防治强调综合治理,生物防治。

当前,我国的园林事业正在以前所未有的速度发展,社会对初、中、高级人才的需求也越来越多。目前,全国许多高等院校、中等职业学校都设立了园林专业,许多城市还设立了园林研究所。这些都将对我国园林事业的发展起到强有力的推动作用。

第二章　园林植物生长发育规律

大千世界,生长发育不仅事关生物个体,而且事关整个生态系统。生长是指植物体积与重量的增加,即量的不可逆增大,从细胞水平上来讲是细胞的分裂和延伸。生长还包括有限结构的生长和无限结构的生长。发育是植物体结构和功能由简单到复杂的变化过程,从细胞水平上来讲则是细胞的分化,完成性机能的成熟,导致开花结实,发育即成熟。

园林植物的生长发育是园林植物发生的质和量的变化,它不仅事关园林植物能否继续存活下去,更事关园林植物的价值能否发挥出来。学习、了解和掌握园林植物生长发育的基本内涵和基本规律,能够帮助人们特别是园林工作人员更好地从事园林工作,让园林植物创造出其应有的价值。

第一节　园林植物生长发育的生命周期

园林植物的生长和发育是两个既相关又有区别的概念,很难画一道界限将其分开,尤其是植物在进入开花结实期后,二者的联系更为紧密。生长是一切生理代谢的基础,是细胞量的变化,而发育则表示植物已经达到了性成熟,是细胞中质的变化。其中,发育的实现必须要以生长为基础,没有生长,发育是不可能完成的。植物生长发育的实现过程是相当复杂的,受到众多因素的影响,如基因遗传、环境条件、栽培与养护管理等都能在一定程度上影响植物的生长发育。如果生长发育不协调,则可能形成小老树、旺长树及瘦弱树等。

园林植物的生命周期是指由种子繁殖的园林植物,其个体发育的变化过程是从卵细胞受精产生合子开始,发育成胚胎,形成种子,萌发成幼苗、长大、开花、结实,直至衰老死亡的全过程。由营养繁殖产生的园林植物,其生命周期是指从繁殖开始直至个体生命结束的全过程。即不管园林植物的繁殖手段是怎样的,其生命周期就是指从生命的开始发生到结束的全部生活史。可见,园林植物的一生经历着一个发生、发展直至死亡的过程,并且处在内外矛盾的关系之中,栽培就是要根据生命周期的节律性变化规律及其与外界环境的关系,发现矛盾,并采取相应的栽培管理措施,对园林植物的生长发育进行有效的调节和控制,使其健壮生长,充分发挥其社会效益、生态效益和经济效益。

园林植物的种类很多,寿命差异很大,无论是何种类型的植物,从生命开始到终结必然会经历不同的生长阶段。下面主要讨论木本植物和草本植物的生命周期。

一、木本植物的生命周期

木本植物寿命长达几十年甚至几百年,其个体的生命周期因起源不同可分为两类:一类是由种子开始的个体,也称实生树;另一类是由营养器官繁殖后开始生命活动的个体,也叫营养繁殖的个体。

实生树的一生可划分出许多形态特征和生理特征变化明显的年龄时期,但根据栽培养护的实际需要,将其生命周期一般划分为幼年期(童期)、青年期、壮年期和衰老期,实生树在生命周期的各个阶段,其生长发育的特点显著不同,应采取对应的栽培措施,以更好地服务于园林。

营养繁殖的个体没有胚胎期和幼年期或幼年期很短,其发育阶段是母体发育阶段的延续,因此,营养繁殖的个体一般一生只经历青年期、壮年期和衰老期,甚至可以认为营养繁殖的个体一生都在经历老化的过程。就整体而言,营养繁殖的个体与实生树在相应时期可以采用相同的养护管理措施。

(一)园林树木的生命周期

1. 有性繁殖树木的生命周期

木本植物的整个生命周期可以划分为不同的年龄时期,下面分别对其特点和栽培措施予以讨论。

(1)幼年期

幼年期是指从种子萌发到植株第一次开花的时期。这一时期植物地上、地下部分进行旺盛的离心生长。光合作用面积迅速增大,开始形成地上的树冠和骨干枝,逐步形成树体特有的结构,树高、冠幅、根系长度和根幅生长很快,同化物质积累增多,从形态上和内部物质上为营养生长转向生殖生长做好了准备。

幼年时期经历时间的长短因树木种类、品种类型、环境条件及栽培技术而异。有的植物仅1年,如月季;有些植物3～5年,如桃、杏、李等;有些树木长达20～40年,如云杉、银杏、冷杉等。

幼年期的栽培措施是:加强土壤管理,强化肥水供应,促进营养器官健壮地生长;对于绿化大规格苗木培育,应采用整形修剪手法,培养良好冠形、干形,保证达到规定的主干高度和一定的冠幅;对于观花、观果的园林植物,应促进其生殖生长,在树冠长到适宜的大小时采用喷布生长抑制物质、环割、开张枝条的角度等措施,促进花芽形成,从而缩短幼年期。

（2）青年期

青年期是指从植株第一次开花到大量开花之前,花朵、果实性状逐渐稳定的时期。这一时期树冠和根系迅速扩大,是一生中离心生长最快的时期,能达到或接近最大营养面积。树体开始形成花芽,不过质量较差,坐果率低。开花结果数量逐年上升,但花和果实尚未达到该品种固有的标准性状。

青年期的栽培措施是:给予良好的环境条件,加强肥水管理;对于以观花、观果为目的的园林植物,可采用轻剪、施肥措施,使树冠尽快达到最大营养面积,促进花芽形成,加快进入壮年期;同时,还要注意缓和树势。一般而言,对于生长过旺的树,应多施磷钾肥,氮肥尽量少施,并适当控水,也可以根据实际情况使用适量的化学抑制物质来缓和营养生长。相反,对于那些生长发育过弱的树,应该适量增加肥水供应,从而促进树体生长。

（3）成熟期

成熟期是指从植株大量开花结实时开始,到结实量大幅度下降,树冠外沿小枝出现干枯时为止的时期。这一时期根系和树冠都扩大到最大限度,开花结实量大,品质好。对于观花、观果植物而言,是一生中最具观赏价值的时期。不过,由于开花结果数量大,消耗营养物质多,逐年有波动。因此,容易出现大小年现象。

成熟期的栽培措施为:加强肥水管理,早施基肥,分期追肥;细致地进行更新修剪,均衡配备营养枝及结果枝,使生长、结果和花芽分化达到稳定平衡状态;疏花疏果,及时去除病虫枝、老弱枝、重叠枝、下垂枝和干枯枝,改善树冠通风透光条件。通过一系列措施最大限度地延长成熟期,长期地发挥观赏效益及生态效益。

（4）衰老期

衰老期是指从骨干枝、骨干根逐步衰亡,生长显著减弱到植株死亡为止的时期。这一时期骨干枝、骨干根大量死亡,营养枝和结果母枝越来越少,树体生长严重失衡,树冠更新能力很弱,抗逆性差,病虫害严重,木质腐朽,树皮剥落,树体衰老,逐渐死亡。

衰老期的栽培措施为:对于一般花灌木,可以进行截枝或截干,刺激萌芽更新,或砍伐重新栽植;对于古树名木,应在进入衰老期之前采取复壮措施,尽可能地延长其生命周期,直至无可挽救,失去价值时,才予以伐除。

2. 无性繁殖树木的生命周期

无性繁殖树木生命周期的发育阶段没有胚胎阶段,此外,幼年阶段时间也相对缩短或者没有。无性繁殖树生命周期中的年龄时期也大致分为上述4个时期,各个年龄时期的特点及其管理措施与实生树相应时期基本相似或完全相同。

(二)园林树木的衰老

1. 树木的寿命

树木的种类和环境条件决定着其寿命的长短。一般,冻原灌木寿命为30～50年,荒漠灌木如朱缨花属的寿命可达100年。不同树种的寿命差异很大,如桃为20年,灰白桦为50年,某些栎类达200～500年时仍能旺盛生长。一般被子植物的寿命很少超过1 000年,而许多裸子植物常可活至数千年。有些被子植物,通过无性繁殖,也可活得很长。例如,美国白杨金黄变种,可以活到8 000年。最老的树木是加利福尼亚州的长寿松,有些已达5 000年以上,红杉的年龄已超过了3 000年。

2. 树木衰老的标志

不同树木的衰老速度各异,而衰老标志大致相同。例如,当树木衰老时一般表现为代谢降低,营养和生殖组织的生长逐渐减少,顶端优势消失,枯枝增加,愈合缓慢,心材形成,容易感染病虫害和遭受不良环境条件的损害,向地性反应消失以及光合组织对非光合组织的比例减少等。

(1)枝干生长

幼树枝干年生长量一连多年增加,但在树木一生的早期,当枝干年生长量达到最高速率后就开始渐渐降低。

(2)形成层的生长

不同树种或不同环境条件下的树木随着衰老,其形成层生长的速率会朝着一定的方向变化。形成层的生长,在若干年内是逐年加快的,当达到最高点后,就开始下降;下一年的年轮总比上一年窄;当年轮达到最大宽度以后,作为衰老现象的年轮变窄。随着树木的衰老,树木茎的下部有出现不连续年轮的趋势,常常不产生木质部。

（3）根的生长

在树木生长幼年期,根量迅速增长,直到一定年龄后为止,此后增长的速度逐渐缓慢。当林分达某一年龄时,吸收根的总量达到正常数值。此后,新根的增长大体与老根的损失平衡。不同年龄的树木,其扦插产生不定根的能力也是会变化的。当树木年龄达到某个临界值以后,生根的能力迅速下降。

（4）干重增长量

随树木年龄的增长,树木群体和个体干物质总量的增长及单株的增长和单株增长量的分布变化都具有一定的规律性。当人工林开始成林时,单位土地面积上干重的增加量是非常低的,但当树冠接近郁闭,土壤将被全部根系占据时,生产率就达到最高水平;当林分接近成熟时,年增长量下降。

（5）树冠、茎和根系相对比例

随着树木年龄的变化,树木的树冠、茎和根系的相对比例也是不断变化的。在老树中,主干占最大干重,其次是树冠和根系。而在欧洲赤松幼树中,根几乎占了总干重的一半,在老树中,根所占的比例大大降低。

二、草本植物的生命周期

草本植物有一年生草本植物、两年生草本植物和多年生草本植物。不同类型的草本植物其生命周期显示出明显的差异性。

（一）一年生草本植物的生命周期

一年至两年生草本植物的生命周期很短,一般只有短暂的一年至两年。例如,鸡冠花、凤仙花、一串红、万寿菊、百日草等都为一年生花卉植物。但其一生也经过以下几个发育阶段。

（1）胚胎期

胚胎期是指一年生草本植物从卵细胞受精发育成合子开始至种子发芽为止的时期。在栽植时,要注意选择发芽能力强而饱满的种子,保证最合适的发芽条件。

（2）幼苗期

一年至两年生草本植物的幼苗期是指从种子发芽开始至第一个花芽

出现为止的时期,一般长达 2~4 个月。两年生草本花卉开花需要经过前一年的冬季低温,来年春天才能开花。这些草本花卉,在地上、地下部分有限的营养生长期内应精心管理,使植株尽快达到一定的株高和株形,为开花打下基础。

（3）成熟期（开花期）

成熟期从植株大量开花到花量大量减少为止。这一时期植株是较好的观花观赏盛期,植物会大量开花,花色、花型最有代表性,自然花期约 1~3 个月。为了延长其观赏时间,除进行水、肥管理外,应对枝条进行摘心、扭梢,可以使其萌发更多的侧枝并开花。

（4）衰老期

衰老期为种子收获期。种子成熟后应及时采收,以免散落,特别是那些种子价值高的植物,应该特别关注衰老期。

（二）两年生草本植物的生命周期

两年生草本植物是指播种当年为营养生长,通过冬季低温,翌年春夏季抽薹、开花、结实的草本植物。例如,大花三色堇、桂竹香等属于两年生草本植物。

两年生草本植物多耐寒或半耐寒,营养生长过渡到生殖生长需要一段低温过程,通过春化阶段和较长的日照完成光照阶段而抽薹开花。因此,其生命过程可分为明显的两个阶段。

（1）营养生长阶段

营养生长阶段是指两年生草本植物从播后发芽至花芽分化前的时期。营养生长前期经过发芽期、幼苗期及叶簇生长期,不断分化叶片,增加叶数,扩大叶面积,为产品器官形成和生长奠定基础。进入产品器官形成期,一方面根、茎、叶继续生长,另一方面同化产物迅速向贮藏器官转移,使之膨大充实,形成叶球、肉质根、鳞茎等器官。两年生园林植物产品器官采收后,一些种类存在程度不同的生理休眠,但大部分种类无生理休眠期,只是由于环境条件不宜,处于被动休眠状态。

（2）生殖生长阶段

生殖生长阶段是指两年生草本植物从花芽分化至种子成熟为止的时期。花芽分化是植物由营养生长过渡到生殖生长的形态标志。对于两年生园林植物来讲,通过了一定的发育阶段以后,在生长点引起花芽分化,然后现蕾、开花、结实。需要说明的是,由于两年生园林植物的抽薹一般要求高温长日照条件,因此,一些植物虽在深秋已开始花芽分化,但不会马上抽薹,而须等到翌年春季高温长日照来临时才能抽薹开花。

（三）多年生草本植物的生命周期

多年生草本植物是指 1 次播种或栽植以后，可以采收多年，不需每年繁殖的草本植物。如草莓、香蕉、石刁柏、菊花、芍药和草坪植物等属于多年生草本植物。多年生草本植物的一生也会经过幼年期、青年期、壮年期和衰老期，但因其寿命相对较短，一般为 10 年左右，故各生长发育阶段相对于木本植物也短些。

一般来说，多年生草本植物在播种或栽植后当年即可开花、结果或形成产品，当冬季来临时，地上部枯死，完成一个生长周期。由于其地下部能以休眠形式越冬，次年春暖时重新发芽生长，进行下一个周期的生命活动，这样不断重复，年复一年。

以上所述园林植物生命周期中各发育时期的变化是逐渐转化的，而且是连续的，各时期之间无明显界限，栽培管理技术对各时期的长短与转化起极大的作用。在栽培过程中，为了加速或延缓下一阶段的到来，可以采取适当的栽培措施。

第二节　园林植物的年生长发育周期

植物的年生长周期是指植物每年随季节变化而出现的形态和生理上与之相适应的生长和发育的规律性变化。年周期是生命周期的组成部分，它可作为园林植物区域规划以及制定科学栽培措施的重要依据。年周期是生命周期的重要组成部分，了解植物的年生长发育规律，对植物的栽培养护管理具有十分重要的意义。

一、园林植物的物候观测

植物的形态和生理在一年中随着气候的季节性变化规律性变化的现象，称为物候或物候现象。与之相适应的植物器官动态变化的各具体时期称为生物气候学时期，简称物候期。不同物候期植物器官所表现出的外部形态特征则称为物候相。通过物候认识植物形态与生理机能发生节律性变化及其自然季节变化之间的规律，服务于园林植物的栽培与养护实践。

（一）物候观察

物候观察已有 3 000 多年的历史，通过长期的物候观察，能掌握物候变动周期，为长期天气预报提供依据。多年的物候资料，可作为指导园林植物生产和制定经营措施的依据。

利用物候预报农时，比节令、平均温度和积温准确。因为节令的时期是固定的，温度虽能通过仪器精确测量，但对于季节的迟早无法直接表示；积温固然可以表示各种季节冷暖之差，但必须经过农事试验；而物候的数据是从活的生物上得来的，能准确反映气候的综合变化，用来预报农时就很直接，而且方法简单。准确的农时是指导园林植物育苗、栽植、养护管理的依据。

物候期是指与物候现象相适应的植物器官的动态变化时期，称为生物气候学时期。物候期是地理气候、栽培树木的区域规划以及为特定地区制定树木科学栽培措施的重要依据。物候期的范围可大可小，物候观测记载项目可视生产要求与研究需要而定，并应重复 1 ~ 2 次。

（二）物候期观测方法

1. 选定要观测植物的种类，确定观测地点

观测地点要开阔，环境条件应有代表性，如土壤、地形、植被等要基本相似。观测地点应多年不变。

2. 木本植物和草本植物的观测

木本植物要定株观测。盆栽植物不宜作为观测对象。被选植株必须生长健壮，发育正常，开花 3 年以上。同种树木选 3 ~ 5 株作为观测树木。

草本植物必须在一个地点多选几株，由于草本植物生长发育受小地形、小气候影响较大，观测植株必须在空旷地。观测植物要挂牌标记。

3. 观测应常年进行

植物生长旺季，可隔日观测记载，如物候变化不大时，可减少观测次数。冬季植物停止生长，可停止观测。观测时间以下午为好，因为下午 1 ~ 2 时气温最高，植物物候现象常在高温后出现。对早晨开花植物则需上午观测。若遇特殊天气应随时观察。

4. 统一观测标准和要求

确定观测人员,集中培训,统一标准和要求。观测资料要及时整理、分类,进行定性、定量分析,撰写观察报告,以便更好地指导生产。

（三）园林植物的物候特性

1. 不同种植物都有自己的物候期

不同植物物候期存在着明显差异,这些差异是由植物种类、品种遗传特性而决定的,同时受地理环境条件的影响而发生变化。不同的栽培措施也会改变或影响物候期,如落叶树有明显的休眠期,而常绿树则无明显的休眠期;多数植物先展叶后开花,而有些植物先开花后展叶。

2. 同一植物、同一品种的物候期也会有变化

同一植物、同一品种的物候期在同一地区,可因各年份的气候条件变化而出现提前或错后的现象,在不同地区这些现象更加明显。

3. 植物物候期的共同点

（1）顺序性

植物物候期的顺序性是指植物各个物候期有严格的时间先后次序的特性。在年生长周期中,每一物候期都只能在前一物候期通过的基础上才能进行,同时又为下一个物候期的到来打下基础,如萌芽必须在花芽分化的基础上才能发生,同时,萌芽又为抽枝、展叶做好准备。

植物只有在年周期中按一定顺序顺利通过各个物候期,才能完成正常的生长发育。同一植物的物候期的先后顺序是相同的,但在时间上会因环境条件的变化而变化;不同植物,甚至不同品种,这种物候的顺序是不同的。如碧桃、白玉兰、榆叶梅、梅花、蜡梅、紫荆等为先花后叶型;而紫丁香、紫薇、木槿、石榴等则是先叶后花型。

（2）重演性

植物物候期的重演性是指由于外界环境条件变化的刺激和影响,如自然灾害、病虫害、高温干旱、栽培技术不当等因素,植物的某些器官发育终止而另一些器官受刺激再次活动,在一年中出现非正常重复的特性,如二次开花、二次生长等。如月季、金柑、葡萄的新梢抽发与开花等物候期在一年内可以重演多次。

重演现象是在一定条件下发生的,它是植物体代谢功能紊乱与异常的反应,对正常营养积累和翌年正常生长发育都具有不良影响。

（3）重叠性

植物物候期的重叠性是指同一时间、同一植株上可同时表现多个物候期。这是由于植物各器官的分化、生长和发育习性不同，同一植物不同器官物候期在一年中通过的时期不同，具有重叠交错出现的特点，也称不整齐性。如橘类的枝条在春天可萌发春梢，又可开花，表现为开花和春梢生长两个物候期重叠进行。

另外，同一植物的花芽分化、新梢生长的开始期、旺盛期、停止生长期各不相同，会有重叠。如同是生长期，根和新梢开始或停止生长的时间并不相同。根的萌动期一般早于芽。同时，根与梢的生长有交替进行的规律，一般梢的速生期要早于根。有些树种可以同时进入不同的物候期，如油茶可以同时进入果实成熟期和开花期，人们称为"抱子怀胎"，其新梢生长、果实发育与花芽分化等几个时期可交错进行。金柑的物候期也是多次抽梢、多次结果交错重叠通过的。

二、木本植物的年生长周期

（一）落叶树木的年周期

由于温带地区在一年中有明显的四季，所以温带落叶树木的季相变化很明显。落叶树木的年周期可明显地分为生长和休眠两大物候期。在这两个时期中，某些树木可因不耐寒或不耐旱而受到危害，这在大陆性气候地区表现尤为明显。在生长期和休眠期之间，又各有一个过渡期，即从生长转入休眠的过渡期和从休眠转入生长的过渡期。因此，落叶树木的年周期可以划分为四个时期。

（1）休眠转入生长期

休眠转入生长期是指树木将要萌芽前，即当日平均气温稳定在3℃以上，到芽膨大待萌发时止。树木休眠的解除，通常以芽的萌动、芽鳞片的开绽作为形态标志。而生理活动则更早，如树液流动，根系活动明显。

合适的温度、水分和营养物质是树木从休眠转入生长期的必备条件。不同的树种有不同的温度要求。树液开始流动时有些树种还会出现非常明显的"伤流"现象。

解除休眠后，树木的抗冻能力显著降低，在气温多变的春季，晚霜等骤然下降的温度易使树木，尤其是花芽受害。因此要注意做好防霜危害。

（2）生长期

生长期即从春季开始萌芽生长，至秋季落叶前的时期。它包括整个生长季。这一时期在一年中所占的时间较长。在此期间,树木随季节变化和气温升高,会发生一系列极为明显的变化。如萌芽、抽枝、展叶和开花、结实等,并形成许多新器官(如叶芽或花芽等)。

通常,人们将萌芽常作为树木生长开始的标志,但其实根的生长比萌芽要早。不同树木在不同条件下每年萌芽的次数不同。由于经历了一年的营养物质积累、贮藏和转化,为萌芽做好了充分的准备,因此越冬后表现出一次整齐的萌芽。树木萌芽后抗寒力显著降低,对低温变得敏感。

每种树木在生长期中,都按其固定的物候顺序进行一系列的生命活动,不同树种通过各个物候的顺序不同。有些先萌花芽,而后展叶;也有些先萌叶芽,抽枝展叶,而后形成花芽并开花。树木各物候期的开始、结束和持续时间的长短,也因树木的品种、环境条件和栽培技术而异。

生长期是各种树木营养生长和生殖生长的主要时期。这个时期不仅能体现树木当年的生长发育情况,也对树木体内养分的储藏和下一年的生长发育等各种生命活动有着重要的影响,同时也是发挥其绿化作用的重要时期。因此,在栽培上,生长期是养护管理工作的重点,应该创造良好的环境条件,以促进其生长发育。

（3）生长转入休眠期

生长转入休眠期的重要标志是秋季叶片的自然脱落。在正常落叶前,新梢必须经过组织成熟过程,才能顺利越冬。早在新梢开始自下而上加粗生长时,就逐渐开始木质化,并在组织内贮藏营养物质。新梢停止生长后,这种积累过程继续加强,同时有利于花芽的分化和枝干的加粗等。结有果实的树木,在果实成熟后,养分积累更为突出,一直持续到落叶前。

秋季气温降低、日照变短是导致树木落叶和进入休眠的主要因素。落叶前在叶内会发生一系列的变化,如光合作用和呼吸作用的减弱,叶绿素的分解,部分氮、钾成分转移到枝干等,最后叶柄基部形成离层而脱落。落叶后随气温降低,树体细胞内脂肪和单宁物质增加,细胞液浓度和原生质黏度增加,原生质膜形成拟脂层使透性降低等,使树木抗寒越冬能力增强,为树木休眠和翌年生长创造条件。

过早落叶和延迟落叶对于养分积累和组织成熟而言都是不利的,会对树木越冬和翌年生长都会造成不好的影响。干旱、水涝、病虫害等是造成早期落叶的主要原因,甚至还会引起再次生长,危害很大。树叶该落不落说明树木未做好越冬的准备,这就容易导致发生冻害和枯梢,在栽培中要注意防范。

树木的不同器官和组织并非是在同一时间进入休眠的。一般地,地上部分主枝、主干进入休眠较晚,而以根茎最晚,故根茎最易受冻害。生产中常用根茎培土法来防止冻害。不同年龄的树木进入休眠早晚不同，幼年树进入休眠的时间比成年树晚。

刚进入休眠的树，处在初休眠（浅休眠）状态，耐寒力还不强，遇间断回暖会使休眠逆转，而后若突然降温则常遭冻害。对于这类树木，不宜过早修剪，并且在进入休眠期前合理控制水量。

（4）相对休眠期

秋季正常落叶到翌年春季树液开始流动前为止，是落叶树木的休眠期。局部的枝芽则更早进入休眠。在树木休眠期，虽然没有明显的生长现象，但体内仍进行着各种生命活动，如呼吸、蒸腾、芽的分化、根的吸收、养分合成和转化等，只是这些活动进行得较微弱和缓慢而已，所以确切地说，休眠只是一个相对概念。

落叶休眠是温带树木在进化过程中对冬季低温环境形成的一种适应性。如果没有这种特性，正在生长着的幼嫩组织，就会受早霜的危害，并难以越冬而死亡。

在生产实践中，为了达到某种特殊需要可以采取人为降温，然后加温的措施，提前解除休眠，促使树木提早发芽开花。

（二）常绿树木的年周期

常绿树终年有绿叶存在，是因为叶的寿命相对较长，多在一年以上，且没有集中明显的落叶期，每年仅有一部分老叶脱落并能不断增生新叶。常绿树在外观上并没有明显的生长和休眠现象，也没有明显的落叶休眠期，各物候的动态表现极为复杂。

常绿针叶树类中，松属的针叶可存活 2～5 年，冷杉叶可存活 3～10 年，紫杉叶甚至可存活 6～10 年，它们的老叶多在冬春间脱落，刮风天尤甚。

常绿阔叶树的老叶多在萌芽展叶前后逐渐脱落。热带、亚热带的常绿阔叶树木，各种树木的物候差别很大，难以归纳，如马尾松分布的南带，一年抽 2～3 次新梢，而在北带则只抽 1 次新梢；幼龄油茶一年可抽春、夏、秋梢，而成年油茶一般只抽春梢。又如柑橘类的物候，一年中可多次抽生新梢（春梢、夏梢、秋梢），各梢间有相当的间隔。有的树种一年可多次开花结果，如柠檬、四季橘等，有的树种，果实生长期很长，如伏令夏橙春季开花，到第二年春末果实才成熟。

常绿树木老叶的脱落并不是为了适应改变的环境条件，而是由于叶片的老化使其失去了正常机能，新老叶片交替的一种生理现象。

三、草本植物的年生长周期

园林植物年周期中表现最明显的有两个阶段,即生长期和休眠期。但是,由于园林植物的种类极其繁多,原产地立地条件也极为复杂,因此年周期的变化也很不一样。

一年生植物由于春天萌芽后,当年开花结实,而后死亡,仅有生长期的各时期变化而无休眠期,因此年周期就是生命周期,且短暂而简单。

二年生植物秋播后,以幼苗状态越冬休眠或半休眠。多数宿根花卉和球根花卉则在开花结实后,地上部分枯死,地下贮藏器官形成后进入休眠状态越冬(如萱草、芍药、鸢尾,以及春植球根类的唐菖蒲、大丽花等)或越夏(如秋植球根类的水仙、郁金香、风信子等在越夏时进行花芽分化)。

还有许多常绿性多年生园林植物,在适宜的环境条件下,周年生长,保持常绿状态而无休眠期,如万年青、书带草和麦冬等。

第三节　园林植物各器官的生长发育

一、园林植物各器官的生长发育

营养生长的基本内容包括原生质的形成,新细胞的增殖和各组织器官的分化。如根、茎、叶等营养器官的形态建成及其重量、体积的持续增长,即生物量的增加。

(一)根系的生长

根是植物的重要器官,全部根系约占植株总重量的 25% ~ 30%。它是所有植物在进化中适应定居生活而发展起来的,发挥着重要作用。

1. 园林植物根系的构成

植物的根系通常由主根、侧根和须根构成。

(1)主根

主根由种子的胚根发育而成。主根型有明显的近乎垂直的主根深入土中,从主根上分出侧根向四周扩展,由上而下逐渐缩小。整个根系像个倒圆锥体,主根型根系在通透性好而水分充足的土壤里分布较深,故又称为深根性根系,在松、栎类树种中最为常见。并不是所有的植物都有主根,一般扦插系列的植株就没有主根。

（2）侧根

侧根是指主根上面产生各级较粗大分枝。生长粗大的主根和各级侧根构成根系的基本骨架,称为骨干根和半骨干根,主要起支持、输导和贮藏的作用。如杉木、冷杉、槭、水青冈等树木的根系。

（3）须根

须根是指在侧根上形成的较细分枝。有些如棕榈、竹等单子叶植物,没有主根和侧根之分,只有从根茎或节发出的须根。根系中数须根最为活跃,须根按照形态结构与功能的不同,一般可分为三大类型。

①生长根及输导根。生长根(轴根)为初生结构的根,白色、具有较大的分生区,有吸收能力。它的功能是促进根系向土层新的区域推进,延长和扩大根系的分布范围及形成小分枝吸收根。这类根生长较快,其粗度和长度较大(为吸收根的 2 ～ 3 倍),生长期也较长。生长根经过一定时间生长后,颜色变深,成为过渡根,进一步发育成具有次生结构的输导根,并可随年龄的增大而逐渐加粗变成骨干根或半骨干根。它的机能主要是输导水分和营养物质,起固定作用,同时还具有吸收能力。

②吸收根。吸收根也是初生结构,白色,其主要功能是从土壤中吸收水分和矿物质,并将其转化为有机物。它具有高度的生理活性,在根系生长的最好时期,其数目可占整个根系的90% 以上。它的长度通常为0.01 ～ 0.40 cm,粗度为 0.03 ～ 0.10 cm,一般不能变为次生结构,寿命短(15 ～ 25 d)。吸收根的多少与植物营养情况关系极为密切。吸收根在根的生长后期由白色转为浅灰色成为过渡根,而后经一定时间的自疏而死亡。

③根毛。根毛是植物根系吸收养分和水分的主要部位,根毛的长度一般在 0.02 ～ 0.10 cm 之间,直径约为 10 μm。在植物吸收区,每平方厘米表面的根毛数量差异很大,同时还与植株的年龄和季节有关。如苹果根尖成熟区,每平方厘米表面的根毛数量为 30 000 条;穗状醋栗有66 900 条;生长在温室中,苗龄为 7 周的刺槐幼苗,平均为 5.2 条;而同龄火炬松只有 2.17 条。多数的根毛仅生活几小时、几天或几周,并因根的栓化和木化等次生加厚的变化而消失。由于老根毛死去时,新的根毛有规律地在新伸长的根尖生长点后形成,因此根毛不断地进行更新,并随着根尖的生长而外移。

2. 根系的类型

根系即植株地下部分所有根的总和。不同种类的植物具有不同形态的根系,根系分为两种类型,即直根系(tap root system)和须根系(fibrous root system)(图 2-1)。

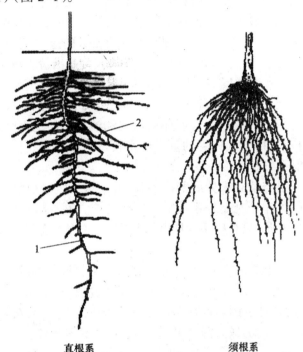

直根系　　　　　　　　　　须根系

图 2-1　直根系和须根系

1—主根；2—侧根

主根发达,较各级侧根粗而长,并垂直向下生长,这种具有明显主根的根系称为直根系。大部分双子叶植物和裸子植物,如松树、柏树、杨树、柳树、蒲公英等的根系属于直根系。一般直根系多为深根系,这对于吸收土壤深层的水分和矿质营养是非常有利的。

主根不发达或早期停止生长,而由胚轴或茎基部的节上生出许多长短粗细差别并不明显的不定根,这种主根与不定根无明显区别的根系,外形如须状,称为须根系。大部分单子叶植物和某些双子叶植物的根系属于须根系。

3. 园林植物根系的分布

根系在土壤中分布范围的大小和数量的多少,不仅关系到植物营养与水分状况的好坏,而且关系到其抗风能力的强弱。

根系在土壤中的伸展方向不同,可分为水平分布和垂直分布两种。

水平分布的根多数沿土壤表层呈平行生长。根在土壤中的分布深度和范围,依地区、土壤、植物及繁殖方式不同而变化。杉木、落羽杉、刺槐、桃、樱桃、梅等树木水平根分布较浅,多在 40 cm 的土层内;苹果、梨、柿、核桃、板栗、银杏、樟树、栎树等树木水平根系分布较深。在深厚、肥沃及水肥管理较好的土壤中,水平根系分布范围较小,分布区内的须根特别多;而在干旱瘠薄的土壤中,水平根可伸展到很远的地方,但须根很少。

垂直分布的根是大体垂直向下生长。根大多是沿着土壤裂隙和某些生物体所形成的孔道伸展,其入土深度取决于植物种类、繁殖方式和土壤的理化性质。在土壤疏松、地下水位较深的地方伸展较深;在土壤通透性差、地下水位高、土壤剖面有明显粘盘层和沙石层的地方则伸展较浅。银杏、香榧、核桃、柿子等树木的垂直根系较发达,而刺槐、杉木和核果类树木的垂直根系不发达。

植物水平根与垂直根伸展范围的大小,直接决定着植物的营养面积和吸收范围的大小。凡是根系伸展不到的地方,植物难以从中吸收土壤水分和营养。因此,只有根系伸展既深又广时,才能最有效地吸收营养和矿物质。

根系水平分布的密集范围,一般在株冠垂直投影外缘的内外侧,扩展范围多为冠幅的 2 ~ 5 倍,扩展距离至少能超过枝条 1.5 ~ 3.0 倍,甚至 4 倍,此为施肥的最佳范围。根系垂直分布的密集范围,一般在 40 ~ 60 cm 的土层内,而其扩展的最大深度可达 4 ~ 10 m,甚至更深。

4. 根茎与特化根

根和茎的交接处称为根茎。实生根系的根茎是由下胚轴发育而成的,称真根茎;而茎源根系和根蘖根系没有真根茎,其相应部分称假根茎。根茎处于地上部与地下部交界处,是营养物质交流必经的通道。在秋季最迟进入休眠,而在春季又最早解除休眠,对环境条件变化比较敏感,在栽培上应注意保护。所以,苗木定植时,如果根茎部深埋或全部裸露,对植物生长均不利。

很多植物具有特化而发生形态学变异的根系,它包括菌根、气根、根瘤和贮藏根等。

①菌根。菌根是植物根与土壤真菌结合形成的共生体。根据真菌菌丝在植物根部存在的部位,菌根可以分为三类,即外生菌根、内生菌根和内外生菌根(图 2-2)。

菌根对植物正常生长和发育能够起到重要作用。菌根一方面从寄主那里摄取碳水化合物、维生素、氨基酸和生长促进物质,另一方面对植物的营养和根的保护起着有益的作用。这些作用表现在以下几个方面。

其一,菌根有由菌丝体组成较大的生理活性表面和较大的吸收面积,可以吸收更多的养分和水分。

其二,菌根能使一些难溶性矿物或复杂有机化合物溶解,也能从土壤中直接吸收分解有机物时所产生的各种形态的氮和无机物。

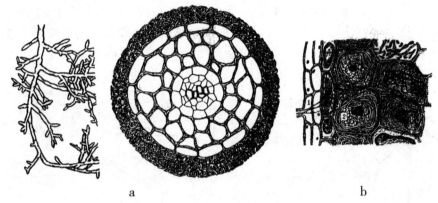

图2-2　菌根

a. 白云杉的外生菌根(左:菌根外形;右:菌根横切,示菌丝分布在皮层细胞间)

b. 二叶舌唇兰的内生菌根,示菌丝侵入到皮层细胞内

1—根毛细胞;2—皮层细胞

其三,菌根能在其菌鞘中贮存较多的磷酸盐,并能控制水分和调节过剩的水分。

其四,菌根菌能产生抗生物质,排除菌根周围的微生物,菌鞘也可以成为防止病原菌侵入的机械性组织。总之,寄主与菌根通过物质交换形成互惠互利的关系。

②气根。气根是指露出地面,生长在空气中的根。气根的形式多种多样。

呼吸根(respiratory root)是指生长在沼泽或热带海滩地带的植物为了便于呼吸产生的一些垂直向上生长、伸出地面的具有发达的通气组织的根。如水龙、红树等的根属于此类。

攀缘根(climbing root)是指一些藤本植物从茎的一侧产生许多很短的不定根,这些根的先端扁平,常可分泌黏液,易固着在其他树干、山石或墙壁等物体的表面攀缘上升。如常春藤、凌霄、络石等。

支柱根(prop root)是指在近地面茎节上的不定根不断延长,根先端伸入土中,并继续产生侧根,起到增强支持植物体的作用。如玉米、高粱、甘蔗、榕树等的根属于此类。玉米支柱根的表皮往往角质化,厚壁组织发达。支柱根在土壤肥力高、空气湿度大的条件下能够大量发生。

③贮藏根。贮藏根利用贮藏的养料供应植株来年抽茎、开花结果所需的营养,常见于二年生或多年生的双子叶草本植物。根据来源不同,贮藏根可分为肉质直根和块根两大类,肉质直根由主根发育而成,块根由植物的侧根或不定根发育而成。

④根瘤。通常所讲的根瘤主是指由根瘤细菌等侵入豆科宿主根部后形成的瘤状突起(图 2-3)。根瘤的产生是由于根瘤菌首先穿破根毛进入皮层,然后在皮层细胞内迅速分裂繁殖,皮层细胞也因根瘤菌分泌物的刺激而进行分裂,使皮层部分的体积膨大,向外凸出形成。

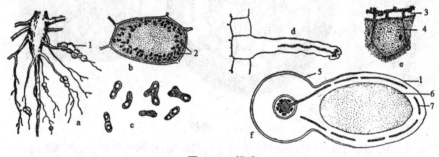

图 2-3　根瘤

a. 具根瘤的根;b. 具根瘤菌的细胞;c. 根瘤菌;

d. 根瘤菌由根毛进入根内;e. 根瘤菌引起的大形细胞;f. 根与根瘤的横切面

1—根瘤;2—根瘤菌;3—正常细胞;4—大型细胞;5—根;6—有根瘤菌的部分;7—维管束

很多植物的根与微生物共生形成根瘤,这些根瘤具有固氮作用。以豆科植物为主,非豆科植物也有一些具有根瘤。迄今为止,已知约有 1 200 种豆科植物具有固氮作用。木本豆科植物中的紫穗槐、槐树、合欢、金合欢、皂荚、紫藤、胡枝子、紫荆、锦鸡儿等都能形成根瘤。

5. 根系生长的速度与周期

植物的根系没有生理自然休眠期,只要满足其所需要的条件,全年均可生长。在植物的一生中,根系也要经历发展、衰老、死亡和更新的过程与变化。下面以木本植物为例来分析根系的生命周期。

(1)根系生长速度的变化

树木自繁殖成活以后,由于根的向地性,从根茎开始伸入土中离心生长,逐渐分枝,依次形成各级侧根和须根,向土壤的深度和广度伸展。

不同类别的树木,以一定的发根方式和速度进行生长。幼时根系生长很快,一般都超过地上的生长速度。此后,主要是水平根迅速向四周扩展。树龄达 20 年以后,水平根延伸减慢,直至停止。根的粗度变化,在 3 ~ 4 年以前,垂直根的粗生长占优势。随着树龄的增加,水平根的粗生长逐渐超过垂直根。40 ~ 50 年生的梨树幼年形成的垂直根已经枯死,此时主要靠水平根向下成为垂直或斜生根系,伸向土壤深层。

（2）根系的寿命与更新

木本植物的根系由比较长寿的大型多年生根和许多寿命较短的小根组成。健康树木的很多小根在形成后不久就死去,根系在离心生长过程中,随着年龄的增长,骨干根早年形成的弱根、须根,由根茎沿骨干根向尖端出现衰老死亡的现象,称为"自疏"。这种现象贯穿于根系生长发育的全过程。须根从形成到壮大直至死亡,一般也只有数年的寿命。须根的死亡,起初发生在低级次骨干根上,其后主要发生在高级次骨干根上,以致较粗骨干根的后部出现光秃现象。

根生长达到最大幅度后,发生向心更新。受环境影响,更新不规则,常出现大根季节性间歇死亡的现象。更新所发新根,随树木衰老而逐渐缩小,有些树种进入老年后常发生根系隆起。当树木衰老或濒于死亡时,根系仍能保持一段时间的寿命,为萌发更新提供了某种可能性。

6. 根系生长的习性及影响根系生长的因素

（1）根系生长的习性

其一,植物的根系都有向地生的习性。无论是实生苗,还是扦插苗,在根生成之后,必然向地下深处伸长,生长中露出地面的根也会重新向下弯曲钻入土壤。

其二,根系在土壤中生长的方向,都有向适合于自己生长环境钻行的趋适性,如趋肥、向暖、趋疏松等。在生产实践中,我们经常看到植物的根系沿土壤裂隙、蚯蚓孔道及腐烂根孔起伏弯曲穿行,甚至呈极扁平状沿石缝生长。由此可见,根系具有很强的可塑性。

其三,根系生长中因土壤阻碍而发生断裂和扭伤时一般都能愈合,且在愈合部附近再生出许多新根,扩大根系的伸展范围。

（2）影响根系生长的因素

树木根系生长势的强弱和生长量的大小,与土壤的温度、湿度、通气、营养和树体内营养状况及其他器官的生长状况有着极其密切的关系。

①土壤温度。树种不同,开始发根所需要的土温也是不一样的。一般原产温带寒地的落叶树木需要温度低;而热带亚热带树种所需温度较高。根的生长都有最适温度和上、下限温度。温度过高过低对根系生长

都不利,甚至造成伤害。由于土壤不同深度的土温随季节而变化,分布在不同土层中的根系活动也不同。

②土壤湿度。土壤湿度与根系的生长也有密切关系。过干易促使木栓化和发生自疏;过湿则缺氧而抑制根的呼吸作用,影响根的生长,甚至造成烂根死亡。通常最适合根系生长的土壤含水量,约等于土壤最大田间持水量的 60%~80%。因此,选栽树木要根据其喜干、喜湿的特性,并正确进行灌水和排水。

③土壤通气。土壤通气对根系生长影响很大。通气良好处的根系密度大、分枝多、须根也多。通气不良处发根很少,生长慢或停止,易引起树木生长不良和早衰。城市由于铺装路面多、市政工程施工夯实以及人流踩踏频繁,造成土壤紧实,影响根系的穿透和发展;内外气体不易交换,引起有害气体(二氧化碳等)的累积中毒,影响根系的生长并对根系造成伤害。土壤水分过多影响土壤通气,从而影响根系的正常生长。为使植物正常生长,一般要保证土壤的孔隙率在 10% 以上。

④土壤营养。在一般土壤条件下,其养分状况不至于限制根系的生长。但根有趋肥性,有机肥有利于树木发生吸收根,适当施无机肥对根的生长有好处。如施氮肥通过叶的光合作用能增加有机营养和生长激素,以促进发根;磷和微量元素(硼、锰等)对根的生长都有良好的影响。可见,土壤营养状况会影响根系的质量,如发达程度、细根密度、生长时间的长短等。

在土壤通气不良的条件下,土壤中的有些元素还会转变成有害的离子(如铁、锰会被还原为二价的铁离子和锰离子,提高了土壤溶液的浓度),使根受害。

⑤树体有机养分。根的生长与发挥其功能是依赖于地上部分所供应的碳水化合物。土壤条件好时,根的总量取决于树体有机养分的多少。叶受害或结实过多,根的生长就受阻碍,即使施肥,一时作用也不大,需要保叶或通过疏果来改善。

此外,土壤类型、土壤厚度、母岩分化状况及地下水位高低等对根系的生长也有一定的影响。

(二)枝芽的生长

芽是多年生植物为适应不良环境延续生命活动而形成的重要器官。芽是未发育的枝、叶、花的原始体。以后发展成枝的芽称为枝芽(branch bud),如图 2-4 所示;发展成花或花序的芽称为花芽(flower bud)。芽是植物生长、开花结实、修剪整形、更新复壮及营养繁殖的基础。

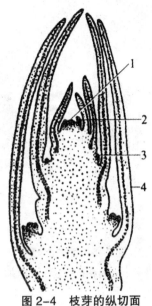

图2-4　枝芽的纵切面

1—生长锥；2—叶原基；3—腋芽原基；4—幼叶

1. 芽的类型

根据芽生长的位置、性质、结构和生理状况的不同，可将芽分为以下几种类型。

（1）叶芽、花芽、混合芽

能发育成枝条的芽称为叶芽。能发育成花和花序的芽称为花芽。如果一个芽开放后既产生枝条又有花和花序生成，称为混合芽，如丁香、海棠、苹果等，如图2-5所示。三者之间存在明显的形态差异，花芽和混合芽饱满而且大，枝芽瘦长而且小，区分起来非常容易。

（2）定芽和不定芽

在茎上有固定生长位置的芽称为定芽，如顶芽、腋芽。着生位置不定，多发生在枝干或根部皮层附近，肉眼不易看见的芽称为不定芽，如秋海棠和大岩桐的叶生芽，刺槐和泡桐的根出芽等。

（3）主芽和副芽

位于腋芽中心的芽，芽体较大、充实称为主芽。着生在主芽两侧或上、下部位的芽称为副芽，如桃、梅、枫杨、胡桃等。

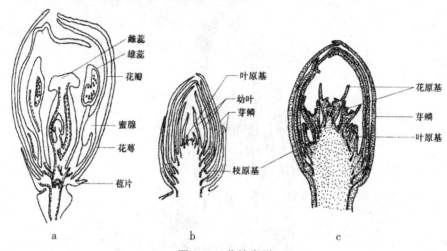

图 2-5　芽的类型

a.小檗的花芽；b.榆树的叶芽；c.苹果的混合芽

（4）鳞芽和裸芽

有芽鳞包被的芽称为鳞芽，芽鳞是叶的变态，常具绒毛或蜡质，可保护幼芽越冬。大多数多年生木本植物的芽为鳞芽。

没有芽鳞包被，只有幼叶包被的芽，称为裸芽，草本植物和生长在热带的木本植物多为裸芽。

（5）活动芽和休眠芽

活动芽是当年形成，当年萌发长成枝、叶、花和花序的芽；芽形成后不萌发而处于休眠状态称为休眠芽或潜伏芽。休眠芽经一年或多年潜伏后才萌发，也可能始终处于休眠状态或逐渐死去。

2.芽的特性

芽的形成与分化要经过数月，长的近两年。其分化程度和速度与植株营养状况和环境条件密切相关。栽培措施在很大程度上可以改变芽的发育进程和性质，提高芽的发育质量，使其饱满健壮。

（1）芽的异质性

芽的异质性，是指在芽的形成过程中，由于内部营养状况和外界环境条件的不同，会使处在同一枝上不同部位的芽的大小和饱满程度产生较大差异。

枝条基部的芽在展叶时形成，由于这一时期叶面积小、气温低，芽一般比较瘦小，且常成为隐芽。此后，随着气温升高，枝条叶面积增大，光合效率提高，芽的质量逐步提高，到枝条进入缓慢生长期后，叶片累积的养分能充分供应芽的发育，形成充实饱满的芽。但如果长枝生长延迟至秋后,由于气温降低,梢端往往不能形成新芽,所以一般长枝条的基部和顶端部分或秋梢上的芽质量较差。

（2）芽的早熟性和晚熟性

有些植物当年新梢上的芽能够连续抽生二次梢或三次梢,芽的这种不经过冬季低温休眠,能够当年萌发的特性称为芽的早熟性。如紫叶李、红叶桃、柑橘等的芽均具早熟性。具有早熟芽的树种,一般分枝较多,树冠容易形成,进入结果期早。不过也有些树木的芽虽具早熟性,但不受刺激一般不萌发,需要通过人为修剪、摘叶等措施促进芽的萌发。

另一些植物的芽,当年一般不萌发,要到第二年春天才能萌动抽枝,芽的这种必须经过冬季低温休眠,翌年春天才能萌发的特性,称为芽的晚熟性。如紫叶李、苹果、梨、樱花等。

芽的早熟性和晚熟性还受植物年龄及栽培地区的影响,如株龄增大,晚熟芽增多,副梢形成的能力减退。如北方树种南移,早熟芽增加,发梢次数增多。

（3）萌芽力及成枝力

萌芽力是指生长枝上的叶芽能萌发的能力。一枝上萌芽数多的称萌芽力强,反之则弱。萌芽力的强弱程度一般以萌发的芽数占总芽数的百分率来表示。

成枝力是指生长枝上的芽,不仅萌发而且能抽成长枝的能力。抽长枝多的则成枝力强,反之则弱。成枝力一般以长度大于 5 cm 的枝条数占萌芽数的百分率表示。

树种、品种、树龄、树势不同,萌芽力和成枝力也表现出差异。同一树种不同品种,萌芽力强弱不同。有些树木的萌芽力和成枝力均强,如杨属的多数种类,柳、白蜡、卫矛、紫薇、女贞、黄杨、桃等容易形成枝条密集的树冠,耐修剪,易成型。有些树木的萌芽力和成枝力较弱,如松类和杉类的多数树种,以及梧桐、楸树、梓树、银杏等,枝条受损后不容易恢复,树形的塑造也比较困难,要特别保护苗木的枝条和芽。一般萌芽力和成枝力都强的品种枝条过密,修剪时应多疏少截,防止郁闭;萌芽力强、成枝力弱的品种,易形成中短枝,但枝量少,应注意适当短截,促其发枝。

（4）芽的潜伏力

枝条基部的芽或某些副芽,在一般情况下不萌发而呈潜伏状态,这类芽称为潜伏芽。植株衰老或因某种刺激,使潜伏芽(即隐芽)萌动发出新梢的能力称为潜伏力。芽的潜伏力可用芽保持萌芽抽枝的年限即潜伏寿命表示,芽潜伏力强的树种,枝条恢复能力强,容易进行树冠的复壮更新,如悬铃木、月季、女贞等。芽潜伏力弱的树种,枝条恢复能力也弱,容易衰老。

(三)茎枝的生长

芽萌生成茎枝。多年生树木,尤其是乔木,茎枝的生长构成了树木的骨架——主干、中心干、主枝、侧枝等。枝条的生长,使树冠逐年扩大。每年萌生的新枝上,着生叶片和花果,并形成新芽,使之合理分布于空间,充分接受阳光,进行光合作用,形成产物并发挥绿化功能作用。保持枝与干的正常生长是园林植物栽培中的一项重要任务。

1.枝条的加长生长和加粗生长

枝和干的形成与发展来自芽的生长与发育。在一定条件下,芽的生长点发生快速的细胞分裂,产生初生分生组织,经过分化与成熟,形成具有表皮、皮层、韧皮部、形成层、木质部、中柱鞘和髓等各种组织的嫩枝或嫩茎,开始年周期内枝的生长活动。

(1)枝条的加长生长

枝条的加长生长,一般是通过枝条顶端分生组织的活动——分生细胞群的细胞分裂伸长而实现的。加长生长的细胞分裂只发生在顶端,伸长则延续至几个节间。随着距顶端距离的增加,伸长逐渐减缓。在细胞伸长过程中,也发生细胞大小形状的变化,胞壁加厚,并进一步分化成各种组织。生长点的活动是不均衡的,由一个叶芽发展成为一个生长枝,通常要经过以下三个时期。

①新梢开始生长期。叶芽开始萌动后,生长点的幼叶伸出芽外,随之节间伸长,幼叶分离。此期间叶小而嫩,含水量高,光合作用弱。这一时期生理过程的特点是:株体贮藏的物质水解占优势,含有大量水溶性糖和非蛋白氮,而淀粉含量特别少。新梢生长初期的营养来源,主要是上年积累贮藏的养分。

②新梢旺盛生长期。此阶段茎组织明显延伸,幼芽迅速分离,叶片增多,叶面积加大,光合作用增强。这时新梢生长主要靠当年叶片制造的养分。由于新梢加速生长,消耗了大量的有机营养,使碳水化合物含量降低,进入株体的非蛋白氮占优势。此期间,植物要从土壤中吸收大量的水分和无机盐类,生长点分生组织的细胞液浓度低,细胞形成新组织的速度加快,新梢加速生长。枝梢旺盛生长期的长短在很大程度上决定着枝条生长势的强弱。

③新梢缓慢生长期和停止生长期。枝梢生长至一定时期后,由于外界环境如温度、湿度、光周期的变化,芽内抑制物质的积累,顶端分生组织

的细胞分裂变慢或停止,细胞增大逐渐停止。随着叶片衰老,光合作用逐渐减弱,枝内形成木栓层,并积累淀粉、半纤维素,蛋白质的合成加强,机械组织内的细胞壁充满木质素,枝条转入成熟阶段。

（2）枝条的加粗生长

树干、枝条的加粗,都是形成层细胞分裂、分化、增大的结果。加粗生长比加长生长稍晚,其停止也稍晚,在同一株树上,下部枝条停止加粗生长比上部枝条晚。春天当芽开始萌动时,在接近芽的部位,形成层开始活动,然后向枝条基部发展。由于形成层的活动,枝干出现微弱的增粗,此时所需要的营养物质主要靠上年的贮备。随着新梢不断地加长生长,形成层活动也持续进行。新梢生长越旺盛,则形成层活动得越强烈。秋季叶片积累大量的光合产物,枝干明显加粗。当加长生长停止、叶片老化至落叶时,形成层活动也随之逐渐减弱至停止。因此,为促进枝干的加粗生长,必须在枝上保留较多的叶片。

2. 顶端优势与垂直优势

（1）顶端优势

植物的顶芽长出主茎,侧芽长出侧枝,通常主茎生长很快,而侧枝或侧芽则生长较慢或潜伏不长。这种由于植物的顶芽生长占优势而抑制侧芽生长的现象,称为顶端优势。

顶端优势的现象普遍存在于植物界,但各种植物表现不尽相同。木本植物针叶树,如桧柏、杉树等,主茎生长很快,侧枝从上到下的生长速度不同,距茎尖越近,被抑制越强,整个植株呈宝塔形。草本植物如向日葵等顶端优势很强。只有主茎顶端被切除,邻近的侧枝才加速生长。当然也有些植物的顶端优势不显著或较弱。

顶端优势有以下几种主要表现:

其一,表现在极性上。因为它是枝条背地性生长的极性表现,具有很强的极性。一个近于直立的枝条,其顶端的芽能抽生最强的新梢,而侧芽所抽生的枝,其生长势（常以长度表示）多呈自上而下递减的趋势,最下部的一些芽则不萌发。如果去掉顶芽或上部芽,即可促使下部腋芽和潜伏芽的萌发。

其二,表现在分枝角度上。枝条自上而下,分枝角度逐渐开张。如果去掉尖端对角度的控制效应,所发侧枝就呈垂直生长的趋势。

其三,表现在生长势上。树木中心干生长势要比同龄主枝强,树冠上部枝比下部枝强。一般乔木都有较强的顶端优势,越是乔化的树种,其顶端优势也越强。

（2）垂直优势

枝条与芽的着生方位不同,生长势的表现有很大的差异。直立生长的枝条生长势旺,枝条长;接近水平或下垂的枝条,生长势弱;枝条弯曲部位的上位芽,其生长势超过顶端。这种因枝条着生方位背地程度越强生长势越旺的现象,在园林植物栽培上称为垂直优势。形成垂直优势的原因除与外界环境条件有关外,激素种类和含量的差异也有重要的作用。根据这个特点,可以通过改变枝芽的生长方向来调节枝条生长势的强弱。

3. 茎枝的生长类型

茎的生长方向与根相反,多数是背地性的。除主干延长枝,突发性徒长枝呈垂直向上生长外,多数因不同枝条对空间和光照的竞争而呈斜向生长,也有向水平方向生长的。依植物茎枝的伸展方向和形态可分为以下几种生长型。

①直立生长。茎有明显的负向地性,一般都有垂直地面生长、处于直立状态的趋势。但枝条伸展的方向取决于背地角的大小。多数树种主干和枝条的背地角在0°~90°之间,处于斜生状况,但也有许多变异类型。枝条直立生长的程度,因植物特性、营养状况、光照条件、空间大小、机械阻挡等不同情况而异。从总体上可分为以下几种类型。

②缠绕茎。这类植物细长柔软,不能直立,需缠绕其他物而向上生长,如牵牛、紫藤等。

③攀缓生长。这类植物因其自身的茎细长柔软,不能直立,只能缠绕或附有适应攀附他物的器官借他物支撑,向上生长。

④匍匐生长。这类植物茎蔓细长,自身不能直立,又无攀附器官的藤木或无直立主干的灌木,常匍匐于地生长。这种生长类型的植物,在园林中常用作地被植物。

⑤下垂生长。这类植物随着枝条的生长而逐渐向下弯曲,当萌发呈水平或斜向伸出以后,有些树种甚至在幼年都难形成直立的主干,必须通过高接才能直立。这类树种容易形成伞形树冠,如柏木、垂枝樱、垂柳、龙爪槐、垂枝榆等。

4. 树木的层性与干性

"树木的层性",简称"层性",指由于顶端优势和芽的异质性的缘故,使强壮的一年生枝的着生部位比较集中,尤其在树木幼年期,使主枝在中心干上的分布或二级枝在主枝上的分布,形成明显的层次现象。如黑松、马尾松、广玉兰等树种,具有明显的层性,几乎是一年一层。这一习性可以作为测定这类树木树龄的依据之一。层性是顶端优势和芽的异质性综合作用的结果,一般顶端优势强而成枝力弱的树种层性明显,如油松、南洋杉等。顶端优势越弱,成枝力越强,芽的异质性越不明显,则植物的层性越不明显。有些树种的层性,一开始就很明显,如油松等;而有些树种则随树龄增大,弱枝衰亡,层性逐渐明显起来,如苹果,梨等。具有层性的树冠,有利于通风透光。但层性又随中心干的生长优势和保持年代而变化。树木进入壮年之后,中心干的优势减弱或失去优势,层性也就消失。

"树木的干性",简称"干性",指树木中心干的长势强弱及其能够发芽的时间。凡中心干(枝)明显,能长期保持优势生长者叫"干性强";反之"干性弱"。不同树种的层性和干性强弱不同。凡是顶芽及其附近数芽发育特别良好,顶端优势强的树种,层性、干性就明显。裸子植物的银杏、松、杉类干性很强;柑橘、桃等由于顶端优势弱,层性、干性均不明显。干性强弱是构成树干骨架的重要生物学依据,对研究园林树形及其演变和整形修剪有重要意义。

不同树种具有不同的干性,层性的强弱也不同。雪松、龙柏、水杉等树种干性强而层性不明显;南洋杉、黑松、广玉兰等树种干性强,层性也明显;悬铃木、银杏、梨等干性比较强,主枝也能分层排列在中心干上;香樟、苦株、构树等树种幼年期能保持较强的干性,进入成年期后,干性与层性都明显衰退;桃、梅、柑橘等树种自始至终都无明显的干性和层性。树木的干性与层性在不同的栽植环境中会发生一定的变化,如群植能增强干性,孤植会减弱干性。

5. 植物的分枝方式

分枝是植物生长的普遍现象,是顶芽和腋芽活动的结果。树木按照一定的分枝方式构成庞大的树冠,使尽可能多的叶片避免重叠和相互遮阴。枝叶在树干上按照一定的规律分枝排列,可更多地接受阳光,扩大吸收面积。植物在长期进化的过程中,为适应自然环境形成了一定的分枝规律。此外,分枝方式不仅影响枝层的分布、枝条的疏密、排列方式,而且还影响总体株形。每种植物都有一定的分枝方式,常见的有以下几种类型。

(1)总状(单轴)分枝

这类植物顶芽优势极强,生长旺盛,每年能继续向上生长,从而形成直立而明显的主干,主茎上的腋芽形成侧枝,侧枝再分枝,但各级分枝的生长均不超过主茎。大多数针叶树种属于这种分枝方式,如雪松、圆柏、龙柏、罗汉松、水杉、池杉、黑松、湿地松等。阔叶树中属于这一分枝方式的大都在幼年期表现突出,如杨树、栎、七叶树、薄壳山核桃等。但因它们在自然生长情况下,维持中心主枝顶端优势年限较短,侧枝相对生长较旺,而形成庞大的树冠。因此,总状分枝在成年阔叶树中表现得不很明显。这类树木中有很多名贵的观赏树,若任其自然生长,往往形成多权树形,影响主干高度,树冠也不易抱紧而变得松散,易形成较多竞争枝,降低观赏价值。这种情况在罗汉松、龙柏等树种中极为普遍。

（2）合轴分枝

顶芽发育到一定程度生长缓慢,瘦小或不充实,到冬季干枯死亡,有的形成花芽,不能继续向上生长,而由顶端下部的腋芽取而代之,继续向上生长形成侧枝,经过一段时间又被其下方的腋芽代替,每年如此循环往复,均由侧芽抽枝逐段合成主轴,故称合轴分枝。合轴分枝主干曲折、节间短、能形成较多花芽,并且地上部分呈开张状态,有利于通风透光。木本园林植物中很多树种属于这一类,如白榆、悬铃木、榉树、樟树、柳树、杜仲、槐树、香椿、石楠、苹果、犁、桃、梅、杏、樱花等。

（3）假二权分枝

在对生叶（芽）序的植物中,顶芽停止生长或分化成花芽后,由下面对生的两个腋芽萌发抽生为两个外形大致相同的侧枝,这种分枝方式称为假二权分枝,如泡桐、黄金树、梓树、楸树、丁香、女贞、卫矛、桂花等。

（4）多歧式分枝

顶芽在生长期末,生长不充实,侧芽之间的节间短或在顶梢直接形成三个以上势力均等的侧芽,到下一个生长季节,梢端附近能抽出三个以上同时生长新梢的分枝方式。具有这种分枝方式的树种,一般主干低矮,如苦楝、臭椿、结香等。

有些植物,在同一植株上有两种不同的分枝方式,如杜英、玉兰、木莲、木棉等,既有单轴分枝,又有合轴分枝;女贞有单轴分枝又有假二权分枝。很多树木,在幼苗期为单轴分枝,长到一定时期以后变为合轴分枝。

单轴分枝在裸子植物中占优势,合轴分枝则在被子植物中占优势。所以合轴分枝是进化的性状。因为顶芽的存在,抑制了腋芽的生长,顶芽依次死亡或停止生长,从而促进腋芽的生长和发育,保证枝叶繁茂,光合作用面积扩大。同时,合轴分枝还有形成较多花芽的特性。对于以花、果为主要栽培目的植物来说,它是"丰产的分枝"方式。

6.影响枝条生长的因素

影响枝条生长的因素很多,主要有以下几个方面。

（1）植物种类、品种

不同植物或品种,由于遗传型的差别,枝条生长强度有很大的变化。

有的生长势强,枝梢生长强度大,为长枝型;有的生长缓慢,枝短而粗,为短枝型;还有的介于上述两者之间,为半短枝型。

（2）母株所处部位与状况

树冠外围新梢较直立,光照好,生长旺盛;树冠下部和内膛枝因芽质差、有机养分少、光照差,所发新梢较细弱,但潜伏芽所发的新梢常为徒长枝。以上新梢的枝向不同,其生长势也不同,与新梢顶端生长素含量高低有关。

母枝的强弱和生长状况对新梢生长影响很大。新梢随母枝直立至斜生,顶端优势减弱。随母枝弯曲下垂而发生优势转位,于弯曲处或最高部位发生旺长枝,这种现象称为"背上优势"。

（3）有机养分

植物体内贮藏养分对枝梢的萌发、伸长等有显著的影响。贮藏养分不足,新梢短而纤细。植株结果多少对当年新梢生长也有明显的影响,结果过多,当年大部分同化物质为果实所消耗,枝条伸长受到抑制;反之则可以出现旺长。

（4）激素

叶片除合成有机养分外,还产生激素。新梢加长生长受到成熟叶和幼嫩叶所产生的不同激素的综合影响。幼嫩叶内产生类似赤霉素的物质,能促进节间伸长;成熟叶产生的有机营养(碳水化合物和蛋白质)与生长素类配合引起叶和节的分化;成熟叶内产生休眠素可抑制赤霉素。摘去成熟叶可促进新梢加长生长,但不增加节数和叶数。摘除幼嫩叶,仍能增加节数和叶数,但节间变短而减少新梢长度。

应用生长调节剂一类的外源激素来调节枝梢的生长,作用效果与内源激素相似,二者不同的是:内源激素是植物内生的,而植物生长调节剂是人工合成的。如生长延缓剂 B_9、矮壮素（CCC）可抑制内源赤霉素的生物合成。B_9 也影响吲哚乙酸（IAA）的作用。喷 B_9 后枝条内脱落酸（ABA）增多,而赤霉素（GA_3）含量下降,枝条节间短,停止生长也早。

（5）环境条件

各种环境因子都会影响新梢的生长,但不同因素的影响不一样。

温度高低与变化幅度、生长季长短、光照强度与光周期、养分、水分供应等环境因素对新梢生长都有影响。气温高、生长季长的地区,新梢年生长量大;低温、生长季热量不足,新梢年生长量则短。光照不足时,新梢细长而不充实。

（四）叶和叶幕的形成

叶是植物进行光合作用的场所，是制造有机养分的主要器官，植物体中 90% 左右的干物质是由叶片合成的。植物叶片还执行着呼吸、蒸腾、吸收等多种生理机能，常绿植物的叶片还是养分贮藏器官。叶片的活动是植物生长发育形成产量的物质基础。因此，研究植物叶片及叶幕的形成，关系到植物本身的生长发育与生物量的多少，关系到园林植物生态效益与观赏效益的发挥。

1. 叶片的形成与生长

叶的发生开始得很早。在芽形成的时候，茎顶端分生组织周围区会形成许多侧生突起，这些突起就是叶分化的最早期，称为叶原基（图 2-6）。叶原基形成后，首先进行顶端生长，使整个叶原基伸长为一个锥体，即叶轴。具有托叶的植物，叶原基基部的细胞迅速分裂、生长、分化为托叶，包围着叶轴。接着，叶轴两侧的边缘出现两条边缘分生组织，使叶原基向两侧生长（边缘生长），同时，叶原基还进行平周分裂，使叶原基的细胞层数有所增加。这样，叶原基成为具有一定细胞层数的扁平状物，形成幼叶。叶轴基部没有边缘生长的部位分化形成叶柄。由于各个部位的边缘分生组织分裂速度不一致，可形成不同程度的分裂叶；如果有的部位有边缘分生组织，有的部位无，则形成复叶。

a b c d e f g

图 2-6 完全叶的形成过程

a、b. 叶原基形成；c. 原基分化成上下两部分；

d ~ f. 托叶原基与幼叶形成；g. 成熟的完全叶

叶的形状和大小取决于后期的边缘生长和居间生长。当叶片各个部分形成后，叶片的生长主要靠居间生长扩大面积，直到叶片成熟。不同部位居间生长的速度不同，就形成不同形状的叶。在居间生长过程中，原表皮发育成表皮，基本分生组织发育成叶肉，原形成层发育成叶脉，共同构成一片成熟的叶。叶的生长期是有限的，叶达到一定大小后生长就会停止。

植物的叶具有一定的寿命,当生活期终结时叶就枯死脱落,这种现象称为落叶。落叶是植物适应环境的一种表现。

2. 叶幕的形成特点与结构

叶幕是指园林树木的叶片在树冠内集中分布的群集总体,它具有一定的形状和体积,如图2-7所示。

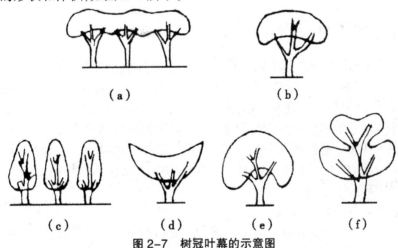

（a）　　　　　　　　　　　　　（b）

（c）　　　　（d）　　　　（e）　　　　（f）

图2-7　树冠叶幕的示意图

（a）平面形;（b）杯形;（c）篱壁形;（d）弯月形;（e）半圆形;（f）层状形

①叶幕的形成过程。树冠叶幕的形成过程与新梢和叶的生长动态基本一致。落叶树的叶幕,在年周期中有明显的季节变化。树种、品种、环境条件和栽培技术不同,叶幕形成的速度也不同。对落叶树木来说,理想的叶面积生长动态应该是前期叶面积增长较快,中期保持合理,后期保持时间较长,防止过早下降。树种不同其叶面积的季节生长有不同的形式。有些树种一年只抽一次梢,在生长季节早期就达到了最大叶面积,当年不能再产生任何新叶;有些树种可通过新叶原基的继续生长和扩展,或通过几次间歇性的突发生长(包括生长季节中芽的重复形成与开放)增加叶面积。

②叶幕的结构。叶幕的结构就是叶幕的形状与体积。它与树种、年龄、树冠形状等有密切的关系,同时也受整形修剪的方式、土壤、气候条件以及栽培管理水平等因素的影响。

幼年或人工整形的植株,其叶片可充满整个树冠,因此树冠的形状与体积,也是叶幕的形状与体积。自然整枝的成年树,叶幕的形状与体积有较大的变化。在密植的情况下,枝条向上生长,下部光秃而形成平面形叶幕或弯月形叶幕;用杯状形整形成杯状形叶幕,用分层形整形就形成层状叶幕,用圆头形整形就形成半圆形叶幕。球状树冠为圆形叶幕,塔形树冠为圆锥形叶幕。叶幕的形成和厚薄是叶面积大小的标志。平面形、弯月形及杯状叶幕,一般绿叶层薄,叶面积小;而半圆形、圆形、层状形、圆锥形叶幕则绿叶层厚,叶面积较大。

（五）花芽的分化和开花

1. 花芽分化

花芽分化是植物茎生长点由分生叶芽向分生花芽转变的过程。植物经过一定时间的营养生长,植株长到一定的大小后才能进行花芽分化。花芽分化是植物开花的前提,在正常情况下,一旦花芽分化完成,环境条件适宜,植物就会开花。对于观花、观果的园林植物来说,了解其花芽分化的规律,对促进花芽的形成、提高花芽的质量、增加花果的产量具有重要的意义。花芽分化规律为园林植物的促成及抑制栽培提供了生物学依据。

（1）花芽分化的阶段

根据花芽分化的指标,可以把花芽分化过程分为三个阶段,即生理分化阶段、形态分化阶段、性细胞成熟阶段,三者顺序不可改变,缺一不可。

①生理分化阶段,指芽内生长点的生理代谢向花芽方向变化的过程,又称花芽分化临界阶段。此阶段内,芽的生长点原生质处于不稳定状态,对内外因素的反应极为敏感,是易于改变代谢方向的时期,或者说此阶段决定芽的性质与发展方向,是控制花芽分化的关键时期。各种促进花芽分化的技术措施应着重在此阶段进行,才能取得良好的效果。园林植物生理分化阶段开始时间与长短因种类、品种的不同而不同。生理分化延续时间可用枝梢顶芽发育情况来衡量,大部分短枝开始形成顶芽至大部分长枝顶芽形成的这段时间为生理分化延续阶段,此阶段一般4周左右。

②形态分化阶段,指花和花器的各个原始体发育过程,一般可分为以下五个阶段。

其一,分化初期。芽内生长点开始变平变宽,逐渐肥大,苞片开始松开,花芽形态分化由此开始。

其二,萼片形成期。生长点平宽,四周突起,出现萼片原始体。

其三,花瓣形成期。在萼片原始体伸长的同时,其内侧基部发生新的突起,即花瓣原始体。

其四,雄蕊形成期。萼片原始体进一步发育伸长,花瓣原始体肥大,在花瓣原始体内下方发生的突起,即为雄蕊原始体。

其五,雌蕊形成期。花瓣原始体中心底部所发生的突起,即雌蕊原始体。多数园林植物花芽分化初期的共同点是:生长点肥大高起,略呈扁平半球体状态,花芽分化一旦开始,就将继续分化下去,此过程通常是不可逆转的。

③性细胞成熟阶段,指花粉和柱头内的雌雄两性细胞的发育形成阶段。多数园林树木性细胞要经过冬春一定低温(温带树木 0 ~ 10 ℃,暖带树木 5 ~ 15 ℃)的累积,形成花器和进一步分化完善与生长,再在第二年春季萌芽至开花前,在较高温度下完成。一年多次开花的园林植物,可在较高温度下形成花器和进一步分化完善与生长。

（2）花芽分化的类型

园林植物的花芽分化与气候条件有着十分密切的关系,而不同植物对气候条件有不同的适应性。因此,花芽分化的时期、延续时间的长短、对环境条件的要求,因植物种类与品种、地区、年龄的不同而异。根据不同植物花芽分化的季节特点,可以分为以下五种类型:其一,夏秋分化型;其二,冬夏分化型;其三,当年分化型;其四,多次分化型;其五,不定期分化型

（3）花芽分化的一般规律

①花芽分化的长期性和不一致性。花芽分化期并非绝对集中在一个短的时期内,而是相对集中,又有分散,是分期分批陆续分化形成的。给予有利的条件,已经开花的植物几乎在任何时候都可以进行花芽分化,一年内多次发枝多次形成花芽,花芽分化具有长期性。这为园林植物的促成及抑制栽培提供了依据。

②花芽分化的相对集中性和相对稳定性。园林植物花芽分化的开始期和集中期在不同的年份无显著差异,如桃大部分集中在 7 ~ 8 月,柑橘集中在 12 ~ 次年 2 月。花芽分化的相对集中和相对稳定性与气候条件和物候期有密切的关系。通常花灌木每次新梢停止生长后和采果后有一个分化高峰,有些植物在落叶后至萌芽前利用贮藏养分和适宜的气候条件进行花芽分化。

（4）影响花芽分化的因素

花芽分化的因素分为内部因素和外部因素。

内部因素:

①植物枝叶繁茂,才能制造大量的有机营养,这是形成花芽的物质基础。只有健康旺盛地生长,叶面积多,制造的有机营养物质才多。

②绝大多数植物的花芽分化,又都是在新梢生长趋于缓和或停长后

开始的。因此,在植物生长初期,枝叶旺盛生长,快分化花芽时枝叶生长减慢,或新梢摘心或去幼叶都有利于花芽分化,摘心和去幼叶可降低生长素(IAA)和赤霉素(GA)的含量,抑制新梢的生长,促进营养物质的积累,并促进花芽分化。

③在短枝上,其叶成簇,累积则多,极易形成花芽。叶多,则营养物质多,蒸腾作用强,能使根系形成的激素上升,有利于花芽分化。先花后叶类的木本植物开花,能消耗大量的贮藏养分,从而造成根系生长低峰并限制新梢生长量。因而开花量的多少,也就间接影响果实发育与花芽分化。结实多,消耗多,积累少,影响翌年花芽分化。

④根系的生长也与花芽分化成正比关系,植物吸收根多,开花也多。

外部因素:

①光照。光照对植物花芽形成的影响是很明显的。植物完成光周期诱导之后,光照长和强度大有利于合成成花所需的有机物,特别是碳水化合物的合成有利于成花。如果在花器官形成时期,多阴雨,则营养生长延长,花芽分化受阻。

②温度。温度影响植物的光合作用、根系的吸收及蒸腾等,并也影响激素水平,间接影响花芽分化。不同植物花芽分化对温度的要求不同,如山茶花 15 ~ 20 ℃、杜鹃花 19 ~ 23 ℃、栀子花 5 ~ 18 ℃、叶子花 15 ℃、八仙花 10 ~ 15 ℃等。

③水分。水分对花的形成十分重要,不同植物的花芽分化对水分的需求不同。在雌雄蕊分化期和花粉母细胞减数分裂期对缺水特别敏感。而水分过多不利于花芽分化,在花芽分化临界期短期适度控制水分(60%田间持水量)可抑制新梢生长,有利于光合产物积累,促进花芽分化。因此,在花芽生理分化期之前,短期适度控水,田间持水量保持在50% ~ 60%,能提高植株多胺类水平,提高叶片中脱落酸含量,有利于花芽分化。

2. 开花

一个正常的花芽,在花粉粒和胚囊发育成熟后,花萼和花冠张开露出雌蕊和雄蕊,这种现象称为开花。开花时雄蕊的花丝挺立,花药呈现该植物花朵特有的颜色;雌蕊柱头分泌黏液以利于接受花粉。园林植物开花的好坏,直接关系到园林种植设计美化的效果。

园林植物的开花习性是植物在长期系统发育过程中形成的一种比较稳定的习性。开花习性主要受花序的结构、花芽分化程度的影响。

（1）开花期

开花期是指植株上花开始开放到花谢落的时期。习惯上将开花期划分为四个阶段：初花期,植株上有 5% ~ 25% 的花开放；盛花期,每株有 25% ~ 75% 的花开放；末花期,75% 以上的花开放；落花期,花瓣全部凋谢。

植物种类不同,开花期不同。具纯花芽的植物,花期最早；而具混合芽的植物花期最晚。长江以南常见木本植物花期早晚顺序一般是梅、樱桃、李、桃、梨、柑橘、猕猴桃、柿、板栗、石榴、枇杷。同种植物不同品种花期迟早有一定差别,如碧桃中的早花白碧桃 3 月下旬开花,亮碧桃 4 月中下旬开花。同一植株不同的枝条类型,花期也有先后之别。

（2）花叶开放先后类型

不同的植物开花和新叶展开的先后顺序也各不相同,概括起来可分为三类。

①先花后叶类。此类植物在春季萌动前已完成花芽分化,花芽萌动不久即开花,先开花后展叶,如银芽柳、迎春花、连翘、桃、梅、杏、李、紫荆、玉兰、木兰等,常形成一树繁花的景观。

②花、叶同放类。此类植物的花器分化也是在萌芽前完成的,开花和展叶几乎同时,如榆叶梅、桃、紫藤的某些品种。

③先叶后花类。此类植物是由上一年形成的混合芽抽生相当长的新梢,于新梢上开花,花器多数是在当年生长的新梢上形成并完成分化的,一般于夏秋开花,如刺槐、木槿、紫薇、苦楝、凌霄、槐、桂花、珍珠梅等。

（3）花期长短

花期长短受植物种类和品种、外界环境条件以及植株营养状况的影响。

第一,种类和品种的影响。园林植物种类繁多,几乎包括各种花器分化类型的植物,加上同种植物品种多样,同地区植物花期延续时间差别很大。如杭州地区,开花短者 6 ~ 7 d（白丁香 6 d,金桂、银桂 7 d）；长的可达 100 ~ 240 d（茉莉可达 112 d,六月雪可达 117 d,月季最长可达 240 d）。一般春夏开花型,花期短而整齐；夏秋开花型,花期长。

第二,植物年龄、株体营养的影响。同一植物,年轻植株比年老植株开花早、花期长,株体营养状况好,开花延续时间长。

第三,天气状况、小气候条件的影响。花期遇冷凉、潮湿天气可以延长,遇干旱、高温天气则缩短。在不同的小气候条件下,花期长短不同。阴坡阴面和树荫下,阴凉湿润,花期比阳坡阳面和全光下长。

（4）开花次数

植物每年开花的次数因植物种类、品种、株体营养状况、环境条件的不同而不同。

①因种类与品种而异。多数植物种类或品种每年只开一次花，但也有一些种类或品种每年有多次开花的习性，如茉莉花、月季、柽柳、四季桂、佛手、柠檬等。紫玉兰中有多次开花的品种。

②二次开花。一年只开一次花的植物，有时发生二次开花的现象，如桃、杏、连翘、梨、甜橙等。其主要由两种情况引起：一种是花芽发育不完全或因植株营养不足，而延迟到春末夏初开花；另一种是秋季发生第二次开花现象，这种现象既可以由"不良条件"引起，也可以由"条件的改善"引起。

（六）授粉受精

开花以后，花药裂开，花粉粒通过各种方式传到雌蕊柱头的过程称为授粉。授粉是植物生殖生长过程的重要环节，花粉只有落到柱头上以后，雌、雄配子才有可能实现彼此接近和完成受精作用。受精就是花粉中的精核与子房胚囊里的卵核、极核融合的过程。

1. 传粉媒介

传粉的媒介有的是风媒花，借助风力进行授粉；有的是虫媒花，借助昆虫进行授粉。但是风媒和虫媒并不是绝对的，有些虫媒植物如椴树、白蜡也可借风力传播。虫媒中以蜜蜂传粉效率最高，蜂身绒毛多，每分钟访花朵数多。

2. 授粉适应

在长期自然选择过程中，植物对传粉有不同的适应。同花、同品种或同一植株（包括无性系）雄蕊的花粉落到雌蕊柱头上，称为自花授粉。自花授粉并结实，不论种子有无，称为自花结实，如大多数桃、杏的品种，部分李、樱桃品种和具完全花的葡萄等。自花授粉无种子者称为自花不育。不同品种或不同植株间（包括无性系）的传粉称为异花授粉。能自花授粉的植物经异花授粉后，产量更高，后代生活力更强。除少数能在花蕾中进行闭花授粉（如豆科植物和葡萄等）外，许多植物适应异花授粉，其适应性状有以下几个方面。

①雌雄异株，如杨、柳、杜仲、羽叶槭、银杏、构树等。

②雌雄异熟，有些植物雌雄同株或同花，但常有雌雄异熟的适应性。

如核桃为雌雄同株异花,多为雌雄异熟型。还有些植物,如柑橘虽雌雄同花,但常为雌蕊先熟型,可减少自花授粉的机会。

③雌雄不等长,有些植物雌雄虽同花同熟,但其雌雄不等长,影响自花授粉与结实,如杏、李的某些品种。

④柱头的选择性,柱头分泌液在对不同花粉的刺激萌发上有选择性,或抑或促。

3. 授粉受精的影响因素

（1）营养条件

凡是直接或间接影响植株贮藏营养与氮素营养的因素都不利于授粉受精。植株的营养状态影响花粉发芽、花粉管伸长速度、胚囊寿命以及柱头接受花粉时间。植株氮素不足,花粉管生长慢,在胚囊失去功能前未达株心。硼、钙能促进花粉萌发和花粉管的伸长。施磷可提高坐果率。缺磷的植物,发芽迟,花序出现迟,降低了异花授粉的概率,还可能降低细胞激动素的含量。

（2）环境条件

温度影响花粉发芽和花粉管的伸长与花的寿命。但不同植物或品种,要求的最适宜温度不同。温度不足,花粉管伸长慢,而胚囊寿命有限,授粉受精受影响;温度太高、风大、湿度小,不利于花粉的吸附与发芽。低温不利于昆虫传粉,对虫媒花影响授粉受精效果。花期遇大风(风速17 s/m),使柱头干燥蒙尘,不利于花粉发芽,不利于昆虫活动。过旱影响授粉,如枣树开花遇高温干旱,坐果率低,喷水对授粉有好处。阴雨潮湿使花粉不易散发或易失去活力,也不利于传粉,还会冲掉柱头上的黏液。大气污染会影响花粉发芽和花粉管生长。

（七）坐果与落花落果

坐果是经过授粉、受精后,子房膨大以及子房外的花托、花萼发育成果实。开花数并不等于坐果数,坐果数也不等于成熟的果实数。因为中间还有一部分花、幼果要脱落,这种现象叫落花落果。

1. 落花落果的原因

引起落花的原因是多方面的,如花器官在结构上的缺陷,雌蕊发育不健全,胚珠的退化等。所有的花全部坐果是不可能的,如桃、杏为5% ~ 10%、梨为15%、柑橘为5%。由此看来,大多数植物的花数与坐果数差距较大,很多原因都会导致植物落花落果。坐果以后,在生长发育过程中,还有部分幼果要脱落。

2.防止落花落果的方法

(1)创造授粉的良好条件

植物前期落花落果,授粉受精不良是主要原因之一。因此创造良好的授粉条件,是提高坐果率、减少落花落果的有效措施之一。配置适当的授粉植株,通过放蜂都是比较好的措施。

对个别植物或个别地段可用花期喷水,提高坐果率的方法。如枣的花粉发芽条件以温度24～26℃、湿度70%～80%最好。因此,枣树花期喷水对提高坐果率效果最好。异花授粉坐果率高,果形正,质量好。特别是有些果树自花授粉坐果率低,或雌雄花不一致,或授粉树不足,或花期气候不良等,都应进行人工辅助授粉。这一技术已在果树生产中被普遍采用。

(2)改善植株营养

改善营养是减少过多落果的物质基础,即加强土、肥、水管理和植株的管理与保护。

加强土、肥、水管理后,植株营养得到改善,可提高芽的质量,促进花器官发育完全,有利于受精坐果。特别是由于营养不良而引起的落果,如能分期追肥、合理灌水,则可明显地减少落果。加强植株管理和保护方面,主要是合理修剪以调整生长和结实的关系,保持适当的枝果比,改善植物的通风透光条件。

(3)利用环剥、刻伤技术

有些果树,如枣树落花落果特别严重,在河北和山东的枣产区,群众早已应用这一技术,也称"开甲",已有2 000年的历史,可提高坐果率50%～70%。但这一技术的应用必须因树制宜,并掌握时期。一般的要求是对成年树、旺树、旺枝应用,如枣树"开甲"应在植株进入盛期、树干直径应达10～12 cm、枣花盛开、枣树开花已达80%左右时最好。"开甲"不但可减少落花落果,还能增进果实品质。

(八)果实的生长发育

果实生长发育的好坏,直接影响园林中观果植物的观赏效果。园林中对果实的观赏,需要果实满足以下四个方面的要求。

①"奇"指果的外形奇特,如佛手、脐橙、串果藤等。

②"丰"指看上去给人有丰收的景象。园林观景强调树体外围表现结果,尽管实际产量并不高,但能给人以丰收的景象。

③"巨"指果大给人以惊异的感觉,如木菠萝,果大如肥羊,有的两个果一般人挑不动。

④"色"指果色鲜艳,如公园欲种苹果,可选红金丝、锦红、倭锦等果色鲜艳的品种,并要创造条件,用肥合适,光照充足,使果色充分表现。其他观果植物各色均有,如忍冬类,果实虽小,艳红的颜色很是可爱;紫球果呈黑紫色也很好看等。

1. 果实成熟

果实的生长从受精到完全长成,是由果实细胞分裂、增大和同化产物积累使果实不断增大和增重的过程。果实生长停止后,会发生一系列生理生化变化,包括色、香、味的形成和硬度变化,这个过程即果实的成熟过程。

果熟期长短与很多因素有关。比较典型的影响因素有果树的品种、果树生长的自然环境、对果树的栽培与养护管理。这些因素共同影响着果树的生长发育规律,影响着果树的果熟期。例如,一般晚熟品种发育所需的时间较早熟品种发育所需的时间要长;果实如果不能得到良好的养护和管理,在受外伤或被虫蛀食后成熟所需的时间就会相对减少;果树在高温干燥的环境下生长,其果熟期缩短;反之则长。

2. 果实生长过程的变化

果实成熟过程实质上是果实的生长发育及其内部发生的一系列生理生化变化的过程。果实生长包括体积的增大和重量的增加,从幼小的子房到果实成熟其增长的原因主要是细胞的分裂与膨大。有些植物和品种在整个果实生长发育过程中只有一次细胞分裂,即花前子房的分裂,但多数果实有两个分裂期,即花前分裂与花后幼果期分裂。细胞的数目和大小是决定果实最终体积和重量的两个重要因素,它们可以反映果实的外观品质。果实外形可用果形指数来表示,即果实纵径和横径之比。

3. 果实的生长动态曲线

果实的生长过程与植株的生长大周期一样,生长速率表现为"慢—快—慢"的节奏,呈明显的S形曲线。果实的生长动态曲线一般有两种类型,即单"S"形和双"S"形生长曲线,如图2-8所示。

在单"S"形中,果实在开始生长时速度较慢,以后逐渐加快,达到高峰后又渐变慢,最后停止生长。属于这种曲线类型的有苹果、梨、柑橘、山楂、木瓜、石榴、椰枣、芒果、柠檬等。这种曲线的主要特点是三个发育时期(阶段)的界限不够明显,基本上是一个连续的增长过程,只是生长速率不太一致而已。

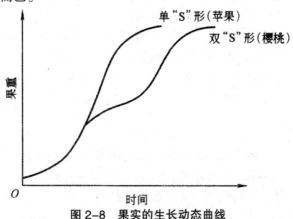

图 2-8 果实的生长动态曲线

在双"S"形中,果实在生长中期出现一个缓慢生长期,表现出慢—快—慢—快—慢的生长节奏,一般是由于果皮或内部较大的种子和果核生长发育不一致导致。这个缓慢生长期是果肉暂时停止生长,而内果皮木质化、果核变硬和胚迅速发育的时期。果实第二次迅速增长的时期,主要是中果皮细胞的膨大和营养物质的大量积累。属于这种类型的有无花果、樱桃、桃、杏、梅、柿等。

虽然单"S"形和双"S"形是果实生长的两种主要类型,但在某些浆果、梨果、单果和聚合果的生长中,可能还有其他类型的生长曲线。

4. 果实的着色

果色因种类、品种而异,由遗传特性决定。同时色泽的浓淡和分布受环境条件影响较大。决定果实色泽的物质主要有叶绿素、胡萝卜素、花青素以及黄酮素等。随着果实发育,绿色减退,花青素增多,但也有随果实发育接近成熟而果皮内花青素下降的,如菠萝。影响红色发育的环境条件,主要有可溶性碳水化合物的积累、光、矿质营养、水分、温度、植物生长调节剂等方面。

二、园林植物各器官生长发育的相关性

园林植物是统一的生物有机体,所谓相关性,是指在园林植物生长发育的过程中,各器官和组织的形成及生长表现出的相互促进或相互抑制的现象。植物生长的相关性包括地下部和地上部的相关性、营养器官和生殖器官的相关性等。

（一）地上部分和地下部分的相关性

地下部是指植物体的地下器官，包括根、块茎、鳞茎等，而地上部是指植物体的地上器官，包括茎、叶、花、果等。

植物的地上部分和地下部分各处在不同的外部环境中，地上部分所处的环境可以使植物获得充足的阳光、空气，而地下部分可从土壤中吸取足够的水分和矿质元素，两者之间通过维管束进行营养物质与信息物质的交换。根部的活动和生长有赖于地上部分所提供的光合产物、生长素（IAA）和维生素 B_1 等；而地上部分的生长和活动则需要根系提供水分、矿质盐、部分氨基酸以及根中合成的植物激素（CTK、GA、ABA）等，通过物质的交换使两部分的生长相互依存，缺一不可。一般而言，植物根系发达，地上部分才能很好地生长。所谓"壮苗必须先壮根""根深叶茂"和"本固枝荣"等民谚深刻地说明植物地上部分和地下部分相互促进协调生长的关系。

地下部与地上部的生长还存在相互制约的一面，主要表现在对水分、营养等的争夺，地上部分与地下部分由于供求关系上出现的矛盾，导致它们对水分和营养物质的竞争，使二者表现出一定的相互制约关系。

生产上常用根冠比（root/top ratio，R/T 比）来表示地上部分和地下部分的相关性。所谓根冠比，即地下部分的质量与地上部分的质量的比值。土壤比较干旱、氮肥少、光照强的条件下，根系的生长量大于地上部分枝叶的生长量，则根冠比大；反之，土壤水分较多、氮肥多、光照弱、温度高的条件下，地上枝叶生长量高于地下根系生长量，则根冠比小。

（二）营养器官和生殖器官的相关性

植物的营养器官和生殖器官具有不同的生理功能。不过，它们的生长和发育基本是一致的。生殖器官所需的营养物质是由营养器官供给的，良好的营养生长是生殖器官正常生长发育的基础。一株瘦小的植株是很难开出硕大的花朵和结出丰满的果实的。通常，两者的生长是协调的，有时候也会产生因养分的争夺，造成生长和生殖的矛盾。

生殖器官的生长所需的养料，大部分是由营养器官提供的，因此，营养器官生长的好坏直接关系到生殖器官的生长发育。若营养生长过旺，会消耗较多的养分，影响生殖器官的生长发育。生产中，常采取一系列措施来防止营养生长对生殖生长的抑制。

生殖生长也会影响营养生长。一般情况下，当植株进入生殖生长占优势时,营养体的养分便集中供应生殖器官。一次开花的植物,当开花结实后,其枝叶因养分耗尽而枯死;多次开花的植物,开花结实期枝叶生长受抑制,当花果发育结束后,枝叶仍然恢复生长。

第三章　园林植物资源调查与选配

　　园林植物绝大多数是经过人们的选择人工栽植的。园林植物栽植地的条件相当复杂,体现了各种气候、地形、土壤、水文、植被等因子的综合,特别是人为活动对栽植地特性的影响十分强烈。对园林绿化应用中植物类型进行调查,根据各类园林植物生长的环境类型选择适宜的园林树木种类,在具体的园林规划中,遵循园林树木的配植原则,能较好地配植园林树木。

第一节　园林植物资源调查

一、园林绿化应用中植物类型调查

　　要调查当地园林绿化中植物的种类,首先要了解园林植物的分类方法及种类,然后制订调查方案,并与当地绿化部门联系,取得翔实可靠的数据,或者实地考察,做好详细的记录,最后归类统计,计算比例。

　　在前面的内容中我们已经了解到,园林植物依树木在园林绿化中的主要用途可分行道树(图 3-1)、庭荫树(图 3-2)、花灌木(图 3-3)、绿篱植物(图 3-4)、垂直绿化植物(图 3-5)、花坛植物(图 3-6)、草坪植物及地被植物(图 3-7)、切花及室内装饰植物(图 3-8)、片林(图 3-9)等。可以看出,不同类型的植物体现着不同的美。

图 3-1　行道树(图片来自网络)　　图 3-2　庭荫树(枫树)(图片来自网络)

图 3-3　榆叶梅(图片来自网络)

图 3-4　绿篱植物(图片来自网络)

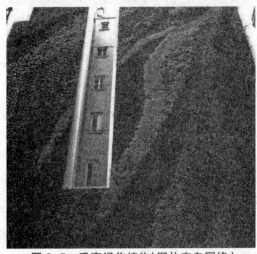

图 3-5　垂直绿化植物(图片来自网络)

图 3-6 花坛植物(图片来自网络)

图 3-7 地被植物(图片来自网络)

图 3-8 室内装饰植物(图片来自网络)

图 3-9 防护树林(图片来自网络)

　　掌握了园林植物的分类后就可以选择调查地点了。可以选择当地有代表性的几个地点,如学院、公园、主干道、河道护坡地、高速路入口处为调查对象。然后,可以根据调查的目的和思路自行设计调查表格,如表3-1所示。

表 3-1 园林绿化植物调查表

植物类型	乡土树种		引进树种	
	树种	比例	树种	比例
行道树类				
庭荫树类				
花灌木类				
绿篱类				
垂直绿化植物				

植物类型	乡土树种		引进树种	
	树种	比例	树种	比例
花坛植物				
草坪植物及地被植物				
切花及室内装饰植物				
防护树类				

接下来就可以根据有关资料制订详细的调查计划。在调查地进行园林植物类型的调查。根据调查结果,计算出本地树种所占的比例、引进树种所占的比例,并根据不同树种的表现对本地的园林绿化树种的选择提出合理化建议。

二、园林绿地类型调查

(一)居住区绿地

居住区绿地是居住区用地的一部分,如小公园、小游园、公共庭园、宅旁绿地、居住区道路绿地,其功能是改善居住区环境卫生和小气候、美化环境,为居民的日常休息、户外活动、体育锻炼、儿童游戏等创造良好条件。

(二)公共绿地

公共绿地是指供全体居民使用的绿地,主要为居民提供日常户外游憩活动空间,有时还起到防灾、避灾的作用,根据居住区不同的规划组织结构类型,设置相应的中心绿地,包括居住区人口绿地、居住区公园、小游园、组团绿地、儿童游乐场和其他的块状、带状公共绿地等。其特点是：面积大小不一，有较多的植物覆盖的水面和裸露的土面；光照条件较好，蒸发量和蒸腾量较大，空气湿度较高；游人踩踏土壤较坚实，环境也受污染的影响，自净能力较弱，属于半自然状态。选择植物树种应灵活多样，要注意选择较耐土壤紧实、抗污染的树种。

（三）道路河道绿地

道路绿地指由市政府投资建设的、居住区道路级别以上的街道绿化用地，包括道旁绿地、交通岛绿地、立体交叉口绿地、桥头绿地、公共建筑前装饰绿地及河、湖水旁绿地。

道旁绿地是指城市道路两旁栽植乔灌木的绿地，包括道路旁停车场、加油站、公共汽车站（台）等地段绿地。

交通岛绿地是为控制车辆行驶方向和保障行人安全，在车道之间设置的高出路面的岛状设施，包括"分隔岛""中心岛""安全岛"上的绿地，一般人不得进入。

立体交叉口及桥头绿地，即城市街道立交路口、桥头绿化地带。另外，还有公路、铁路的防护绿地及对外交通道站、场的附属绿地。

道路绿化是绿化重要的组成部分，是城乡文明的重要标志之一。道路绿地带状特点尤为突出，从起点到终点的路段较长，有的可达数千千米。道路绿地环境特点是：一是复杂性，如道路在穿越山川、河流、田野、村庄和城镇时，沿线的环境不同，其绿化树种的选择和配植应因地制宜。二是立地条件差、肥力低。三是绿地建设、绿化施工的难度大，因为道路绿地涉及生态保护和恢复的技术要求越来越高。四是道路绿地的养护管理较难。道路绿地环境的特殊性决定了绿化的特殊性，要综合考虑各种因素，因地制宜地进行绿化。

（四）单位附属绿地

单位附属绿地是指专属某一部门或某一单位使用的绿地，如机关、部队、团体、学校、医院、工矿企业、仓库、公共事业单位、私家庭园等绿地，不对外公开开放。工矿企业、仓库等绿地是为了减轻有害物质对工厂及附近居民的危害，调节内部空气温度和湿度、降低噪声、防风、防火、美化环境等所建的绿地。公用事业绿地是指停车场、水厂、污水及污物处理厂的绿地。公共建筑庭园，如机关、学校、医院、影剧院、体育馆、博物馆、展览馆、图书馆、商业服务等公共建筑旁的附属绿地。

（五）建筑绿地

建筑绿地是指在建筑之间的绿化用地。其中包括建筑前后、建筑本身及建筑基础的绿化用地。建筑基础绿地是指各建筑物或构筑物散水以外,用于建筑基础美化和防护的绿化用地。建筑绿地具有立地条件较差、管网密集、光照分布不均、空气流动受阻、人为活动多样的特点。园林植物生长受到环境因子的影响,所以在植物的选择与配植要考虑生态、景观和实用三个方面。

（六）生产绿地

生产绿地是指为城市园林绿化提供苗木、花卉、种子和其他园林产品的苗圃、花圃、果园、竹园、林场,是城市绿化所需要的植物材料的生产基地,也可定期供游人观赏游览。常位于郊区,土壤和水源较好、交通方便的地段,以利于培育管理、节约开支。其光照条件好,蒸发作用强,空气湿度较大,土壤侵入体较少,污染较轻,适合生长的树种较多。

（七）风景区及森林公园

风景区位于城市郊外,有大面积风景优美的森林或开阔的水面,其交通方便,多为风景名胜和疗养胜地。其特点是:一是受城市影响很小,无论是热量平衡还是水分循环都更多地表现为自然环境的特点。二是气温明显低于市区,空气湿度较大。三是土壤保持了自然特征,层次清楚,腐殖质较丰富,结构与通透性较好,在圈套程度上保留了天然植被。部分地段还会受到旅游活动的污染。植物选择可根据园林景观的需要决定取舍,多选适生树种。

（八）防护绿地

防护绿地是指市区、郊区以隔离、卫生、安全防护等为目的的林带和绿地,主要功能是改善城市的环境、卫生条件、通风或防风、防沙,特别是夏季炎热的城市结合水系河岸形成楔形林带、透风走廊,使郊区新鲜空气吹进城区。常遇台风的城市,可建立垂直于常年风向 150 ~ 200 m 宽的防风林带。另外,还有卫生防护林、防风沙林、农田防护林、水土保持林等。

第二节　园林植物的选择

树木在系统发育过程中,经过长期的自然选择,逐步适应了自己生存的环境条件,对环境条件有一定要求的特性即生态学特性。在园林树木栽培事业中,树种选择适当与否是造景成败的关键之一。

一、园林植物选择的原则

(一)发挥植物特定的功能价值

绿化总是有一定的目的性,植物在园林中各具用途,除美化、观赏外,还应从充分发挥树木的生态价值、环境保护价值、保健休养价值、游览价值、文化娱乐价值、美学价值、社会公益价值、经济价值等方面综合考虑,有重点、有秩序地以不同植物材料组织空间,在改善生态环境、提高居住质量的前提下,满足其多功能、多效益的目的。

如侧重庇荫要求的绿地,应选择树冠高大、枝叶茂密的植物;侧重观赏作用的绿地,应选择色、香、姿、韵俱佳的植物;侧重吸滤有害气体的绿地,应选用吸收和抗污染能力强的植物。

(二)以乡土树种为主,外来树种为辅

乡土树种最适应当地的气候及土壤条件,具有抗性强、耐旱、抗病虫害等特点,具有较高的观赏价值,也能体现地方特色,应选为城市绿化的主要树种。

另外,外来树种能够在一定程度上丰富绿化景观,也可以适当选用。不过要注意对外来树种的引种驯化和试验,只要对当地生态条件比较适应,而实践证明又是适宜树种,也应积极地采用。不能盲目引种不适于本地生长的其他地带的树种。

(三)可兼顾观赏价值与经济价值

在发挥植物主要功能的前提下,植物配植要尽量降低成本,节约并合理使用名贵树种,多用乡土植物。适当种植有食用、药用价值及可提供工

业原料的经济植物,可获得适当比例的木材、果品、药材、油料、香料等产品。如种植果树,既可带来一定的经济价值,还可与旅游活动结合起来。此外,还要考虑绿地建成后的养护成本问题,尽可能使用和配植便于栽培管理的植物。

(四)速生树和慢生树相结合

一般速生树易衰老、寿命短,慢生树见效慢,但寿命较长。如街道两旁的行道树宜选冠大、阴浓的速生树;园路两旁的行道树宜选观赏价值高的小乔木。只有合理地搭配,才能达到近期与远期相结合的目的,做到有计划地、分期分批地使慢生树取代速生树。

(五)植物与所属场合相适应

城市的生态环境与造林地相比,有很多不利于植物生长的因素存在,园林植物选择要满足树木的生态要求;反之,选择的植物也不应给所属环境带来不利影响。

在功能不同的场所,如体育场与儿童活动区周围不能选带钩刺的植物,如玫瑰、黄刺玫等,防止意外刺伤事故。生产精密仪器的工厂绿化时应少用或不用杨、柳、悬铃木等,因为这些树种的种子细小,或带有纤细的绒毛,在晴朗有风的天气会漫天飞舞,难以控制,飞入车间后影响产品的精密度,应选栽樟子松、雪松、薄壳山核桃、水杉及池杉等。

二、园林植物的适地适树

(一)适地适树的概念

适地适树,通俗地说,就是把园林植物栽植在适合的环境条件下,是因地制宜的原则在选用园林植物上的具体化。也就是使园林植物生态习性和园林植物栽植地生境条件相适应,达到树和地的统一;使其生长健壮,充分发挥其园林功能。如栽植观花观果的树木,应选择阳光充足的地区;工业区应选择抗污染强的树种;商业区土地昂贵,人流量大,应选择占地小而树冠大、荫蔽效果好的树种。适地适树是充分发挥土地和树种的潜力,使园林树木的生长发育达到当前经济技术条件下最高水平的基础。

园林植物适地适树虽然是相对的,但也应有个客观标准。适地适树的标准与园林植物栽植有所不同,它是根据园林绿化的主要功能和目的来确定的。从卫生防护、环境保护出发,在污染区起码要能活,整体有相当绿化效果,对偶尔阵发性高浓度污染有一定抗御能力。

对于园林工作者来说,掌握适地适树的原则,主要是使"树"和"地"之间的基本矛盾在树木栽培的主要过程中相互协调、能够产生好的生物学和生态学效应;其次是在"树"和"地"之间发生较大矛盾时,适时采取适当的措施,调整它们之间的相互关系,变不适为较适,变较适为最适,使树木的生长发育沿着稳定的方向发展。

(二)适地适树的相关要求

"树"——是指树种、类型或品种的生物学、生态学及观赏方面的特性。

"地"——是指栽植立地的气候、土壤、生物及污染状况。

生物学要求:在栽植后能够成活,正常生长发育和开花结果,对栽植地段不良环境因子有较强的抗性,具有相应的稳定性。

功能要求:包括生态效益、观赏效益和经济效益等栽培目的要求得到较大程度的满足。

(三)适地适树的途径

1. 对应选择

对应选择可以是选树适地或者选地适树,这种方式简单可靠。

(1)选树适地

选树适地是为特定立地条件选择与其相适应的园林植物,是绿地设计与植物栽培中最常见的。具体而言,就是在给定绿化地段生态环境条件下,全面分析栽植地的立地条件,尤其是极端限制因子,同时了解候选树种的生物学、生理学、生态学特性等园林树木学基本知识,选择最适于该地段的园林树木。首选的应是乡土树种,另外应注意选择当地的地带性植被组成种类可构筑稳定的群落。

(2)选地适树

选地适树是为特定植物选择能满足其要求的立地,是偶尔得到某种栽植材料时所采用的,是最简单也是最可靠的方法。选地适树是指树种的生态位与立地环境相符,即在充分调查了解树种生态学特性及立地条件的基础上,选择的树种能生长在特定的小生境中。如对于忌水的树种,可选栽在地势相对较高、地下水位较低的地段;对于南方树种,极低气温是主要的限制因子,如果要在北方种植可选择背风向阳的南坡或冬季主风向有天然屏障的地形处栽植。

2. 改树适地

改树适地是当"地"和"树"在某些方面不相适应时,通过抗性育种增强耐寒性、耐旱性、抗污染性等某些特性,从而使其适应特定立地条件。如毛白杨在内蒙古呼和浩特一带易受冻害,在当地很难栽植,如用当地的小叶杨做砧木进行嫁接,就能提高其抗寒力可安全在该市越冬。

3. 改地适树

改地适树是指在特定的区域栽植具有某特殊性状的树种,而该栽植地有限制该树种生长的生态因子,则可采取适当的措施如整地、换土、灌溉、排水、施肥、遮阴、覆盖等加以改善。如通过客土可改变原土壤的持水通透性,通过改造地形来降低或提高地下水位,通过施肥改变土壤的 pH 值,通过增设灌排水设施调节水分等措施,使树种能正常生长。

改地适树适合用于小规模的绿地建设,除非特别重要的景观,否则不宜动用大量的投入来改地适树。因为可供选择的树种很多,选择替代树种会减少不必要的投资。

三、几种不同应用途径园林植物的选择

(一)行道树的选择

在行道树选择上,不要盲目,首先应该考虑当地的环境特点与植物的适应性。行道树选择标准:

其一,适应当地的生态环境特点来选择适合当地的优良树种作为行道树。全国各大城市的代表性行道树各不相同,如北京的国槐、海南的椰树、南京的雪松等,各地应该多栽植经实践证明适合当地栽植的代表性行道树。我国南北气候存在很大差异。南方地区温度高,湿度大,雨量充沛,植物常年生长,行道树种类繁多,适宜栽植的行道树可以选择香樟、榕树、广玉兰、雪松、桂花、银杏、马褂木、七叶树、枫树及水杉等同林树木。而北方地区干旱少雨,气候干燥,适宜栽植的行道树相对少一些,可以选择悬铃木、国槐、银杏、栾树、柳树、雪松等同林树木。

其二,适应城市街道环境——土壤干燥板结、烟尘和有毒气体危害较重、铺装地面的强烈辐射、建筑物的遮阴等。

其三,街道树还应具有以下条件:

①一般为乔木或小乔木;

②主干通直,分枝点高(一般 2.5 ~ 3 m 以上);

③冠大荫浓,姿态优美;

④萌芽力强耐修剪,基部不易发生萌蘖;

⑤落叶期短而集中;

⑥大苗移植易于成活。

除此之外,在不同种类的道路及道路的不同位置,选择的行道树也应该有所不同。例如,高速路双向车道中间可选择黄杨、毛叶丁香等矮株形的园林植物,以减少对面车灯的干扰;路口处为确保安全,避免阻挡视线,要选择有足够枝高的园林树木;道路最外侧,为防尘降噪,可选择不同株形的多层组合。

(二)庭荫树的选择

庭荫树是指以遮阴为主要目的的园林树木。庭荫树多植于庭院、路旁、池边、亭廊附近、建筑周围。可孤植、丛植,也可列植,或成组散植。陶渊明"方宅十余亩,草屋八九间,榆柳荫后檐,桃李罗堂前"就是其生动写照。

选择树冠浓密的庭荫树时一定要综合考虑其观赏效果和遮阴功能。一般要求大中型乔木,树冠宽大,枝叶浓密。北方选落叶树,以免终年阴暗抑郁;热带多选常绿树。榕树、榉树、樟树等园林树木都可作为庭荫树。为尽快达到孤植树的景观效果,最好选用胸径 8 cm 以上的大树,能利用原有古树名木更好。

在庭园中最好不用过多的常绿庭荫树,否则易致终年阴暗有抑郁之感,距建筑物窗前亦不宜过近以免室内阴暗。

(三)花灌木的选择

花灌木是指以观花为主的灌木类植物,应考虑植物的开花物候期,进行花期搭配,尽量做到四季有花。选择喜光或稍耐庇荫,适应性强,能耐干旱瘠薄的土壤,抗污染、抗病虫害能力强,花大色艳、花香浓郁或花虽小而密集、花期长的植物。在树丛旁或树荫下栽植时选择杜鹃、含笑、棣棠、檵木等。在空旷地栽植可选梅花、海棠、紫薇、月季、玉兰、金丝桃、黄刺玫、丁香等。

（四）绿篱植物的选择

绿篱是指用灌木或小乔木成行密植成低矮的林带,组成的边界或树墙。海岸三大绿篱:大叶黄杨、罗汉松、珊瑚树。

绿篱多用常绿树种,并应具有以下特点:树体低矮、紧凑,枝叶稠密;萌芽力强,耐修剪;生长较缓慢,枝叶细小;树高适合需要。

不同绿篱类型的要求不同。

保护篱:多用于住宅、庭院或果园周围,多选有刺植物,如枸橘、花椒、沙棘、胡颓子、枸骨、柞木、马甲子、火棘、椤木石楠、金合欢、龙舌兰、仙人掌等。

境界篱:多用于庭园周围、路旁、园内局部分界处,也供观赏。常用黄杨、雀舌黄杨、大叶黄杨、罗汉松、侧柏、圆柏、小叶女贞等。

观赏篱包括花篱、果篱、叶篱、蔓篱、竹篱等。花篱常用茶梅、杜鹃、瑞香、栀子、扶桑、夹竹桃、马醉木、六月雪、雪柳、木槿、贴梗海棠、六道木、锦鸡儿、金露梅、笑靥花等;果篱常用柑橘类、火棘、金橘、南天竹、小檗、山楂、枸子、冬青、茶蔗子等;叶篱常用黄杨、大叶黄杨、侧柏、圆柏等;蔓篱常用葡萄、蔷薇、木香、金银花、木通、茉莉等;竹篱常用翠竹、凤尾竹、菲白竹等。

（五）藤本类（攀缘）植物的选择

藤本类树木在园林中用途广泛,可用于各种形式的棚架、建筑及设施的垂直绿化。我国城市人口集中,建筑密集,可供绿化的面积有限,因此利用攀缘植物进行垂直绿化和地面覆盖,是提高城市绿化覆盖率的重要途径之一。

根据功能要求的不同选择藤本类（攀缘）植物,用于降低建筑物墙面及室内温度,应选择枝叶茂密的攀缘植物,如爬山虎、五叶地锦、常春藤等。用于防尘时尽量选用叶片粗糙且密度大的攀缘植物,如中华猕猴桃等。

不同攀缘植物对环境条件要求不同,因此要注意立地条件。用于墙面绿化时,西向墙面应选择喜光、耐旱的攀缘植物;北向墙面应选择耐阴的攀缘植物,如中国地锦是极耐阴植物,用于北墙垂直绿化生长速度快,生长势强,开花结果繁茂。

藤本类树种要与攀附建筑设施的色彩、风韵、高低相配合,如灰色、白色墙面,可选用秋叶红艳的攀缘植物。

（六）独赏树的选择

独赏树又称孤植树、标本树、赏形树或独植树。主要表现树木的体形美,可以独立成景。

适合作独赏树的条件:一般树冠应开阔宽大,树形优美,呈圆锥形、尖塔形、垂枝形或圆柱形等。寿命较长的,可以是常绿树,也可以是落叶树。常绿树如雪松、南洋杉、冷杉、云杉、樟树、广玉兰、榕树等,落叶树如毛白杨、鹅掌楸、银杏、椴树、无患子、国槐、重阳木、凤凰木、洋白蜡、水杉、金钱松等。一些具有美丽的花、果、树皮或叶色的种类,如鸡爪槭、玉兰、木瓜、垂柳也可作孤植树。

（七）草坪与地被植物的选择

草坪是指由人工建植或人工养护管理,起绿化美化作用的草地;地被植物是指那些株丛密集、低矮(自然生长或通过人为干预将高度控制在100 cm以下),经简单管理即可用于代替草坪覆盖在地表、防止水土流失,能吸附尘土、净化空气、减弱噪声、消除污染并具有一定观赏和经济价值的园林植物。

选择标准:低矮,最好能够紧贴地面生长;不修剪的情况下,分枝力强,易成密丛;适应性强,粗放管理下可生长良好;叶、花、果等应具美学价值,尤其是群体美(高度——花期的一致性,色彩——覆盖的均匀性等);生长迅速,尤其是对于藤本地被植物而言。

根据当地土壤气候条件选择杜鹃花、栀子花、枸杞等灌木类地被植物,三叶草、马蹄金、麦冬等草本地被植物,凤尾竹、鹅毛竹等矮生竹类地被植物,常春藤、爬山虎、金银花、蔓长春、诸葛菜等藤本及攀缘地被植物、凤尾蕨、水龙骨等蕨类地被植物,慈姑、菖蒲等耐水湿的地被植物和蔓荆、珊瑚菜和牛蒡等耐盐碱的地被植物。

（八）片林(林带)植物的选择

园林上的片林是指成片栽植的树林。城市园林中的片林一般出现在大的公园、林荫道、小型山体、较大水面的边缘等,可在林中散步的树林,多选具秋色叶特性、树干光滑、无病虫害的种类,如杨、白桦、柠檬桉、枫香、银杏、无患子、栾树、元宝枫等;有花的海洋般的片林,如桃花、樱花、梅花、山桃、杏、梨等。林带是指在连绵山体、江河两岸及道路两侧一定范围内,营建的具有多层次、多树种、多色彩、多功能、多效益的园林绿化带。

片林(林带)植物的选择应该要结合公园外围隔离或公园内部功能区分隔功能,选择以带状栽植或按单群、混交树群栽植的优良乡土树种为主,如毛白杨、栾树、侧柏等。

(九)盆景类植物的选择

盆景类植物多选择较苍劲古朴且耐寒的银杏、五角枫、元宝枫、火棘、五针松、黑松、罗汉松、雀舌罗汉松、锦松、金钱松、滇柏、刺柏、孔雀柏、璎珞松、水杉、南方红豆杉、梅花、蜡梅、迎春、紫荆、贴梗海棠、垂丝海棠、西府海棠、紫薇、枸杞、枸骨、南天竹、石榴、六月雪、木瓜、九里香、朱砂根、金雀、木兰、胡颓子、山楂、苹果、梨、桃、佛手、山茶花、丝绵木、瑞香、桂花、马醉木、杜鹃、金弹子、苏铁、榕树、小檗、黄杨、白蜡、福建茶、红枫、十大功劳、黄栌、金银花、常春藤、葡萄、鸡血藤、五味子、络石、扶芳藤、南蛇藤、佛肚竹、凤尾竹、紫竹、棕竹、文竹、伞竹、朱蕉、吊兰、芦荟、菊花、沿阶草、虎耳草等园林植物,其中松柏类、海棠类、山茶花、苏铁、榕树、小檗、黄杨、白蜡、福建茶、六月雪、络石、竹类、沿阶草等园林植物较易管理,还可以选择以仙人掌科植物为主的组合盆栽,不但省时省力,而且还省水。

(十)切花及室内装饰植物的选择

切花可以选择月季、菊花、康乃馨、芍药、唐菖蒲等,在植物开花时,将植物体上的花朵、花枝、叶片切下来用于插花或制作花束、花篮等供室内装饰;室内装饰植物可选择春羽、海芋、花叶艳山姜、棕竹、蕨类、巴西铁、荷兰铁、伞树、马拉巴栗、美丽针葵、鸭脚木、观赏凤梨、龟背竹、琴叶喜林芋、散尾葵、丛生钱尾葵、麒麟尾、变叶木、吊兰、吊竹梅、常春藤、白粉藤、文竹、黄金葛、心叶喜林芋、鹿角蕨、菊花等栽植在室内墙壁、柱上专设的栽植槽(架)内,供观赏。

四、不同栽植地园林植物的选择

(一)居住区植物的选择

居住绿化区与居民日常生活最为密切,应遵循功能性原则、适用性原则及经济性原则的基础上,还要考虑居住环境条件和风格等。

住宅区树种的选择要考虑居民享用绿地的需求,建设人工生态植物群落。有益身心健康的保健植物群落,如松柏林、银杏林、香樟林、枇杷林、柑橘林、榆树林;有益消除疲劳的香花植物群落,如栀子花丛、月季灌丛、丁香树丛、银杏—桂花丛林等;有益招引鸟类的植物群落,如海棠林、火棘林、松柏林等。可选择在小区边缘整块绿地上安排或与居住区中心绿地融合布置,利用植物群落生态系统的循环和再生功能,维护小区生态平衡。

（二）公共休闲绿地植物的选择

公共休闲绿地的园林植物应尽量丰富多彩,千姿百态。依大小乔木、大小灌木、宿根花卉、地被植物、藤本植物的生态群落模式,根据当地自然条件及小气候环境特点配植,充分利用乡土园林植物及已引种成功的外来园林植物,以起到模拟自然、回归自然的良好效果。同时,在园林植物选配上,还应考虑色相、季相、生长周期等因素,以保持公共休闲绿地良好的观赏效果及长久的生命周期。

公共休闲绿地是人们文化娱乐游憩的场所,包括风景区、森林公园、文化休闲公园、体育公园、儿童公园、动物园、陵园等。其光照条件较好,但因游人踩踏,土壤比较紧实,环境也受到一定的污染,自净能力较弱,基本上属于半自然状态。这种类型的绿地,其树种选择灵活多样,但仍要注意选择那些较耐土壤紧实、抗污染的树种。

例如,风景区或森林公园一般位于郊外,有大面积风景优美的森林或开阔的水面,其交通方便,多为风景名胜地和疗养胜地。由于地处城市外侧,受城市影响较小,大量的植被使其下垫面与市区截然不同。树种选择以乡土树种为主,以外地珍贵的驯化后生长稳定的树种为辅,并充分利用原有树和苗,以大苗为主,适当密植。选择既有观赏价值,又有较强抗逆性,病虫害少、易于管理的树种。

（三）高速公路植物的选择

高速公路预留带绿化要达到一定的规模,实现乔灌相结合。通常选择树体高大、树形优美的玉兰、香樟、水杉、杜英、杨、桉、重阳木等乔木作为骨干,灌木可选择杜鹃、茶花、小叶女贞、月季、栀子、茶花、七里香、夹竹桃、美人蕉等,植物配植以行列式为主。

高速公路中央隔离带在进行绿化苗木树种选择时,应选择抗性强、枝叶浓密、株形矮小、色彩柔和的花灌木,如蜀桧、刺柏、小叶女贞、大叶黄杨、月季、栀子等。点缀式绿化最好选择单株或组合造型苗木,按等距离散植。植物造型宜简忌繁,多用球形、柱形、锥形等造型,常见的品种有卫茅球等。

高速公路植被坡一般使用草坪喷播、草坪植生带等新手法，多铺植矮生天堂草、狗牙根草、假俭草等多年生宿根草类植物，或栽植大小叶爬山虎、凌霄、迎春、金钟、常春藤、藤本月季等地被植物。非植被坡（石质坡）的绿化常采用藤本攀缘类植物。下护坡（由土石方堆填路基所形成路面以下两侧的坡面），此类坡面由于是人为的土方压实坡，坡度较上护坡小，硬化处理少，主要选择紫穗槐、爬山虎等园林植物，以池槽绿化为主。

高速公路互通桥多栽植草花地被，辅以少量月季、杜鹃、小叶女贞等矮小植被造景点缀。主要绿化形式有三种：一是开阔式，即以大面积草坪为主，再配植模纹地被和孤植树木；二是平植式，即自然或规则地密植乔灌木；三是复合式，即开阔式和平植式两者穿插结合使用，一般是从外向内配植草坪、地被模纹、花灌木组团、乔木林排列。

（四）机关学校内植物的选择

机关单位多为临街建筑，其前庭是与外界广泛接触的部分，又是衬托建筑的绿地，因而应作为绿化重点。选择时要注意以下几点：首先，以选择易于成活并且节水性好的本地植物为主。如银杏、桧柏、法国梧桐、龙柏、华山松等耐旱能力强的园林植物，在缺水的城市环境下成活率高，选择它们作为主打园林植物，有利于节省绿化成本，建设节约型机关。其次，选择能吸收有害气体、降低噪声、除尘能力强的植物。如在靠近铁路、公路的附近，栽植阻尘和隔声效果良好的高大杨树，对小环境内空气质量的改善和噪声降低起到良好作用。

学校要形成安静、清洁、美观、庄严的教学环境。在树种的选择上可以多样化，常绿树与落叶树、乔木与灌木、观花树、观叶树、观果树，以及各种草花均可采用。在这些地方，尤其要注意避免使用带刺的及分泌有害物质的园林植物，如红叶小檗、夹竹桃等，以防发生意外。

（五）广场绿化植物的选择

广场是作为城市的职能空间，提供人们集会、集散、交通、仪式、游憩、商业买卖和文化娱乐的场所。广场上丰富的植物树种对城市的绿地覆盖率，对改善城市的环境有着重要意义。因此，广场绿化树种的选择是多样的，如广场道路列植树悬铃木、枫杨、香樟、雪松、广玉兰，棕榈科植物如大王椰、棕榈等；广场绿篱树如珍珠梅、海桐、福建茶、九里香等。

（六）其他

城市废弃地由于废弃沉积物、矿物渗出物、污染物和其他干扰物的存在，土壤中缺少自然土中的营养物质，使得土壤的基质肥力很低，另外由于有毒性化学物质的存在，导致土壤物理条件不适宜植物生长。一般包括粉煤灰、炉渣地；含有金属废弃物的土壤；工矿区废物堆积场地；因贫瘠而废弃的土地等。在选择绿化树种时，应选抗污染、耐瘠薄、耐干旱性的树种。如在以粉煤灰为主的废弃地中，抗性较强的树种有桤木属、柳属、刺槐、桦属、槭属、山楂属、金丝桃属、柽柳属等。

工矿区绿化树种的选择应具备防噪声、防污染，能吸收有害气体、抗辐射的功能，同时考虑选择生长快、树冠大、叶面积指数高的树种，以增强树木对污染物的吸收、滞留作用。常见的抗 SO_2 的树种有大叶黄杨、海桐、山茶、小叶女贞、合欢、刺槐等；抗氯气的有侧柏、臭椿、杜仲、大叶黄杨女贞等；抗 HF 的有大叶黄杨、杨树、朴树、白榆、夹竹桃等树木。

第三节　园林植物的配植

园林植物配植包括植物的景观配植方式，群集栽培中的水平结构、垂直结构（复层混交）及植物搭配等内容，是一项很复杂的技术。在配植中要解决好树种间、植株间、树木与环境和树木与景观间的关系。

一、园林植物配植的原则

园林植物的配植包括两个方面：一方面是各种园林植物相互之间的配植，应充分考虑园林植物种类的选择，树丛的组合，平面的构图、色彩、季相以及园林意境；另一方面是园林植物与其他园林要素相互之间的配植。

从维护生态平衡和美化环境角度来看，园林植物是园林绿地中最主要的构成要素。在通常情况下，园林绿地应以植物造景为主，小品设施为辅。园林绿地观赏效果和艺术水平的高低，在很大程度上取决于园林植物的配植。因此，搞好园林植物配植，是园林绿地建设的关键。

（一）满足园林树木的综合功能

1. 园林树木的防护功能

园林树木在改善和保护环境方面起着显著作用。它有一定的防治和减轻环境污染的能力，如净化空气、吸收有毒气体、减少噪声以及滞尘等功能。选择抗性强的树种并加以合理配植，就可对保护环境发挥积极的作用。

2. 园林树木的生产作用

很多园林树木既有很高的观赏价值，同时又是经济树种。在选择树种时，只要处理得当，就可以在不妨碍园林树木发挥多种功能的前提下，做到一举两得，使园林绿化结合生产。例如，园林植物配植在不妨碍满足功能、艺术及生态上的要求时，可考虑选择对土壤要求不高、养护管理简单的柿子、枇杷、山里红等果树植物和核桃、油茶、樟树等油料植物，也可选择观赏价值很高的桂花、茉莉、玫瑰等芳香植物，还可选择具有观赏价值的杜仲、合欢、银杏等药用植物以及既可观赏又可食用的荷花等水生植物。选择这些具有经济价值的观赏植物，可以充分发挥园林植物配植的综合效益，达到社会效益、环境效益和经济效益的协调统一。

（二）满足园林树木生态需求

各种园林植物在生长发育过程中，对光照、土壤、水分、温度等环境因子都有不同的要求。在园林植物配植时，只有满足这些生态要求，才能使植物正常生长和保持稳定，表现出设计效果。

不同的树种生态习性不同，不同的绿地生态条件也不一样，在树种的选择上做到适地适树，有时还需创造小环境或者改造小环境来满足园林树木的生长、发育要求（如梅花在北京就需要小气候，要求背风、向阳）从而保持稳定的绿化效果。

除此之外，还要考虑树木之间的需求关系，如若是同种树，配植时只考虑株距和行距。不同树种间配植需要考虑种间关系，即考虑上层树种与下层树种、速生与慢生树种、常绿与落叶树种等关系。

（三）符合园林绿地功能要求

园林植物配植时，首先应从园林绿地的性质和功能来考虑。如为体现烈士陵园的纪念性质,营造一种庄严肃穆的氛围,在园林植物种类选择时,应选用冠形规整、寓意万古流芳的青松翠柏;在配植方式上多采用对植或行列式栽植。

园林绿地的功能很多,但就某一绿地而言,则有其具体的主要功能。譬如,街道绿化中行道树的主要功能是庇荫减尘、美化市容和组织交通,为满足这一具体功能要求,在园林植物选择时,应选用冠形优美、枝叶浓密的树种;在配植方式上应采用列植。再如,城市综合性公园,从其多种功能出发,应有供集体活动的大草坪,还要有浓荫蔽日、姿态优美的孤植树和色彩艳丽、花香果佳的花灌丛,以及为满足安静休息需要的疏林草地或密林等。总之,园林中的树木花草都要最大限度地满足园林绿地使用和防护功能上的要求。

（四）树木配植中的美观原则

园林树木有其外形之美、风韵之美以及与建筑配合协调之美等方面。故在配植中宜切实做到在生物学规律的基础上,努力讲究美观。

1. 树木之美应以健康生长为基础

园林树木的美不论是外形、色彩、风韵或与建筑配合协调关系等方面,都要以生长健康作为基础——就是生长正常,而非衰弱或过分生长。有了健康的生长,才可充分表现其本身的特长和美点。园林树木应充分发挥其自然面貌,除少数需人工整枝修剪保持一定形状外,一般应让树木表现其本身的典型美点。

2. 注意整体与局部的关系

配植园林树木时要在大处着眼的基础上安排细节问题。配植中的通病是:过多地注意局部,而忽略了主体安排;过分追求少数树木之间的搭配关系,而没注意整体、大片的群体效果;过多地考虑各株树木之间的外形配合,而忽视了适地适树和种间关系等基本问题。这样的结果往往是烦琐支离、零乱无章。

3. 突出园林艺术特色

在植物景观配植中应遵循对比与调和、均衡与动势、韵律与节奏三大基本原则。

植物造景时,既要讲究树形、色彩、线条、质地及比例都要有一定的差异和变化,显示多样性,又要保持一定的相似性,形成统一感,这样既生动活泼又和谐统一。在配植中应掌握在统一中求变化、在变化中求统一的原则,用对比的手法来突出主题或引人注目。

植物配植时,将体量、质地各异的植物种类按均衡的原则配植,景观就显得稳定、顺畅。如色彩浓重、体量庞大、数量繁多、质地粗厚、枝叶繁茂的植物种类,给人以重的感觉;相反,色彩淡雅、体量小巧、数量简少、质地细柔、枝叶疏朗的植物种类,则给人以轻盈的感觉。根据周围环境,在配植时常运用有规则式均衡和不对称的均衡手法,在多数情况下常用不对称的均衡手法。如一条蜿蜒曲折的园路两旁,若在路右边种植一棵高大的雪松,则临近的左侧需植以数量较多、单株体量较少、成丛的花灌木,以求均衡,同时又有动势的效果。

植物配植中有规律的变化,就会产生韵律感,在重复中产生节奏感。一种树等距排列称为"简单韵律";两种树木相间排列会产生"交替韵律",尤其是乔灌木相间效果会更加明显;树木分组排列,在不同组合中把相似的树木交替出现,称为"拟态韵律"。

（五）其他

园林植物配植的品种多样性是以生态学理论为基础的,品种多样性有利于形成稳定的植物群落,这种多样性要视具体的绿地和环境来确定。如在住宅区应配植一些具有保健作用的植物,如杜仲、杨梅、榉树、枫杨、白玉兰、溲疏等,在公共绿地可配植一些蜜源植物和鸟嗜植物来吸引大自然的生物,如枇杷、棕榈、南天竹、柑橘等。

在园林植物配植中,要明确城市的性质,例如是否政治文化中心、工业生产中心、海港贸易中心或风景旅游中心等。好的植物配植,应体现出不同性质城市的特点和要求。

在园林设计和植物配植中应注重人性化设计,利用设计要素构筑符合人体尺度和人的需要的园林空间,特别在对居住区、街旁绿地、城市公园、学校、医院等场所的植物设计过程中,更要注重"以人为本"的设计原则。

二、园林植物配植的方式方法

园林树木配植的方式,就是指园林树木配植的方式、搭配的样式,是运用美学原理,将乔木、灌木、竹类、藤本、花卉、草坪植物等作为主要造景元素,创造出各种引人入胜的植物景观。园林植物的配植方式主要有两种:中国古典园林和较大的公园、风景区中,园林植物配植通常采用自然式；但在局部地区、特别是主体建筑物附近和主干道路旁侧也可采用规则式。

（一）按种植点的平面配植

在一定平面上的平面格局，可分为规则式、不规则式和混合式配植三种。

1. 规则式配植

园林植物的规则式配植特点是有中轴对称，株行距固定，同相可以反复延伸，排列整齐一致，表现严谨规整。一般多选择枝叶茂密、树形美观、规格基本一致的同种树或多种树。多用于纪念性园林、皇家园林。

共有九种配植方式：

①中心式配植。多在一空间的中心作强调性栽植，如在广场、花坛等中心位置种植单株或具整体感的单丛。

②对称式配植。要求在构图轴线的左右，如园门、建筑物入口、广场或桥头的两旁等，相对地栽植同种、同形的树木，要求外形整齐美观，树体大小一致。对植形式强调对应的树木全量、色彩、姿态的一致性，进而体现出整齐、平衡的协调美。

③行植配植。在规则式道路、广场上或围墙边沿，呈单行或多行的、株距与行距相等的一种园林植物栽植方式。行植配植也称列植。

④正方形配植。按方格网在交叉点栽植树木，栽植株行距相等的一种园林植物栽植方式。实际上就是两行或多行配植。正方形配植的树冠和根系发育比较均衡，空间利用较好，仅次于正三角形配植，便于机械作业。

⑤三角形配植。三角形栽植是指株行距按等边或等腰三角形排列的一种园林植物栽植方式。正三角形方式有利于树冠与根系的平衡发展，可充分利用空间。

⑥圆形配植。按一定的株行距将植株种植成圆环。这种方式又可分成圆形、半圆形、全环形、弧形及双环、多环、双弧等多种变化方式。圆形配植由一种或多种树木搭配，多用于陪衬主景或障围花坛或开阔平地。

⑦长方形配植。它是正方形配植的一种变形，其特点为株行距不等。

⑧多角形配植。包括单星形、复星形、多角星形、非连续多角形等。

⑨多边形配植。按一定株行距沿多边形种植，它可以是单行的，也可以是多行的多边形；可以是连续的，也可以是不连续的多边形。

2. 不规则式配植

不规则式配植也称自然式配植,不要求株距或行距一定,不安排中轴对称排列,不论组成树木的株数或种类多少,均要求搭配自然。其中又有不等边三角形配植和镶嵌式配植的区别。

不规则式配植多用于休闲公园,如综合性公园、植物园等。一般多选树形或树体部分美观或奇特的品种。如山岭、岗阜上和河、湖、溪涧旁的植物群落,具有天然的植物组成和自然景观,是自然式植物配植的艺术创作源泉。

3. 混合式配植

混合式配植是指在某一植物造景中同时采用规则式和不规则式相结合的配植方式。在实践中,一般以某一种方式为主而以另一种方式为辅结合使用。要求因地制宜,融洽协调,注意过渡转化自然,强调整体的相关性。

混合式配植的形式规划灵活,形式有变化,景观丰富多彩。多以局部为规则式,大部分为自然式植物配植,是公园植物造景常用形式。

(二)按种植效果的景观配植

1. 单株配植(孤植)

孤植是单株树孤立栽植的一种园林植物栽植方式。孤植树又称为独赏树、标本树、赏形树或独植树。孤植树具有强烈的标志性、导向性和装饰性作用。

(1)功能

单株配植(孤植)无论以遮阴为主,还是以观赏为主,都是为了突出树木的个体功能,但必须注意其与环境的对比与烘托关系。也可单纯为了构图艺术上的需要,主要显示树木的个体美,常作为园林空间的主景。

(2)位置

孤植树定植的地点以在大草坪上最佳,或植于广场中心、道路交叉口或坡路转角处。在树的周围应有开阔的空间,最佳的位置是以草坪为基底、以天空为背景的地段。

(3)植物特性

应以阳性和生态幅度较宽的中性树种为主,一般情况下很少采用阴性树种。如白皮松、黄山松、圆柏、侧柏、雪松、水杉、银杏、七叶树、鹅掌楸、枫香、广玉兰、合欢、海棠、樱花、梅花、碧桃、山楂、国槐等。

作庇荫、观赏用，要求树冠宽大，枝叶浓密，叶片大，病虫害少，以圆球形、伞形树冠为好；艺术需要，要求姿态优美，色彩鲜明，体形略大，寿命长而有特色，周围配植其他树木，应保持合适的观赏距离。

2. 丛状配植

丛植是指两株以上不同树种的组合，即一个树丛由三五株至八九株同种或异种树木不等距离地栽植在一起成一整体的一种园林植物栽植方式。丛植的目的主要是发挥集体的作用，它对环境有较强的抗逆性，在艺术上强调了整体美。

树木株数不同，组合的方式各异，不同株数的组合设计要求遵循一定的构图法则，通常可按以下方式配植：

①两株一丛。构图上应符合多样统一的原理。树木的大小、姿态、动势可以不同，但树种要相同，或同为乔木、灌木、常绿树、落叶树；动势呼应；距离不大于两树冠直径的 1/2。

②三株一丛。三株的布置呈不等边三角形，最大和最小树种靠近栽植成一组，中等树梢远离成另一组，两组之间在动势上应有呼应。树种的搭配不宜超过两种，最好选择同一种而体形、姿态不同的树进行配植。如采用两种树种，最好为类似树种，如红叶李与石楠。

③四株一丛。在配植的整体布局上可呈不等边的四边形或不等边三角形。四株树丛的配植适宜采用单一或两种不同的树种。如果是同一种树，要求各植株在体形、姿态和距离上有所不同；如是两种不同的树，最好选择在外形上相似的不同树种。

④五株一丛。在配植的整体布局上可呈不等边三角形、不等边四边形或不等边五边形，可分为"3+2"或"4+1"两组。在"3+2"配植中，注意最大的一棵必须在三棵的一组。在"4+1"配植中，注意单独的一组不能是最大株，也不能是最小株，且两组距离不能太远。五株一丛的树种搭配可由一个树种或两个树种组成，若用两种树木，株数以 3：2 为宜。

⑤六株以上一丛。由两株、三株、四株、五株几个基本配合形式相互组合而成。不同功能的树丛，树种配植要求不同。庇荫树丛，最好采用同一树种，用草地覆盖地面，并设天然山石作为坐石或安置石桌、石凳。观赏树丛可用两种以上乔、灌木组成。

丛植是园林中普遍应用的方式，用作主景或配景，也可用作背景或隔离措施。配植宜自然，符合艺术构图规律，务求既能表现园林植物的群体美，也能表现树种的个体美。

3. 群状配植

由二三十株以上至数百株左右的乔、灌木成群配植时称为群植,这个群体称为树群。树群由于株数较多,占地较大,在园林中可作背景、伴景用,在自然风景区中亦可作主景。两组树群相邻时又可起到诱景框景的作用。

树群组成可以是单一树种,也可以是多个树种混植;可以是乔木混交,也可以乔、灌木混交;可以是单层,也可以是多层的。单纯树群由一个树种组成。为丰富其景观效果,树下可用耐荫花卉如玉簪、萱草、金银花等作地被植物。混交树群具有多层结构,水平与垂直郁闭度均较大的植物群落。其组成层次至少3层,多至6层;即乔木层、亚乔木层、灌木层、草本层。

树群的位置应选在有足够面积的开阔场地上,其观赏视距至少为树高的4倍,树群宽的1.5倍以上。树群在园林植物配植中常作为主景或邻界空间的隔离,其内不允许有园路经过。

选择植物要更多地考虑群落的内外环境特点,正确处理种内与种间的关系,层内与层间的关系等。不但有形成景观的艺术效果,而且有改善环境的较大效应。配植时应注意树群的整体轮廓以及色相和季相效果,更应注意种内与种间的生态关系,必须在较长时间内保持相对的稳定性。

如采用以大乔木如广玉兰,亚乔木为白玉兰、紫玉兰或红枫,大灌木为山茶、含笑,小灌木为火棘、麻叶绣球所配植的树群。以上配植的树群中,广玉兰为常绿阔叶乔木,作为背景,可使玉兰的白花特别鲜明,三茶和含笑为常绿中性喜暖灌木,可作下木,火棘为阳性常绿小灌木,麻叶绣球为阳性落叶花冠木。若在江南地区,2月下旬山茶最先开花;3月上中旬白玉兰、紫玉兰开花,白、紫相间又有深绿广玉兰作背景;4月中下旬,麻叶绣球开白花又和大红山茶形成鲜明对比;次后含笑又继续开花,芳香浓郁;10月间火棘又结红色硕果,红枫叶色转为红色,丰富了季相变化,使整个树群生气勃勃。

4. 篱垣式配植

篱垣式配植所形成的条带状树群是由灌木或小乔木密集栽植而形成的篱式或墙式结构,称为绿篱或绿墙。一般由单行、双行或多行树木构成,行距较小,但整体轮廓鲜明而整齐。

篱垣式配植起到组合空间、阻挡视线、阻止通行、隔音防尘、美化装饰等作用。体现绿篱的整体美、线条美、姿色美。

篱垣式配植一般由单一树种组成,常绿、落叶或观花、观果树种均可,但必须具有耐修剪、易萌芽、更新和脚枝不易枯死等特性。

5. 林分式配植（片林）

林分式配植一般形成比树群面积大的自然式人工林。这是将森林学、造林学的概念和技术措施按照园林的要求引入于自然风景区和城市绿化建设中的配植方式。工矿场区的防护带、城市外围的绿化带及自然风景区中的风景林等，均常采用此种配植方式。

在配植时要特别注意系统的生态关系以及养护上的要求。在自然风景区进行林分式配植时，就以营造风景林为主，注意林冠线与林相的变化，林木疏密的变化，林下植物的选择与搭配，种群与种群及种群与环境之间的关系，并按照园林休憩游览的要求，留出一定大小的林间空地。

6. 疏散配植

疏散配植是以单株或树丛等在一定面积上进行疏密有致、景观自然的配植方式。有时可以双株或三株的丛植作为一个点来进行疏密有致地扩展。

通常在疏林广场或稀树草地多采用这种方式。疏疏落落、断断续续，有过渡转换、疏散起伏，既能表现树木个体美，又能表现其整体韵律，是人们进行观赏、游憩及空气浴和曝光浴的理想场所。

三、园林植物与建筑、山水、园路的配植

（一）园林植物与建筑配植

园林建筑的颜色、形体都是固定的，如果没有植物的配植，也会显得枯燥乏味，缺少一种生动活泼而具有季节、气候变化的艺术感染力。

树木与建筑配植时，要根据建筑的结构、形式、体量、性质来选择树种。大型建筑因其庄严、视野宽阔，故应选择枝干高、树冠大的树木；小型建筑，因其精美、小巧玲珑，故应选用一些多姿、芳香、颜色艳丽的树木来配植。

①屋顶花园植物。一些地方建造屋顶花园多，一般选择的植物根系浅，30～40 cm，最多100 cm，体量要轻。如木香、金银木、金银花、竹类、散尾葵等。

②建筑墙面。多数用爬山虎绿化。色彩、形式美观，可造型如十字架等图案；而且降温效果明显，夏季凉爽。

③建筑的角隅。园林植物的配植可增加生气,打破生硬的死角。南方常用南天竹、竹子、八角、棕榈等来布置角隅。

④基础种植。打破生硬的横竖大线条,增加丰富感,种植花灌木。

⑤室内。植物种植在室内,阳光并不是很充足,故需选择耐荫植物。棕榈科植物除椰子、刺葵外都耐荫。

（二）园林植物与水体的配植

水能给人以宁静、清澈、近人、开怀的感觉。古人称水为园林中的血液和灵魂。古今以来,除寺庙、坛很少用水以外,所有的古园林都有水,可以说无园不水。各种水体,不论它在园林中是否占主要的地位,无一不借助植物创造丰富多彩的水体景观。水边的植物配植增加了静态气氛、美感、幽静、含蓄,色彩柔和,构成了园林水体美的基调。

树种配植的原则有如下:

①满足生态条件。自然水面种植时,树木必须耐水湿,有些可以使根向外生长。

②姿态要美。柳树迎风探水,以桃为侣,池边堤畔,近水有情,临池种植。

③色彩。色彩搭配要合适,如一排绿,太单调、太安静;但又不能太张扬,要含蓄,桃柳色彩不要太多。水边忌讳等距、等高种植一圈。

（三）园林植物与山体配植

在园林中我们借鉴大自然的风景来建造园林中的山体,自然离不开植物。园林中的山上造建筑,种植物。用植物可表现出山的季节变化。春山艳冶,夏山苍翠;秋山明净,冬山惨淡。

例如,上海植物园四季假山是以植物为主表现的。如春山——山茶、樱花、海棠等;夏山——紫薇、石榴、凌霄、广玉兰等;秋山——南天竹、黄杨球、桂花、枫香等;冬山——常绿树、蜡梅、水仙等。

（四）园林植物与园路配植

园林中,园路不单纯是交通,也是组织导游路线,把各景区连续起来,使人在路上有步移景异的感觉。一般顺序是:公园大门→广场→主路→小路→交叉路口弯路→花径→景点。

广场:一般是规则式的布局,宽阔。种植高大的乔木、灌木,体现公园的特色。如北京紫竹院公园门口种植竹子以体现紫竹院的"竹"字。

主路：较宽阔，一般也是规则式种植树木。

小路：自然式配植，较灵活。可以选择乔木、灌木，同种或不同种。短小路的树种应少，两种以下为宜；长小路可选的树种多，可配植两种以上。

交叉路口：重点配植树丛，要求观赏价值高。

弯路：应该选择有观赏价值的树丛，吸引游人，否则人们往往不走弯路，而走捷径，无法达到预期的效果。

花径：开花灌木，路不宜太宽。如紫薇路、丁香路、连翘路、夹竹桃路、木绣球路等。

竹径：一般要达到竹径通幽的效果，竹子必须有一定的厚度、高度和路的深度，才能达到通幽的效果。如杭州云栖、三潭印月、西泠印社、植物园都有竹径，尤其云栖的竹径长达 800 m，两旁毛竹高达 20 m 余，竹林两旁宽厚望不到边，穿行在这曲折的竹径中，很自然地产生一种"夹径肃萧竹万枝，云深幽壑媚幽姿"的幽深感。

四、园林植物配植的艺术效果

随着社会的发展，人类环境的不断恶化和城市绿化不断发展，人们对生态环境的质量越加重视，在城市中开始重视各种绿地生态效益，认为乔、灌、草的合理搭配能够最大限度地解决城市生态环境恶化中的一些问题。

通过园林植物的配植能够达到的艺术效果是多方面的、复杂的，不同的树木不同配植组合能形成千变万化的景观，需要细致的观察、体会才能领会其奥妙之处。

1. 丰富感

园林植物种类多样化能给人丰富多彩的艺术感受，乔木与灌木的搭配能丰富园林景观的层次。

配植前建筑的立面很简单枯燥，配植后则变为优美丰富。在建筑物基周围的种植称为"基础种植"或"屋基配植"，低矮的灌木可以用于"基础种植"种在建筑物的四周、园林小品和雕塑基部，既可用于遮挡建筑物墙基生硬的建筑材料，又能对建筑物和小品雕塑起到装饰和烘托点缀作用，如苏州留园华步小筑的爬山虎、拙政园枇杷园墙上的络石。

2. 平衡感

平衡分对称的平衡和不对称的平衡两类。前者是用体量上相等或相近的树木以相等的距离进行配植而产生的效果,后者是用不同的体量以不同距离进行配植而产生的效果。

3. 稳固感

配植了植物后使得在园林局部或园景一隅中的一些设施物增加稳固感。实际上中国较考究的石桥在桥头设有抱鼓尾板,木桥也多向两侧敞开,因而形成稳定感,而在园林中于桥头以树木配植加强稳定感则能获得更好的风景效果。

4. 肃穆感和欢快感

应用常绿针叶树,尤其是尖塔形的树种常形成庄严肃穆的气氛,例如纪念性的公园、陵墓、纪念碑等前方配植的松、柏、冷杉能产生很好的艺术效果。

一些线条圆缓流畅的树冠,尤其是垂枝性的树种常形成柔和轻快的气氛,例如杭州西子湖畔的垂柳。在校园主干道两侧种植绿篱,使入口四季常青,或种植开花美丽的乔木间植常绿灌木,给人以整洁亮丽、活泼的感觉。

5. 强调感和缓解感

运用树木的体形、色彩特点加强某个景物,使其突出显现的配植方法称为强调。具体配植时常采用对比、烘托、陪衬以及透视线等手法。

对于过分突出的景物,用配植的手段使之从"强烈"变为"柔和"称为缓解。景物经缓解后可与周围环境更为协调而且可增加艺术感受的层次感。

6. 韵味感

配植上的韵味效果,颇有"只可意会,不可言传"的意味。只有具有相当修养水平的园林工作者和游人才能体会到其真谛。

可见,要想发挥树木配植的艺术效果,应考虑美学构图上的原则、了解树木的生长发育规律和生态习性要求,掌握树木自身和其与环境因子相互影响的规律,具备较高的栽培管理技术知识,并要有较深的文学、艺术修养,才能使配植艺术达到较高的水平。

第四节　栽植密度与树种组成

树种选择适当与否是造景成败的关键之一。不但如此,选择的树种是否合适还直接关系到园林绿化的质量及其各种效应的发挥。树种选择合理,不仅可以大大提高绿化、美化效果,还可以节约建设资金投入与后期的养护管理费用。如果选择不当,树木栽植成活率低,后期生长不良,不仅影响树木观赏性的正常发挥,也起不到保护环境、维持城市生态系统平衡的作用。园林树种的选择,一方面要考虑树种的生态学特性,另一方面要使栽培树种最大限度地满足生态与观赏效应的需要。

一、栽植密度

在树木的群集栽培中,栽植密度同配植方式一样,直接影响树木营养空间的分配和树冠的发育程度。密度是形成群体结构的最主要因素之一。

研究栽植密度的意义在于充分了解由各种密度所形成的群体以及组成该群体的个体之间的相互作用规律,从而进行合理地配植,使它们在群体生长发育过程中能够通过人为措施,形成一个稳定而理想的结构,既能使每一个体有充分的发育条件,又能较大限度地利用空间,使之达到生物、生态与艺术的统一,以满足栽植主要目的的要求。

（一）栽植密度对树木生长发育的影响

①影响树冠的发育。栽植密度不同,树冠发育不同,树木的平均冠幅随栽植密度增加而递减。

②影响群体及其组成个体形象的表现程度。栽植密度不同,群体及其组成个体形象的表现程度不同。

③影响树干直径和根系生长。栽植密度不同,树冠或林冠的透光度和光照强度不同、叶面积指数的大小和光合产物的多少不同,从而影响树干的直径和根系生长。

④影响开花结实。密度越大,光照越弱,开花结实越少。

密度对树木生长发育过程的作用规律,是稳定植物配植距离的理论根据。

（二）确定栽植密度的原则

1. 根据栽培目的而定

园林树木的功能多种多样，主要目的或应发挥的主要功能不同，要求采用的密度不同，形成的群体不同。根据栽培的目的来确定栽植密度，如表 3-2 所示。

表 3-2　根据栽培的目的来确定栽植密度

以观赏为目的	以群体美为主	观花、观果为主要目的，栽植密度不宜过大，以满足树冠的最大发育程度（即成年的平均冠幅）
	以个体美为主	使树冠能得到充分的光照条件而体现"丰、香、彩"的艺术效果。
以防护为目的	以防风为主的防护为主	密度要以林带结构的防风效益为依据。栽植密度不宜太大。
	以水土保持和水源涵养为主	能迅速遮盖地面，并形成厚的枯枝落叶层，栽植密度以大为好

2. 根据树种而定

由于各树种的生物学特性不同，其生长速度及对光照等条件的要求也有很大差异。根据树种的不同来确定栽植密度，如表 3-3 所示。

表 3-3　根据树种的不同来确定栽植密度

喜光性	耐荫树种	对光照条件的要求不高，生长较慢，栽植密度可大一些
	阳性树种	不耐庇荫，密度过大影响生长发育，宜小些
冠形	窄冠树种	适当密植
	开张冠形树种	对光照条件要求强烈，生长迅速，必须稀植

对具体树种的配植密度，还需要结合它们的生物学特性。立地条件好，配植间距大；立地条件差，配植间距较小些。另外，若考虑经营要求，为了提前发挥树木的群体效益或为了贮备苗木，可按设计要求适当密植，待其他地区需要苗木或因密度过大抑制生长时及时移栽或间伐。

二、树种组成

树种组成是指树木群集栽培中构成群体的树种成分及其所占比例。由一个树种组成的群体称为单纯树群或单纯林；由两个或两个以上的树种组成的群体称为混交林。园林树木的群集多为混交树群或混交林。

（一）混交树群或混交林的特点

①充分利用营养空间。通过把不同生物学特性的树种适当进行混交，能充分地利用空间。如耐阴性、根型、生长特点、嗜肥性等不同的树种搭配在一起形成复层混交林，可以占有较大的地上与地下空间，有利于树种分别在不同时期和不同层次范围能够得到光照、水分和各种营养物质。

②改善环境。混交林的冠层厚，叶面积指数大，结构复杂，可以形成小气候，积累数量多而成分复杂的枯落物，并有较高的防护与净化效益。

③增强抗御自然灾害的能力。由于混交林环境梯度的多样化，适合多种生物生活，食物链复杂，容易保持生态平衡，因而抗御病虫害及不良气象因子危害的能力强。

④提高观赏的艺术效果。混交林组成与结构复杂，只要配植适当就能产生较好的艺术效果。一方面丰富了景观空间、时间、色彩和明暗等层次；另一方面还因生物成分增加，而表现景观的勃勃生机；增加艺术感染力。

（二）树种的选择与搭配

在树种混交配植造景中，树种的选择与搭配，必须根据树种的生物学特性、生态学特性及造景要求来进行。特别是树种的生态学特性及种间关系的性质与变化是树种选择的重要基础。

1. 制定合理的主要树种比例

①乔木与灌木的比例。以乔木为主，一般占 70% 以上。

②落叶与常绿的比例。落叶树由于年复一年的落口，对有害气体和灰尘的抵抗能力强，所以在北方以落叶树为主。一般落叶树占 60% 左右，常绿树占 40% 左右。在南方应注意选择适生的落叶树种，加大其比例，以丰富季相色彩。

③大力发展草坪植物及地被植物。城市绿地中除乔、灌木及花卉外，还要加大地被植物的配植，做到"黄土不见天"，使城市绿化提高到一个新的水平。

2. 重视主要（基调或主调）树种的选择

基调树种是指能表现地方特色和城市风格、应用频率高、本地适应性强的树种。一般小型城市基调树种 3 ~ 5 种。骨干树种是指能体现当地风貌，能在各类园林绿地普遍栽植，数量大、有较好的观赏效果、发展潜力大的树种。

特别是乡土树种、市树市花(木本),使它的生态学特性与栽植地点的立地条件处于最适的状态。乡土树种具有如下作用:体现地域植物文化,体现乡土地域的特征,具有稳定性、抗性强的特点,达到"城市园林绿化评价标准"的要求。

3.为已经确定的主要树种选择好混交树种

混交树种选择原则:有良好的配景作用和良好的辅佐、护土和改土作用或其他效能;与主要树种的生态学特性有较多的差异;树种之间没有共同的病虫害。

混交树种的选择是调节种间关系的重要手段,也是保证增强群体稳定性,迅速实现其景观与环境效益的重要措施。根据所选各个树种的生态学特性合理搭配,重点考虑耐阴性及所处的垂直层次。垂直配植时,上层、中层及下层应分别为阳性、中性及阴性树种。水平配植时,近外缘,特别是南面外缘附近,可栽植较喜光的树种。

第四章 园林植物苗木培育技术

园林植物无论是在观赏用途方面还是在绿化用途方面都起到非常重要的作用,因而重视园林植物的种苗栽培对于培育更多的园林植物,美化环境,具有十分重要的意义。园林植物的种苗繁育是保存种质资源的手段,只有做好保存种质资源的工作,才能使更多的园林植物成活,从而为人类的发展服务。在园林植物种苗繁育过程中,要保持种质资源稳定性,防止品种的混杂退化。

第一节 苗圃的建立

苗圃是苗木生产的基地。建立起足够数量并具有较高生产水平和经营水平的苗圃,培育出品种繁多、品质优良的苗木,是园林生产的重要环节。园林苗圃一般为固定苗圃,使用年代长久,基本建设、技术设备条件较好,生产效益也高。

一、苗圃地满足的条件

（一）位置

园林苗圃一般会选择空间比较大的地方,而并不是说所有空间开阔的地方都适合作为园林苗圃,除了空间开阔之外,还要保证交通便利,便于运输。一般而言,比较适宜的地方就是城市边缘或近郊交通方便的地方。除此之外,还要保证苗圃周围没有大量排放有毒气体及污水的厂矿。另外,在可能积水的低洼地、过水地、风口和光照不足的地方,也不宜于园林植物的生长,不适合做苗圃之用。

（二）地形、地势及坡向

苗圃地宜选择排水良好、地势较高、地形平坦的开阔地带。坡度以 1°～3°为宜,坡度过大易造成水土流失,降低土壤肥力,不便于机耕与灌溉。南方多雨地区,为了便于排水,可选用3°～5°的坡地。坡度大小可根据不同地区的具体条件和育苗要求来决定。在较黏重的土壤上,坡度可适当大些;在沙性土壤上,坡度宜小,以防冲刷。在坡度大的山地育苗需修梯田。

在地形起伏大的地区,坡向的不同直接影响光照、温度、水分和土层的厚薄等因素,对苗木的生长影响很大。一般南坡光照强,受光时间长,温度高,湿度小,昼夜温差大;北坡与南坡相反;东西坡介于二者之间,但东坡在日出前到上午较短的时间内温度变化很大,对苗木不利;西坡则因我国冬季多西北寒风,易造成冻害。可见,不同坡向各有利弊,必须依当地的具体自然条件及栽培条件,因地制宜地选择最合适的坡向。

（三）水源

水是苗木生长的命脉,苗圃必须有充足的水源以供灌溉。河流、湖泊、池塘、水库等天然水源较好,水质柔和,污染少,还可降低灌溉成本。苗圃距上述水源又不宜过近,以防地下水位过高,土壤水分过多影响苗木生长。如果没有天然水源,苗圃必须具备打井条件。北方苗圃深水井,必须设蓄水池,以增加水温。

水质也应给予足够重视,被污染的水,含盐量超过0.15%的水,都不宜用于灌溉。此外,还应考虑地下水位的深浅,一般沙壤土约2.5 m,壤土 3～3.5 m 比较适宜。

（四）土壤

苗圃土壤条件十分重要,因为种子发芽、愈伤组织生根和苗木生长发育所需要的水分、养分主要是由土壤供应的,同时土壤是苗木根系生长发育的场所;土壤结构和质地,对土壤中水分、养分和空气状况影响很大。

土壤质地更为重要,过分黏重的土壤,排水、通气不良,雨后泥泞,易板结,干旱时易龟裂,土壤耕作困难,不利于根系生长。过于沙质的土壤,太疏松,肥力低,持水力差,夏季表土温度高,易灼伤幼苗,而且不易带土球移植。

土壤的酸碱度对苗木生长也有较大影响。不同的苗木对于土壤的酸碱度要求不同,即使是同一科系的植物,它们对土壤的酸碱度要求也各不相同。其中盐碱地及过分酸性土壤,也不宜选作苗圃。

（五）病虫和鼠兔危害

建立苗圃时,应详细调查苗圃和苗圃所在地的病虫害情况及鼠兔危害程度,如地下害虫蛴螬、蝼蛄、地老虎等的危害程度和立枯病的感染程度。对病虫危害严重的地区,要进行有效的防治,才能选作苗圃地。

（六）地上物

圃地原有的地上建筑物、栽植作物、花草树木、道路桥梁、高架线缆、地理电缆等,对圃地的日后生产作业都会产生影响。

二、苗圃的区划及面积计算

苗圃地选定之后,为了合理布局,充分利用土地,便于苗木经营管理,对苗圃地必须进行合理的区划。在区划前首先对苗圃地进行地形和地物的测量,绘制 1/2 000 ~ 1/500 的平面图,作为区划工作的依据,然后根据育苗任务、各类苗木的育苗特点、树种特性和苗圃地的自然条件进行区划,一般区划为生产用地和辅助用地。相对应地,苗圃的总面积包括生产用地和辅助用地两部分。

（一）生产用地及其面积计算

生产用地包括播种苗区、营养繁殖区、移植苗区、大苗区、采条区、引种苗区、珍贵苗区、展览区和温室区等。

计算生产用地面积应根据计划培育苗木的种类、数量、单位面积产量、规格要求、出圃年限、育苗方式以及轮作等因素,具体计算公式如下:

$$P = \frac{NA}{n} \times \frac{B}{c}$$

式中,P 为某树种所需的育苗面积;N 为该树种的计划年产量;A 为该树种的培育年限;B 为轮作区的区数;c 为该树种每年育苗所占轮作的区数;n 为该树种的单位面积产苗量。由于土地较紧,在我国一般不采用轮作制,而是以换茬为主,故 B/c 常常不作计算。

依上述公式所计算出的结果是理论数字。实际生产中,在苗木抚育、起苗、贮藏等工序中苗木都将会受到一定损失,在计算面积时要留有余地。故每年的计划产苗量一般增加 3% ~ 5%。

某树种在各育苗区所占面积之和,即为该树种所需的用地面积,各树种所需用地面积的总和就是全苗圃生产用地的总面积。

（二）辅助用地及其面积计算

辅助用地包括道路系统、排灌系统、各种用房、蓄水池、积肥场、晒种场、停车场、绿篱、围墙和防护林等。辅助用地的设计与布局,既要方便生产,少占土地,又要整齐、美观、协调、大方。

苗圃辅助用地的面积不能超过苗圃总面积的 20% ~ 25%;一般大型苗圃的辅助用地占总面积的 15% ~ 20%;中小型苗圃占总面积的 18% ~ 25%。

第二节　园林植物的种子（实）生产

一、种子（实）的采集

植物在营养生长后期进入生殖生长期,经传粉受精后发育形成种子。不同植物种类、不同生长环境和栽培技术,植物种子成熟期有较大差异,适时采收植物种子对保证植物种子繁殖质量十分重要。

（一）采种母树的选择

园林树木可利用林业生产上已经建成的母树林和种子园作为采种基地。如需种量少,可选择处于壮龄期的优良单株作为采种母树。

采种要选择生长优良、发育健壮、树形丰满、无病虫害、同时具有园林功能所要求的优良性状的母树。母树应生长在立地条件好、无污染、光照充足的环境中。

母树年龄与种子产量和质量有密切关系。壮年母树种子的产量高、质量好。选采种母树时,生长快的针叶树种以 15 ~ 30 年生以上的母树为好;生长慢的以 30 ~ 40 年生以上的为宜;生长快的阔叶树种如杨、柳等一般以 10 年生以上为宜;生长慢的如栎类、樟树等以 20 ~ 30 年生以上为宜,不宜选用老年母树。

（二）采种时期的确定

要根据种子成熟程度来决定其采收时间。种子成熟体现在两个方面：生理成熟和形态成熟。

①生理成熟就是种子从一个受精卵发育到一定大小，位于种子内部的干物质已经达到一定数量，胚已具有发芽能力。

②形态成熟是种子中营养物质停止了积累，含水量减少，籽粒干重达到最高值，种皮坚硬致密，种仁饱满，具有成熟时的颜色，标志着种子已经成熟，即可采收。在植物生产中，主要是根据种子形态成熟时的特征来判断。

多数种子的成熟过程是经过生理成熟再到形态成熟，但也有些种子如浙贝母、刺五加、人参、山杏等，形态成熟在先而生理成熟在后，果实达到形态成熟时，完成种子的采收后，发育的胚会在贮藏和处理这段时间内持续发育，直到胚发育成熟为止。当然不是所有植物的形态成熟和生理成熟时间都不相同，也有基本保持一致的，如泡桐、杨树。真正成熟的种子应是生理、形态均成熟。

另外，实际采种时，还要考虑到果实形态特征之一——果皮颜色的变化，不同类型的果实，成熟时其形态特征不同，浆果、梨果、柑果等多汁果实成熟时，颜色由绿逐渐转变为白、黄、橙、红、紫、黑等颜色，如南酸枣、杏、木瓜成熟时，果皮由绿色变为黄色，龙葵、土麦冬、女贞、樟树成熟时，果实变为黑色。未成熟的果实一般为绿色并较硬，蒴果、蓇葖果、荚果、翅果、坚果等是果皮外表颜色变深，籽粒饱满，由软变硬，其中，蓇葖果、蒴果和荚果果皮自然裂开，如黄连、浙贝母、四叶参、甘草、黄芪等。

通常情况下，大多数种子的发芽率、幼苗长势以及种子耐藏性会在种子成熟度达到最高时而处于最理想的情况，但有时也有例外。例如当归、白芷等，如采收老熟的种子，播种后抽薹早，需要采收适度成熟的种子。又如黄芪、油橄榄等种子老熟后往往硬实种子增多或休眠加深，假如要采后即播，需要采收稍嫩的种子。

（三）采种方法

种子的采收可采取一次采收和分批采收两种办法。

种子成熟后果实不易开裂，种子仍然固定于植物上，可等到整个种子都全部成熟时才进行采收，如朱砂等种子的采收。这种情况适合采用一次采收方法。

凡种子成熟后脱落的植物,或者是将果梗在大部分种子成熟后割下,在经过一段时间搁置后待种子自然熟后脱粒即可。这种情况适合采用分批采收方法。

木本植物种子的采收,要选择生长健壮、生长到一定年限、充分表现出优良性状、无病虫害的植株作为采种母株。如杜仲要选择未剥过皮的15年以上的树木作母株。

采种工具多采用手工操作的简单工具,如高枝剪、枝剪、采种镰、竹竿、种钩、采种袋、布、梯子、绳子、安全带、安全帽、簸箕、扫帚等。

二、种子(实)的调制

完成种子的采收之后,还需要对种子进行调制,这样才能够获得纯净的、适宜播种或贮藏的优良种子,根据植物果实、种子的种类,选择恰当的调制方法,保证种子的品质。

种子的调制程序主要是清洁处理和干燥。

(一)清洁处理

种子采收后首先要进行清洁处理。如带株采收的,整株拔回后要晾干再脱粒;连果实一起采收的要去除果皮、果肉及各种附属物;草本花卉种子采收后需晾晒的,一定要连果壳一起晒。少数种子假种皮含胶质,用水冲洗难以奏效,可用湿沙或苔藓加细石与种实一同堆起,然后揉搓,除去假种皮,再阴干贮藏。

常用净种的方法有以下四种。

①风选法:利用自然或人工、机械产生的流动空气净种,进行种子筛选,得到纯种和精种,适用于较重的中粒种子,如国槐、刺槐、合欢、紫藤、皂荚等。

②筛选法:为了将大于和小于种子的杂物除去,可借助于大小不同的筛子来实现,与种子大小相等的杂物的去除需要借助其他技术手段来实现,此方法多用于种子粒级的精选,如蔷薇科类种子等。

③水选法:利用水的浮力将夹杂物及空瘪种子漂出或反复淘洗,良种留在下面。此方法适用海棠、杜梨、樱桃、文冠果等。注意浸水不宜过长,浸水后禁曝晒,要阴干。

④粒选法:将大粒种子或珍贵、稀有的种子进行单个挑选,如核桃、珙桐、贴梗海棠等。

（二）干燥

如果采收后,不对种子作干燥处理的话,种子就会出现发霉腐烂的情况。需要注意的是,若晾晒种子,不要将种子置于水泥晒场上或金属容器中曝晒,因为在强烈的阳光下种胚极易烫伤,影响种子的生命力。通常将种子放在帆布、苇席、竹垫上晾晒。有的种子怕晒,可采用自然风干法,将种子薄摊于阴凉、通风、避雨处,使其自然干燥。限于场所或阴天时,可人工干燥。

三、种子的贮藏

种子从采收后到播种前需要贮藏。种子贮藏的目的为要尽可能地使种子的发芽率和活力处于较高水平。可借助先进设备和技术,对贮藏条件进行合理的控制,尽可能地控制种子的发热霉变和虫蛀,使种子的播种价值得到保证。种子贮藏期限的长短,因植物种类和贮藏条件不同而不同。其中种子含水量和贮藏的温度、湿度是主要影响因素。

（一）干藏

将自然风干的种子装入纸袋、布袋或纸箱中,置于干燥、密封、低温的环境中。干藏能大大延长种子的寿命,如飞燕草的种子,一般条件下寿命为 2 年,如充分干燥后,密封于 $-15\ ℃$ 的环境下,18 年后仍保持 54% 发芽率。适宜干藏的木本植物有木槿、侧柏、落羽松、松、雪松、山梅花、法桐、槐、蜡梅、紫藤、柳杉、柏木、花柏、桑、紫荆、云实、金松、紫薇等;适宜干藏的草本植物有福禄考、地肤、报春花、醉蝶花、花菱草、三色堇、万寿菊、美女樱、翠菊、旱金莲、香豌豆、虞美人、一串红、麦秆菊、金鱼草、矢车菊、半支莲、百日菊、桂竹香、蛇目菊、紫罗兰、矮牵牛、三色苋、鸡冠花、金盏菊。

（二）湿藏

有些种子一经干燥就会丧失生活力,如黄连、三七、肉桂、细辛等种子,可采用湿藏法。湿藏的主要作用是使具有生理休眠的种子,通过潮湿低温条件处理,破除休眠,提高发芽率,并使贮藏时需含水量高的种子的生命力延长。

一般多采用层积法。如山茱萸、银杏、贴梗海棠、玉兰、酸橙等的种子多用层积法。层积法必须保持一定的湿度和 $0 \sim 10\ ℃$ 的低温条件。如种子数量多,可在室外选择适当的地点挖坑,其位置在地下水位之上。坑的大小,根据种子多少而定。先在坑底铺一层 10 cm 厚的湿沙,随后堆放 40 ~ 50 cm 厚的混沙种子(沙: 种子 =3 : 1),种子上面再铺放一层 20 cm 厚的湿沙,为防止沙子干燥,最上面覆盖 10 cm 厚的土,坑中央要竖插一小捆高粱秆或其他通气物,使坑内种子透气,防止温度升高致种子霉变。如种量少,可在室内堆积,即将种子和 3 倍量的湿沙混拌后堆积室内(堆积厚度 50 cm 左右),上面可再盖一层 15 cm 厚的湿沙。也可将种子混沙后装在木箱中贮藏。贮藏期间应定期翻动检查。贮藏末期要注意气温突然升高或遇到反常的天气可能会引起的种子提前萌发,应及时将种子取出并放入冰箱或冷藏室,以免芽生长太长,影响播种。

（三）低温贮藏

将种子贮藏在 1 ~ 5 ℃低温条件下,否则须随采随播,如桦、榆、槭、白蜡树、枇杷、栎、栗等。

（四）水藏

将睡莲、王莲等水生花卉的种子直接贮藏于水中,唯此方法可保持其发芽力。

四、播种育苗

播种育苗一次可获得大量的实生苗,实生苗具有发育阶段早、寿命长、遗传保守性不稳定、变异大、根系强大、生长健壮、适应性强等特点。其产生的变异又是新品种选育的基础,有利于驯化和定向培育创造新品种。

（一）播种前的准备

1. 土壤准备

（1）整地

整地是播种前的必要准备。通过整地,可以调节土壤中的水分、肥料、空气以及热量。同时在整地的过程中将干扰苗木生长的杂草除去。除此之外,整地还有消灭病虫害的作用。通过整地,可以更好地改善苗木生长的环境,从而促进苗木后期的生长。具体说来,整地的具体步骤如下。

①清理圃地。耕作之前首先要对上一年留下的树枝、杂草等杂物进行清理,对上一年经过起苗后的坑要进行填平。

②浅耕灭茬。通过浅耕,将上一年留下的杂草茬口翻起进行毁灭。同时还可以达到疏松地表的作用。浅耕深度一般为 5 ~ 10 cm。

③耕翻土壤。耕翻土壤是整地中最主要的环节。

耕地的深度应考虑育苗要求和苗圃条件,一般而言,播种苗区在 20 ~ 25 cm,扦插苗区在 25 ~ 35 cm。耕地深浅度要适中,如果耕地太浅就不利于苗木根系的生长,也不利于扎根,如果耕地过深,则会破坏土壤结构,同时也不利于后期的起苗。耕地深度也和土壤条件有关:南方土壤黏重,北方土壤干旱,适当深耕,可改良土壤,增加蓄水;沙土地和土层薄的地方,适当浅耕可以防止风蚀,减少蒸发;土层薄的地方,逐年增加耕地深度 2 ~ 3 cm,可加厚土层。

耕地多在春、秋两季进行。北方一般在秋季浅耕灭茬后半月内进行。在秋季或早春风蚀严重的地方,可进行春耕。春耕常在土壤解冻后立即进行。南方冬季土壤不冻结,可在冬季或早春耕作。耕地的具体时间应视土壤含水量而定。土壤含水量达饱和含水量的 50% ~ 60% 时,耕地效果好又省力。实际工作中,可以通过经验来判断,用手抓一把土捏成团,在 1 m 高处自然落下,土团摔碎,即可耕作。

④耙地。使用耙子将地表一些杂物过滤出来,既可以平整土地又可以优化苗木繁殖的环境。耙地一般在耕地后立即进行,但有时为了改良土壤和增加冬季积雪,也可以早春耙地。

⑤镇压。镇压的作用是破碎土块,压实松土层,减少土壤中较大的缝隙和空间,减少水分蒸发,促进耕作层的毛细管作用。镇压可在耙地后,或做床、做垄后,或播种前、后进行。黏重的土地或含水量较大时,一般不能镇压,以防土壤板结,不利于出苗。

⑥中耕。中耕是在苗木生长季节进行的松土作业,一般结合除草进行。中耕的目的是除草、破碎土壤、疏松表层土壤、切断土壤毛细管、减少土壤水分蒸发、改善通气条件,为根系生长创造良好的土壤环境条件。

（2）做床

①苗床育苗。苗床也称畦,主要用于培育种粒小、需要精细管理的树种和珍贵的树种,如油松、落叶松、红松、云杉、侧柏、白皮松等针叶树种和杨、柳、桦树、绣线菊、紫薇、山梅花等阔叶树种。所用的苗床有高床和低床两种类型,如图 4-1 所示。

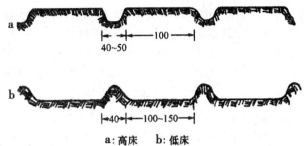

a：高床　　b：低床

图4-1　高床与低床剖面示意图

高床床面高出地面,一般比步道高出15～20 cm。由于苗床高出地面可具有提高土壤温度、增加肥土层的厚度、利于土壤通气、便于排水和侧方灌溉等特点。适用于我国南方多雨地区及北方地区培育要求土壤排水好、通气佳的树种,如白皮松、油松、玉兰、牡丹等。高床的一般规格为:床长10～20 m,床面宽1 m,床高15 cm左右,步道宽(两床间的距离)40～50 m。苗床的方向以东西方向为好。做床要细致,苗床两侧稍高于床面,床头、床帮要切齐压实(呈45°角的斜坡),以防塌帮,再用木(石)磙镇压1～2次。可采用马拉犁或手工做床。大中型园林苗圃可以采用机引筑床机做床。

低床床面低于地面。低床床面低于步道15～20 cm,床面宽100～150 cm,步道宽40 cm。低床有利于灌溉,保墒性能好。一般用在降雨较少、无积水的地区。

②大田育苗。分为垄作和平作。

垄作在平整好的圃地上按一定距离、一定规格堆土成垄,一般垄高20～30 cm,垄面宽30～40 cm,垄底宽60～80 cm,南北走向为宜。对那些种粒较大、容易出苗、不要求精细管理的树种,多采用这种方式育苗,如槭树、刺槐、榆树、皂角、核桃、板栗、国槐、合欢等大部分的阔叶园林树种。垄作育苗有高垄和低垄两种类型。

平作不做床不做垄,是整地后直接进行育苗的方式。平作适用于多行式带播,也有利于育苗操作机械化。

③设施容器育苗。为了提高细小粒种子或较珍贵种子的出苗率,生产中常采用在温室等保护设施内进行容器育苗。可用敞口的播种瓦盆、木箱、塑料周转箱、各种规格育苗穴盘,填装特别配制的育苗基质,在人为控制的环境条件下进行集约化育苗生产。现代种苗生产中,已经使用播种育苗生产线,实现育苗工厂化。

（3）土壤消毒

苗圃地的土壤消毒是一项重要的工作。土壤是传播病虫害的主要媒介,也是病虫繁殖的主要场所,许多病菌、虫卵、害虫都在土壤中生存或越冬,而且土壤中还常有杂草种子。土壤消毒的目的就是消灭土壤中残存的病原菌和地下害虫,为播种后植物的生长创造有利的生存环境。目前,国内外土壤消毒的方法主要是高温消毒和药物消毒。

我国传统的火焰消毒(燃烧消毒)就是在露地苗床上铺上干草,点燃,可消除表土中的病菌、害虫和虫卵,翻耕后还能增加一定量的钾肥。日本用特制的火焰土壤消毒机(汽油燃料),使土壤的温度达到80%～89%,既能杀死各种病原微生物和草籽,也可杀死害虫,而土壤有机质并不燃烧。

生产上常用药物处理。常用的有硫酸亚铁、硫化甲基肿、五氯硝基苯混合剂、甲基托布津、消石灰、福尔马林等。

2. 种子准备

种子准备的目的是科学估算播种量,促进种子发芽迅速、整齐。不同园林植物种子有不同的处理方法。

(1)播种量

播种量是指单位面积土地播种种子的重量。对于大粒种子可用粒数表示。播种量直接影响苗株的数量和质量。播种量过大,既浪费种子,又导致出苗过密,间苗费工;播种量过小,苗株数量少,达不到高产的要求。因此应科学地计算播种量。

有一个专门计算播种量的公式,具体如下:

$$播种量(g/单位面积) = \frac{单位面积植株数种子发芽率}{每克种子数 \times 种子净度}$$

播种量的确定要遵循一定的准则,那就是要力求能够用最少的种子,种出最大量的苗木。就目前来看,国内外均采用一定的设施来专门培育苗木,这就避免了许多外界不利于苗木培育的因素。有些甚至已经实现了工厂化生产,这就节省了很大一部分种子,种苗的成活率也大大增加。

(2)催芽

催芽处理就是使处于休眠状态的种子,在适宜的水分、温度和通气等条件作用下,解除休眠提早萌发。实践证明,经过催芽处理的种子,能够提早萌发,出苗整齐,发芽率高,显著提高了苗木的产量和质量。因此,种子催芽是直接关系到播种育苗成败的关键,是苗木速生丰产的前提。

①水浸催芽。可分为温水浸种和热水浸种。除了一些过于细小的种子外,大多数树木的种子通过温水浸种和热水浸种后吸水膨胀,促使其提早发芽,但浸种的水温和时间要根据树种不同而有所区别。温水浸种较

冷水浸种效果好,一般采用40～45℃温水,浸种一昼夜后,装入筐篓或木箱中放在室内暖和地方或火炕上。盖上湿麻袋或草帘,保持种温在20℃,湿度60%左右。这种温暖湿润条件下3～5d种子即开始萌动发芽,大部分种子裂嘴时即可播种。表4-1列出了部分园林植物种子浸种水温及时间。

表4-1 部分园林植物种子浸种水温及时间

树种	浸种水温/℃	浸种时间/h
杨、柳、榆、梓、锦带花	5～20	12
悬铃木、桑树、臭椿、泡桐	30	24
赤松、油松、黑松、侧柏、杉木、仙客来、文竹	40～50	24～48
枫杨、苦楝、君迁子、元宝枫、国槐、君子兰	60	24～72
刺槐、紫荆、合欢、皂荚、相思树、紫藤	70～90	24～48

②低温层积催芽。种子层积催芽一般需在0～5℃下经历1～3个月或更长的时间。层积期间要定期检查种子坑的温度,防止温度升高较快引起种子霉烂,一旦发现种子霉烂,应立即取种换坑。在播种前1～2周,检查种子催芽情况,如果发现种子未萌动或萌动得不好时,要将种子移到温暖的地方,上面加盖塑料膜,使种子尽快发芽,当有30%的种子裂嘴时,即可播种。下面给出了几种常用园林树种的种子层积催芽天数,如表4-2所示。

表4-2 常用园林树种种子层积催芽天数

树种	催芽天数/d
银杏、栾树、毛白杨	100～120
白蜡、复叶槭、君迁子	20～90
杜梨、女贞、榉树	50～60
杜仲、元宝枫	40
黑松、落叶松	30～40
山楂、山樱桃	200～240
桧柏	180～200
椴树、水曲柳、红松	150～180
山荆子、海棠、花椒	60～90
山桃、山杏	80

③化学药物和机械损伤处理。

一些种皮致密坚硬或具蜡质的种子,可用化学药品处理,用以腐蚀种皮。常用强酸有硫酸、盐酸等,强碱有氢氧化钠,强氧化剂有双氧水,处理时的浓度和时间应依种皮特点而定,但要严格把握好浓度和处理时间,最好通过实验选择适宜的参数进行处理。此外,经化学处理的种子应及时用清水冲洗,以免产生药害。这种方法在生产上应用较少。

有些种子外表有蜡质、种皮致密、坚硬,为了消除这些妨碍种子发芽的不利因素,必须采用化学或机械的方法,以促使种子吸水萌动。

（二）播种

1.播种方法

播种方法一般可以分为条播、点播和撒播。大田播种宜选择点播、条播。苗床育苗宜选择条播、撒播。

（1）条播

条播即按一定行距开沟,将种子均匀播于沟内,适用于中、小粒种子。行距与播幅视情况而定,一般行距 10 ~ 25 cm,播幅宽 10 ~ 15 cm。播种行应南北向,使苗木受光均匀。条播用种量较少,便于中耕除草施肥,通风透光,苗株生长健壮,能提高产量。在生产上尤其是木本苗木的生产,广泛使用条播法。如牛膝、红花、板蓝根等。

（2）点播

点播也称穴播,在苗床上按一定行距开沟后再将种子按一定株距摆于沟内,或按一定株行距挖穴播种。每穴播种子 2 ~ 3 粒,适用于大粒种子和较稀少的木本植物,如银杏、核桃、板栗、栎类等。发芽后保留一株生长健壮的幼苗,其余的除去或移作补苗用。点播费工费时,但出苗健壮,管理方便。

（3）撒播

撒播即把种子均匀撒在畦面上,疏密适度,过稀过密,都不利于增产,此法适用于小粒种子。如大部分草花种子或一些种子细小、数量多的木本植物,如悬铃木、泡桐、杨、柳等。种子过于细小时,可将种子与适量细沙混合后播种。撒播播量大,出苗多,省工省地,但用种量大,管理较为困难。

2.播种程序

一般包括播种、覆土、覆盖、镇压、灌溉等工作。

①播种。根据种子大小,选择适宜的播种方法播种。

②覆土。播种后应及时覆土,覆土厚度常影响种子萌发。具体的厚

度应结合种子的发芽特性、气候、土壤条件、播种期和管理技术的差异来定。一般覆土厚度是种子直径的 2 ~ 4 倍。

③镇压。在较为干旱的地区特别重要,覆土后应及时镇压。镇压可使种子与土壤紧密相接,使种子充分利用土壤中的水分,利于种子发芽。土壤较为黏重或较湿润时,不宜镇压,否则易使土壤板结,影响种子发芽。

（三）播后管理

播种后,在幼苗出土前及苗木生长过程中,要进行一系列的抚育管理。采用不同的播种方式,其抚育管理措施也有很多差别。概括起来,其主要技术措施包括遮阳、间苗与补苗、截根、松土除草、灌溉与排水、施肥、病虫害防治、苗木防寒、幼苗移栽等。

第三节　营养繁殖苗的培育

高等植物的一部分器官(如根、茎、叶等)脱离母体后能重新再生分化发育成为一个完整的植株。利用植物的部分营养器官进行繁殖而形成新个体的方式,称为营养繁殖。由于这种繁殖不通过植物的雌、雄配子结合,故又称为无性繁殖,所取得的苗木称为营养苗。

营养繁殖经济简便,技术要求不高,在繁殖中被广泛采用。最常用的有分生、扦插、压条、嫁接等方法。

一、分生育苗

分生繁殖就是把某些植物的根部或茎部产生的可供繁殖的根蘖、茎蘖等,从母株上分割下来,而得到新的独立植株的繁殖方法。分生繁殖方法简便,容易成活,而且成苗很快。其缺点是繁殖率较低,苗木规格不整齐。

（一）分株繁育

灌木及宿根类植物分株主要在春、秋季进行,一般春季开花植物宜在秋季落叶后,如牡丹、芍药等。秋、冬花植物应在春季萌芽之前,如蜡梅。

1.灌丛分株

另行栽植。此法适合于易形成灌木丛的植株,如牡丹、黄刺玫、玫瑰、蜡梅、连翘、火炬树、香花槐等。

2. 根蘖分株

有些园林树种的根上易形成不定芽，从而形成根蘖，如火炬松、臭椿、紫玉兰、石榴、刺槐等。对这些根蘖，可在植物休眠期时将其刨出并切离母体，单独栽植，使之成为一个独立的植株（图4-2）。分离根蘖时，应注意尽量不要损伤母株。

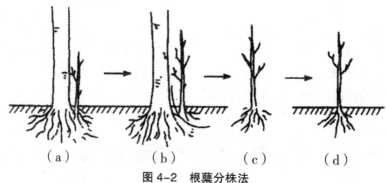

图4-2　根蘖分株法

（a）长出的根蘖；（b）切割；（c）分离；（d）栽植

3. 茎蘖分株

有些园林树种的茎基部芽易萌发形成茎蘖枝，呈丛生状，可进行茎蘖分株，如连翘、迎春、黄刺玫、玫瑰、珍珠梅等。其方法是：在休眠期，将母株根茎部的土挖开，露出根系，用利器将茎蘖株带根挖出另行栽植；或连同母株全部挖出，用利器将茎蘖从根部分离进行单独栽植（图4-3）。

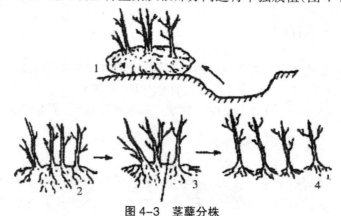

图4-3　茎蘖分株

1、2—挖掘；3—切割；4—栽植

（二）吸芽、珠芽繁殖

吸芽繁殖：某些植物根基或地上茎叶腋间自然发生的短缩、肥厚的短枝，下部可自然生根。可分离另行栽植，如芦荟、景天、凤梨等。

珠芽繁殖：生于叶腋间一种特殊形式的芽，如卷丹。脱离母体后栽植可生根，形成新的植株。

（三）球茎繁育

1. 鳞茎类

鳞茎是变态的低下茎。有短缩或呈扁盘状鳞茎盘。其上着生肥厚多肉的鳞片而呈球状。鳞茎因其外层膜状皮的有无分为有皮鳞茎（如郁金香、水仙、风信子、朱顶红、球根鸢尾、石蒜等）和无皮鳞茎（如百合、贝母等），其鳞茎鳞片间的侧芽可发育成小鳞茎，可剥离栽培形成开花球。百合鳞茎的鳞片剥离后经扦插可生根产生小鳞茎，小鳞茎经 2～3 年即可开花。

2. 球茎类

母球栽植后，能形成多个新球，将新球分栽培养 1～2 年后，便可长成大球。有些植物如唐菖蒲，采用短日照处理可增加小球数。

3. 块根类

块根通常成簇着生于根茎部，不定芽生于块根与茎的交接处，而块根上没有芽，在分生时应从根茎处进行切割。此方法适用于大丽花、花毛茛等。

4. 根茎类

用利器将粗壮的根茎分割成数块，每块带有 2～3 个芽，另行栽植培育，每块可形成一个独立的植株。此方法适用于美人蕉、鸢尾等。

5. 块茎类

块茎是由地下的根茎顶端膨大发育而成的，一株可产生多个块茎，每个都具有顶芽和侧芽。一般在植株生长的后期，将母株挖起，分离母株上的新球，并按新球的大小分级。大球和中球种植后当年可开花，小的子球需经过两年培育后才能开花。这种方法适用于马蹄莲、彩色马蹄莲、花叶芋等。但也有些花卉如仙客来，不能自然分生块茎，需要人工分割，多用播种繁殖。

二、扦插育苗

扦插繁殖是利用植物营养器官的再生能力,切取其根、茎、叶等营养器官的一部分,在一定的环境条件下插入土壤、沙或其他基质中,使其生根、发芽成为一个独立的新植株的方法。

这种育苗方法生产的苗木具有能够保持母本优良性状、提前开花结果、技术简单易行的特点,而且繁殖材料充足、成苗迅速、短时间可育成数量多的较大幼苗。因此,这种繁殖方法被广泛应用在园林植物生产中,尤其是那些不结实、种子稀少、种子不易采集或用种子育苗困难的珍贵园林植物种类,扦插育苗是主要繁殖手段之一。

(一)扦插繁殖的原理

1.皮部生根类型

这是一种易生根的类型。属于这种生根类型的植物在正常情况下,随着枝条的生长,形成层进行细胞分裂,形成许多位于髓射线与形成层交叉点上的特殊薄壁细胞群,"使与细胞分裂相连的髓射线逐渐增粗,向内穿过木质部中髓射线通向髓部,从髓细胞中取得养分。"[1]薄壁细胞因为吸收了水分和养分,因而会慢慢生长。这时就会形成一个薄壁细胞群,即根原始体。"当枝条的根原始体形成后,剪制插穗,在适宜的环境条件下,经过很短的时间,就能从皮孔中萌发出不定根。"[2]我们日常中所见到的杨树、柳树、夹竹桃等的扦插生根都属于这一种。

通常用硬枝插穗容易生根的树种有杨树、柳树等。根原基即为在正常生长情况下,枝条的形成层在生长期形成很多特殊的薄壁细胞群。它在适宜的温度和湿度条件下,经过一段时间后,就能从皮孔中长出不定根。这种皮部生根较为迅速、大多扦插成活容易、生根较快的树种,是皮部生根类型,例如水杉、夹竹桃、地锦、杨柳、榕树和木槿等。

2.愈伤组织生根类型

任何植物体局部受伤后,都有恢复生机、保护伤口、形成愈伤组织的能力。愈伤组织是指在湿润、温暖和通气良好的条件下,插穗的下切口处

---

① 魏岩.园林植物栽培与养护[M].北京:中国科学出版社,2003.
② 魏岩.园林植物栽培与养护[M].北京:中国科学出版社,2003.

·128·

因受愈伤激素的刺激,引起靠近切口的薄壁细胞迅速分裂,从而在伤口处形成一种半透明、不规则,且具有明显细胞核的薄壁细胞群的瘤状突起物。愈伤组织形成后,它的细胞继续分化,能形成根的生长点。在适宜的温度、湿度和通气条件下,从生长点和形成层分化产生大量的不定根。凡是扦插成活较难、生根较慢的树种,均为愈伤组织生根类型,如火棘、桂花、柏类和雪松等。

(二)影响扦插生根的因素

1. 内在因素

植物的扦插生根成活能力取决于植物的种类和品种,以及插条所取的部位。

从茎的解剖结构看,髓射线密而细、韧皮部厚的植物不易形成根原基,不能形成不定根。有些树种含有抑制物质,插穗在受伤的情况下产生的植物生长激素被插穗产生抑制物质所抵消,导致插穗难以生根。

枝条年龄较小,皮层幼嫩,其分生组织生活力旺盛,再生能力也强,易生根成活。

插条中营养物质淀粉和可溶性糖类含量高时发根力强。可见,扦插材料营养状况良好对生根是有利的,扦插尽量在生长旺盛时期进行。

2. 环境条件

无论是插穗愈合时期,或者是在插穗发芽期间,干燥的空气对其愈合发芽总是不利的。在扦插繁殖的插条生根期间,大气中应保持较大湿度,避免插条水分过多散失而枯萎。

插床土壤的水分含量一般不能低于田间持水量的50%～60%,尤其在温度较高、光照较强的情况下,若水分不足,则影响插条的成活。

另外,各种植物插条生根对温度与空气有一定的要求。一般插条生根最适土温为15～20 ℃。土壤通气良好则有利于插条生根,故苗床以选择土质疏松、通气和保水状况良好的沙质壤土为宜。

保证光照充足能够提高插床温度以及空气相对湿度,这个因素对于带叶嫩枝扦插或常绿植物扦插生根是十分重要的。因为通过光照会产生光合作用,而在光合作用时,会产生一些对插穗生根具有促进作用的营养元素,这样就能大大缩减生根时间,对插穗生根是十分有利的,可以大大提高插穗的成活率。当然,任何事情都要有个度,如果光照太强,则会灼烧苗木。

（三）促进插条生根的方法

为了提高扦插成活率，促进生根，可采用下列技术与方法进行处理。

1. 机械处理

对于某些扦插不易成活的植物，可预先在较长时期内选定枝条，采用环割（图4-4）、刻伤、缢伤等措施，使糖类、生长素等积累于伤口附近，然后剪取枝条扦插，可促进生根，提高成活率。

图4-4　环割

2. 黄化处理

对不易生根的园林植物，将准备作插穗的枝条，在其生长初期用黑纸、黑布或黑色塑料薄膜等裹罩，遮住光线。这样能使叶绿素消失，组织黄化，延缓衰老，皮层增厚，薄壁细胞增多，生长素积累，减少被认为有抑制生根作用的物质的产生，有利于根原体的分化和生根。

3. 温水处理

插条切口的愈伤组织常常会因为树脂的存在也受到影响从而进一步抑制到根的生成，而在药用植物的一些枝条中也会存在一定的树脂，鉴于此，为了消除树脂对生根的影响，可将插条浸入30 ~ 35 ℃的温水中2 h将其溶解即可。

4. 生长调节剂处理

生长调节剂处理可促进插条内部新陈代谢，提高水分吸收，加速贮藏物质分解转化；同时促进形成层细胞分裂，加速插条愈伤组织形成。在具体生产过程中，ABT生根粉、吲哚丁酸等均为常用的生长调节剂。处理方法有液剂浸渍、粉剂蘸黏。有一点需要注意的是,在具体操作过程中,不是说生长调节剂使用得越多越好,因为浓度过高的话,其就会从刺激作用转变为抑制作用,严重的话,就会导致细胞中毒死亡。

（四）扦插时间

扦插时间对插条生根有重要影响。露地扦插因植物的种类、特性和气候而异,一般4月下旬至10月上旬均可进行。草本植物适应性较强,对扦插时间要求不严,除严寒酷暑外,均可进行。木本植物一般以休眠期为宜;常绿植物则宜在温度较高、湿度较大的雨季扦插;若有保温设施,一年四季均可扦插育苗。

（五）扦插方法

1. 叶插

叶插是指用花卉叶片或者叶柄作插穗的扦插方法,如图4-5所示。叶插可分为全叶插、片叶插、叶柄插3种。如蟆叶秋海棠、大岩桐等可用全叶插或片叶插。虎尾兰等可用片叶插。西瓜皮椒草等可用叶柄插。

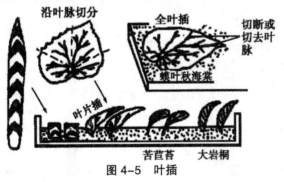

图4-5　叶插

2. 茎插（枝插）

茎插是指用花卉枝条作插穗的方法。茎插可分为芽叶插、硬枝插、嫩枝插三种。

芽叶插（图4-6）是采用一芽附一片叶,芽下部带有小量盾形茎的叶段作插穗。如橡皮树、桂花、天竺葵等可采用此法。

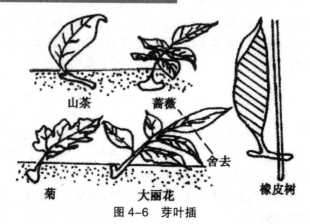

图4-6 芽叶插

硬枝插又称休眠期扦插。多选用木质化的一二年生枝条作插穗。具体进行的时间视植物种类及各地区气候条件而定。一般北方冬季寒冷干旱地区,宜秋季采穗贮藏后春插,而南方温暖湿润地区宜秋插,可省去插穗贮藏工作。抗寒性强的可早插,反之宜迟插。插穗一般剪成10～20 cm长的小段,每根插条应保留2～3个芽,直插或斜插。北方干旱地区可稍长,南方湿润地区可稍短。插穗切口要平滑,上切口离顶芽0.5～1 cm处平剪,以保护顶芽不致失水干枯;下切口一般靠节部平剪或斜剪。下部切口为平口者,生根多,分布均匀但生根慢;为马蹄形斜切口者,根多集生于斜口的一端,易形成偏根(图4-7),但能扩大插条切口和土壤的接触面,有利于水分和养分的吸收,能提高成活率,多用于生根较慢的树种。

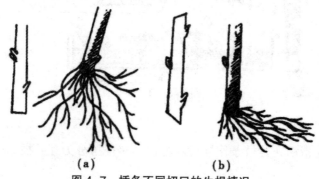

图4-7 插条不同切口的生根情况

(a)平口生根均匀;(b)马蹄形生根偏于一侧

嫩枝插条(图4-8)为尚未木质化或半木质化的枝条或新梢,最理想的为开始木质化的嫩枝,因为其内含的营养物质丰富,生命活动力强,容易愈合生根,过嫩或已完全木质化的枝条则不宜采用。草本植物一般用当年生嫩枝或芽扦插,如菊花、藿香等。一般在 5 ~ 7 月扦插,每一插条有 3 ~ 4 个芽,其长度为 10 ~ 20 cm,上部保留叶片 1 ~ 2 枚,大叶片可剪去部分,以减少蒸腾。嫩枝扦插多在高温季节,所以插后尤其要注意遮阴和保持土壤与空气湿润。

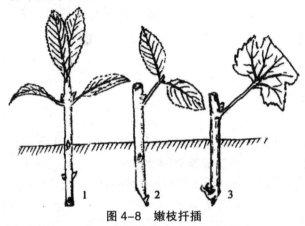

图 4-8　嫩枝扦插

1—大叶黄杨；2—月季；3—葡萄

3. 根插

一些植物枝插不易生根,而用根插却较易形成不定芽而形成植株,如牡丹、合欢、海州常山、香椿、丁香、海棠、紫藤、玫瑰、山楂和栾树等。宜从幼龄树上采根,0.5 ~ 1.5 cm 粗的根,剪成 6 ~ 10 cm 长的根段。北方宜春插,南方可随剪随插。插后应立即灌水,并保持基质湿润(图 4-9)。

图 4-9　根插

三、压条育苗

将母株的部分枝条或茎蔓压埋在土中或其他湿润的基质中,促使被埋部分生根,然后从母株分离形成独立植株的繁殖方法。由于压条生根的过程中枝条不切离母体,仍由母体正常供应水分、营养,因此凡扦插、嫁接不易成活的园林树种常用此法。花卉中,一般露地草花很少采用,仅有一些温室花木类有时采用高压法繁殖。如叶子花、扶桑、变叶木、龙血树、朱蕉、露兜树、白兰花、山茶花等。压条繁殖的特点是成活率高,能保持母株的优良性状,但繁殖系数低。

（一）压条的方法

1. 普通压条法

这是压条繁殖中最为常见的一种压条方法。常用于枝条长且易弯曲的树种,如迎春、木兰、大叶黄杨等园林植物。

具体操作:选用靠近地面而向外伸展的枝条,先进行扭伤、刻伤或环剥处理后,弯入土中,使枝条端部露出地面。为防止枝条弹出,可在枝条下弯部分插入小木叉固定,再盖土压实,生根后切割分离。如石榴、素馨、玫瑰、半支莲、金莲花、蜡梅、夹竹桃等可用此法(图 4-10)。

2. 水平压条法

水平压条法适用于枝条较长或具藤蔓性的园林植物,如紫藤、连翘、葡萄等。压条时选择生长健壮的 1 ～ 2 年生枝条,开沟将整个长枝条埋入沟内并固定(图 4-11)。被埋枝条的每个芽节处生根发芽后,将两株之间的地下相连部分切断,使之各自形成独立的新植株。压条一般宜在早春进行。

图 4-10　普通压条法示意图

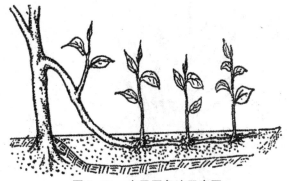

图 4-11　水平压条法示意图

3. 波状压条法

波状压条法(图 4-12)适用于枝条长而柔软或蔓性的树种,如葡萄、紫藤、铁线莲、薜荔等植物。春季萌芽前将枝条波状压入土壤,波谷处埋入土壤,波峰处露在地表,形成压于土堆中的枝条部分生根,露在外面的部分萌芽抽生新枝,成活后方能与母体切离形成新的植株,切离形成新株时要求有新梢与根系组成一个个体。

图 4-12　波状压条法示意图

4. 堆土压条

堆土压条法(图 4-13)适合于丛生性枝条硬直的园林植物。常用于牡丹、木槿、紫荆、锦带花、侧柏、贴梗海棠、黄刺玫等。具体如下:选择生长健壮、无病虫害、地面分枝多的植株作为繁殖母株;清理植株周围的杂草等杂物,剪除株丛内的干枯枝、衰弱枝,选择生长健壮的枝条,在其基部近地面处环割一刀,大约处理全部枝条的 2/3;用疏松肥沃的沙壤土堆满植株基部,高度没过枝条处理部位 20 cm,外观呈扁圆形,稍压实(也可自行配制培养土,参考比例为园土∶腐殖土∶有机肥 =5∶3∶1);在植株周围围成土埂,并浇透水。

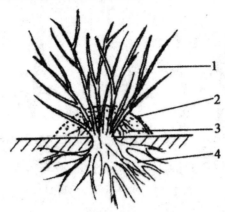

图4-13　堆土压条法示意图

1—植株；2—培土；3—新生根；4—原有根

5. 高空压条

对木质坚硬、枝条不易弯曲或树冠过高无法进行低压的树种,应采用高空压条法。先在准备生根处割伤枝条表皮,深达木质部,用湿润的苔藓或肥沃的泥土均匀敷于枝条上,外面用草、塑料薄膜或对开的竹筒包扎好,注意保持湿润,待其生根后与母体分离,再继续培育,如图4-14所示。

图4-14　高空压条法示意图

(二)压条后的管理

压条以后必须保持土壤湿润,随时检查埋入土中的枝条是否露出地面,如已露出地面必须重压。如果情况良好,对被压部位尽量不要触动,以免影响生根。分离压条时间以根的生长情况为准,必须有良好的根群才可分割,一般春季压条须经 3 ~ 4 个月的生根时间,待秋凉后切割。初分离的新植株应特别注意养护,结合整形适量剪除部分枝叶,及时栽植或上盆。栽后注意及时浇水、遮阴等工作。

四、嫁接育苗

嫁接育苗首先要选择优良的母本,然后将母本的枝条或芽嫁接到遗传特性完全不同的另一植株(砧木)上,使其嫁接后能够愈合生长为一株新的苗木。

(一)嫁接成活原理

植物嫁接能否成活,主要取决于砧木和接穗间形成层能否密切结合,形成愈伤组织,并分化产生新的输导组织。

嫁接后首先是形成层的薄壁细胞进行分裂,形成愈伤组织,再进一步分化出输导组织,并与砧木、接穗的输导组织相通,保证水分、养分的上下沟通,这样两种植物合为一体,形成一个新的植株。

(二)影响嫁接成活的主要因素

1. 砧木与接穗的亲和力

砧木与接穗的亲和力是否良好,两者是否契合,这是影响嫁接能否成活关键的内在因素。现在来简单解释一下两者的亲和力。这个亲和力指的就是砧木和接穗经嫁接后能否迅速愈合再生的能力。当然,亲和力的生成也不是随随便便的,而是需要一定的条件,而这个条件就是要求砧木和接穗在内部的组织结构、生理和遗传性方面彼此相同或相近,只有这样,才能确保嫁接能够成功。当然,砧木和接穗的亲和力越强,嫁接就越容易成功。

嫁接亲和力的大小主要决定于砧木和接穗的亲缘关系。一般亲缘关系越近,亲和力越强。

同品种或同种间的嫁接亲和力最强,这种嫁接组合称为"共砧"。

同属异种间的嫁接亲和力,因树木种类不同而异,很多树种其亲和力比较强。

同科异属嫁接亲和力一般是比较小的,但也有嫁接成活的组合。如枫杨上接核桃,枸橘接蜜橘,女贞上接桂花等,也常应用于生产。

不同科树种间嫁接,亲和力更弱,很难获得嫁接成功,在生产上不能应用。不同科间亲缘关系远,接穗与砧木两者差异较大,嫁接后难以成活。

2. 形成层细胞的再生能力

苗木本身形成层的细胞再生能力对于嫁接能否成功也是一个非常重要的因素。即使是有亲和力的植物,这个因素也是相当重要的。形成层(图4-15)位于木质部和韧皮部之间,它的形状是一层薄壁,其实质上是一层具有很强的细胞再生能力的细胞层。在一般正常的情况下,形成层进行一些细胞分裂的活动,具体在分裂之后,会向内形成木质部,向外形成韧皮部和皮层,这样,植物就会慢慢长粗。这是在正常情况下。如果遇到一些非正常情况,比如植物受伤,形成层就会自然形成愈合组织,能够将伤口包围起来,起到保护的作用。

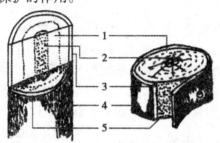

图 4-15　枝的横纵断面

1—根部;2—髓;3—钢皮部;4—表皮;5—形成层

在进行嫁接活动时,砧木和接穗接口周围就是形成层,这个部位的细胞会由于激素的刺激而分裂生长。这样,就会使两种不同的植物长到一起,最终长成所期望的植株。

3. 外界环境条件

在砧、穗的愈合过程中,愈合组织形成的条件也是非常重要的。影响愈合组织形成的条件主要有温度、湿度、光线、空气以及砧木、接穗本身的生活能力等。

一般树种在 25 ℃左右为愈合组织生长的最适温度,但不同的树种又有不同,这与该树种萌芽、生长所需的最适温度呈正相关。

湿度对愈合组织生长的影响有两方面:一是愈伤组织生长本身需要一定的湿度环境;二是接穗要在一定湿度条件下,才能保持生活力。

植物的生存离不开氧气。当然,在嫁接时也要确保有新鲜的空气。充足的氧气有利于砧、穗接口处的薄壁细胞增殖、形成愈伤组织。在林木嫁接的过程中,愈伤组织会生长,这时候就会产生很强的代谢作用,而代谢作用如果增强,这时植物就需要大量的氧气。如果空气供应不足,那么就不利于愈合。

光照对愈伤组织的生长有较明显的抑制作用。在黑暗条件下,接口上长出的愈伤组织多,呈乳白色,很嫩,砧、穗容易愈合,愈伤组织生长良好。而在光照条件下,愈伤组织少而硬,呈浅绿色或褐色,砧、穗不易愈合,这说明光照对愈伤组织是有抑制作用的。在生产实践中,嫁接后创造黑暗条件,采用培土或用不透光的材料包捆,以利于愈伤组织的生长,促进成活。

4.嫁接技术水平

不是掌握一些嫁接的步骤就可以嫁接成功,衡量嫁接成功的主要因素就是嫁接能否成活。具体嫁接操作需要一定的技术,技术水平越高,手法越娴熟,经验越老到,掌握的技术越多,嫁接就越能成功。

在嫁接过程中,要牢记五字要领,这五个字分别是齐、平、紧、快、净。

齐就是在嫁接过程中,首先要保证砧木与接穗的形成层保持对齐的状态,这样更容易促使愈伤组织的形成。

平是指在嫁接时一定要确保砧木与接穗的切面平整光滑,不要坑坑洼洼、凹凸不平,不然会影响到整个愈合过程,从而影响嫁接的成活。

紧是指在嫁接中,要注意保持砧木与接穗切面的紧密结合。

如果操作过慢,就会导致砧穗切面失水。植物水分的流失不易于嫁接成活,因而在具体操作中,一定要确保快速。

净是指砧穗切面保持清洁,不要被泥土污染。

(三)嫁接方法

1.枝接法

凡是以枝条为接穗的嫁接方法统称为枝接法。下面介绍生产上广泛应用的几种。

(1)劈接

劈接又称割接,适用于大部分落叶树种。要求选用的砧木粗度为接穗粗度的 2 ~ 5 倍。砧木自地面 5 cm 左右处截断后,在其横切口上的中央垂直下刀,劈开砧木,切口长 2 ~ 3 cm;接穗下端则两侧斜削,呈一楔形,切口 2 ~ 3 cm,将接穗插入砧木中,靠一侧使形成层对准,砧木粗可同时插 2 个或 4 个接穗,用缚扎物捆紧,由于切口较大,要注意埋土,防止水分蒸发影响成活(图 4-16)。

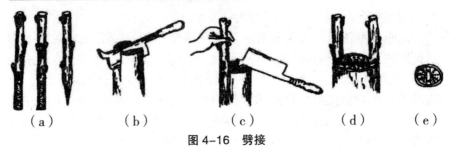

（a） （b） （c） （d） （e）

图 4-16 劈接

（a）接穗切削正、背、侧面；（b）砧木劈开；（c）接穗插入侧面；
（d）双穗插入正面；（e）形成层结合断面

（2）切接

切接法一般用于直径为 2 cm 左右的小砧木，是枝接中最常用的一种方法（图 4-17）。砧木要选择大概 2 cm 粗的幼苗，比 2 cm 稍微粗一些也可以使用。选择距地面 5 ~ 10 cm 的位置处断砧，然后注意削平断面，然后用切接刀垂直向下切，这个切的深度要保持 2 ~ 3 cm。削接穗时，接穗上要保留 2 ~ 3 个完整饱满的芽，将接穗从下芽背面起，用切接刀向内切一个深达木质部但不超过髓心的长切面，长 2 ~ 3 cm。再于该切面的背面末端削一个长 0.8 ~ 1 cm 的小斜面。削面必须平滑，最好是一刀削成。将接穗切面插入砧木切口中，使长切面向内，并使砧穗的形成层对齐、靠紧（至少对准一边）。其绑扎等工序与劈接相同。

（3）插皮接

插皮接是枝接中最易掌握、成活率最高的方法。要求砧木粗度在 1.5 cm 以上，砧木在距地面 5 cm 左右处截断，削平断面；接穗削成长 3 ~ 5 cm 的斜面，厚 0.3 ~ 0.5 cm，背面削一小斜面，将大的斜面向木质部，插入砧木的皮层中。若皮层过紧，可在接穗插入前先纵切一刀，将接穗插入中央，注意不要把接穗的切口全部插入，应留 0.5 cm 的伤口露在外面，俗称"留白"。这样可使留白处的愈合组织和砧木横断面的愈合组织相接，不仅有利于成活，且能避免切口处出现疙瘩而影响寿命（图 4-18）。

（4）腹接

腹接特别适用于五针松、锦松、柏树等常绿针叶树种。一般砧木不断砧，在砧木适当部位向下斜切一刀，达木质部 1/3 左右，切口长为 2 ~ 3 cm，将接穗削成斜楔形，类似切接穗，但小斜面应稍长一些，然后将接穗插入砧木绑缚、套袋，如图 4-19 所示。

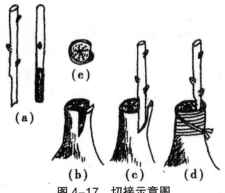

图 4-17 切接示意图

（a）接穗切削正、侧面；（b）砧木削法；（c）砧穗结合；（d）捆扎；（e）形成层结合断面

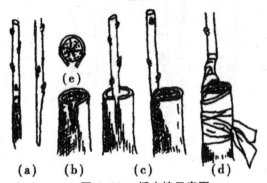

图 4-18 插皮接示意图

（a）接穗切削正、侧面；（b）砧木切削纵、横断面；

（c）接穗插入砧木正、侧面；（d）捆扎；（e）形成层结合断面

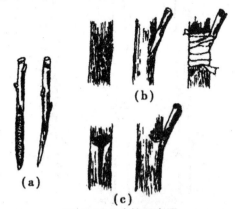

图 4-19 腹接示意图

（a）接穗切削正、侧面；（b）普通腹接；（c）皮下腹接

（5）靠接

靠接常用于嫁接不易成活的常绿木本盆栽植物种类，如用木兰作砧木靠接白兰、用黑松靠接五针松、用女贞靠接桂花等。靠接宜选择在生长旺盛季节进行，但应避免在雨季和伏天进行。靠接时，将作接穗和砧木的植株移栽（或盆栽）到便于靠接的适当位置，选母株上与砧木主枝中下部粗细相近的枝条，在接穗适当部位斜削一个 3～5 cm 的切口，深达木质部，再在砧木中下部削出与接穗形状大小相同的削口，然后使两者削口靠贴，形成层对准并密切结合，再用塑料薄膜条扎紧。如果两者的削口宽度不等，也可使一边的形成层对准密接。等到愈合后，剪断接口下的接穗和接口上的砧木，如图 4-20 所示。

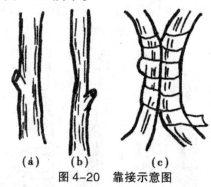

图 4-20　靠接示意图

（a）砧木切削；（b）接穗切削；（c）砧穗结合捆扎

（6）舌接

多用于枝条较软而细的树种，此法比较费工，通常不用（图 4-21）。

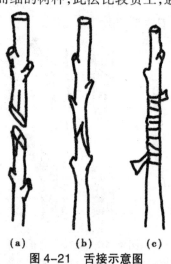

图 4-21　舌接示意图

（a）砧穗切削；（b）砧穗结合；（c）结合捆扎

2.芽接法

凡是用芽为接穗的嫁接法称为芽接法。芽接法比枝接法技术简单，省接穗，适于大规模生产应用。根据取芽的形状和结合方式不同，芽接可分许多种，如"T"字形芽接、方块状芽接、嵌芽接等。

（1）"T"字形芽接

"T"字形芽接（图4-22）是目前应用最广的一种芽接方法。它适用于砧木和接穗均离皮的情况。

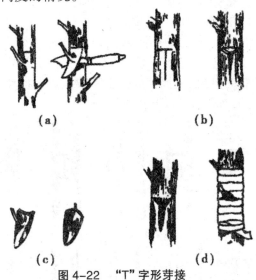

图4-22　"T"字形芽接

（a）接穗切削；（b）芽片形状；（c）砧木切削；（d）芽片插入包扎

①取接芽。这个步骤要选择合适的枝条进行。然后去掉叶片，留下叶柄，选择健壮饱满的芽。在芽上方大约0.5～1.0 cm的位置上先横切一刀，深达木质部，然后再从芽的下方大约在1.5 cm左右的位置上，斜切入木质部，这个切入要从下往上进行。然后会发现这个切入深入进行会与横切的刀口相连，而带有芽的部分会脱落，这个部分就是芽片。用手将这个盾形芽片慢慢取下。需要注意的是，如果接芽内带有少量木质部，应用嫁接刀的刀尖将其仔细地取出。

②切砧木。在砧木距离地面7～15 cm处或满足生产要求的一定高度处，选择光滑部位，用芽接刀先横切一刀，深达木质部，再从横切刀口往下垂直纵切一刀，长1～1.5 cm，形成一个"T"字形切口。

③插接穗。将削好的芽片迅速插入"T"字形口内，芽片上端与"T"字形横切口对齐，贴紧。再用塑料薄膜带绑缚，最好将叶柄留在外面，两周后进行检查，当叶柄一触即落或接芽新鲜则判断为成活；反之则枯死。

接活后及时解除绑缚,以免影响砧木生长。

（2）方块状芽接

方块状芽接又称贴皮芽接或窗形芽接。即从接穗上切取正方形或长方形的芽片接在砧木上。这种方法比"T"字形芽接操作复杂,一般树种多不采用。但此方法芽片与砧木的接触面大,有利于成活。对于较粗的砧木或皮层较厚和叶柄特别肥大的树种,如核桃、油桐、楸树等,均适于采用此法。

选好接穗的中、下部饱满芽,从接芽的上下各 1.5 cm 处横切一刀,切口长为 2 ~ 3 cm,再从横切口的两端各纵切一刀,使芽片呈方形。

砧木皮层的切口有两种不同形式,即单开门(皮层切口呈"["形)和双开门(皮层切口呈"I"形)。撬开砧木皮层,将切芽插入,将砧木皮层与芽片对齐后,将多余的砧皮撕掉或留下一块砧皮包接芽。最后,绑缚并在接芽的周围涂蜡,如图 4-23 所示。

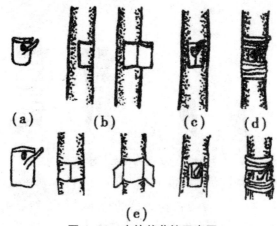

图 4-23 方块状芽接示意图

（a）接穗去叶及削芽;（b）砧木切削;（c）芽片嵌入;（d）捆扎;
（e）"I"形砧木切削及芽片插入

（3）嵌芽接

嵌芽接(图 4-24)又叫带木质部芽接。这种方法嫁接接合牢固,有利于嫁接苗生长,在生产中被广泛应用。切削芽片时,自上而下切取,在芽上部 1 ~ 1.5 cm 处稍带木质部往下切一刀,再在芽下部 1.5 cm 处横向斜切一刀,即可取下芽片,一般芽片长 2 ~ 3 cm,宽度不等,依接穗粗度而定。砧木的切法是在选好的部位自上而下稍带木质部削一与芽片长宽均相等的切面。将此切开的稍带木质部的树皮上部切去,下部留有 0.5 cm 左右。接着将芽片插入切口使两者形成层对齐,再将留下部分贴到芽片上,用塑料带绑扎好即可。

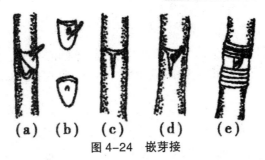

图 4-24　嵌芽接

（a）取芽片；（b）芽片；（c）削砧木；（d）接合；（e）绑缚

（四）嫁接后管理

1. 检查成活率

在完成嫁接后，一定要随时查看，悉心护理。对于生长季的芽接，在嫁接后的 10 ~ 15 d 即可检查其成活情况。如果看到接芽新鲜，而且用手轻轻一碰叶柄就会脱落的，说明嫁接已经成功。如果看到叶柄干枯，有的甚至已经发黑，则说明嫁接没有成功，嫁接的枝条没有成活。

2. 解绑放风

一些植物的嫁接期恰好是这类植物生长萌发的旺季，因而对于这类植物，凡嫁接成活者，在萌发新梢长至 2 ~ 3 cm 时，及时解除缚扎物，以免影响其生长。解除捆绑物的方法就是在接穗芽的背部，用锋利的刀片将绑扎物划破即可。注意在划破的过程中要把握一个深浅度。

3. 剪砧

剪砧就是剪除接穗上方砧木部分。一般这个步骤要在嫁接后立即进行，不必等到成活后再进行。如果看到嫁接部位以下的部分没有叶片，就可以采用折砧法，具体的操作就是："将砧木的木质部大部分折断，只留一小部分，使这部分的韧皮部与下部相连接，等接穗芽萌发后，长至 10 cm 左右时再剪砧。"[1] 在具体操作的过程中，剪砧可以一次完成，也可以分两次完成，具体操作要根据具体情况而定。

4. 补接

嫁接未成活的，要及时补接。补接一般结合检查成活率、剪砧、解绑放风同时进行。

---

[1]　陈龙清.园林植物栽培与养护[M].北京：中国农业出版社，2004.

5.除萌和抹芽

剪砧后,砧木上还会萌发不少萌蘖,与接穗同时生长,争夺营养和生长空间,对接穗的生长很不利,应及时去除。除萌和抹芽要多次进行,以节省养分。

6.加强综合管理

接穗在生长初期很娇嫩,如果遭到损伤,常常前功尽弃,故需及时立支柱将接穗轻轻缚扎住,进行扶持。新梢长出后,生长前期要满足肥水供应,并适时中耕除草;生长后期适当控制肥水,防止旺长,使枝条充实。同时注意防治病虫害,保证苗木正常生长。

第四节　苗木出圃

苗木经过一定时期的培育,达到市场或园林绿化需要时,即可出圃。苗木出圃是育苗工作中的最后一个重要环节,关系到苗木的质量和经济收益。苗木出圃包括起苗、分级与统计、包装、检疫、假植等。

一、起苗

起苗又称掘苗。起苗操作技术的好坏,对苗木质量影响很大,也影响到苗木的栽植成活率以及生产、经营效益。

(一)起苗季节

起苗季节原则上是在苗木休眠期进行,生产上常分秋季起苗和春季起苗,但常绿树若在雨季栽植时,也可在雨季起苗。

1.秋季起苗

秋季起苗,苗木地上部分生长虽已停止,但起苗移栽后根系还可以生长一段时间。若随起随栽,翌春能较早开始生长,且利于秋耕制,能减轻春季的工作量。

2.春季起苗

一定要在春季树液开始流动前起苗。主要用于不宜冬季假植的常绿树或假植不便的大规格苗木。春季移苗时,应随起苗随栽植。大部分苗木都可在春季起苗。

另外一些常绿树种在雨季起苗后立即栽植,成活率高,效果也好,可安排在雨季起苗。

（二）起苗规格

苗木根系好坏是苗木质量等级的重要指标,直接影响苗木栽植后成活率及苗木的生长。因此,应确定合理的起苗规格。规格过大,花工多,挖掘、搬运困难;规格过小,伤到根系,影响苗木的质量。起苗规格主要根据苗高或苗木胸径的大小来确定。

（三）起苗方法

起苗要达到一定的深度,要求做到少伤侧根、须根,保持比较完整根系和不折断苗干,不伤顶芽。一般针、阔叶树起苗深度为 20 ~ 30 cm,扦插苗为 25 ~ 30 cm。为防止风吹日晒,将起出的苗木根部加以覆盖或作临时假植。起苗方法分裸根苗和带土苗两种。

二、分级与统计

（一）苗木分级

苗木分级又称选苗,起苗后应根据一定的质量标准把苗木分成若干等级。一般地,将苗木分为三级:Ⅰ级苗为发育良好的苗木;Ⅱ级苗为基本上可出圃的苗木;Ⅲ级苗为不能出圃的弱苗,应留圃后继续培养一段时间,达到一定规格后方可出圃。另外,还有一种不宜出圃,无继续培养价值的弱小苗即为废苗。Ⅰ、Ⅱ级苗是合格苗,可以出圃。

（二）苗木统计

苗木的统计,一般结合苗木分级进行,统计是为了提高工作效率,小苗每 50 株或 100 株捆成捆后统计捆数。或者采用称重的方法,由苗木的重量计算出其总株数。大苗逐株清点数量。

三、包装

为了防止失水，便于运输，提高栽植成活率，一般要对苗木进行包装。包装是苗木出圃的重要环节。据有关试验结果表明，许多一年生播种苗春季在阳光下晒 60 min 绝大多数苗木死亡，而且经过日晒的苗木即使成活后再生长也受影响。由此可见，苗木运输时间较长时，要进行细致地包装。

四、检疫

在苗木销售和交流过程中，病虫害也常常随苗木一同扩散和传播。因此，在苗木流通过程中，应对苗木进行检疫。运往外地的苗木，应按国家和地区的规定检疫重点的病虫害。如发现本地区和国家规定的检疫对象，要禁止出售和交流。

带有"检疫对象"的苗木应做以下处理：

①消毒。苗木除在生长阶段用农药进行杀虫灭菌外，苗木出圃时最好对苗木进行消毒。消毒方法有药剂浸渍、喷洒或熏蒸等。药剂消毒可用石硫合剂、波尔多液等，对地上部分喷洒消毒和对根系浸根处理，浸根 20 min 后，用清水冲洗干净。消毒可在起苗后立即进行，消毒完毕，苗木可做后续处理，如对根系蘸泥浆、包装、假植等。用氰酸钾气熏蒸，能有效地杀死各种虫害。熏蒸时先将硫酸倒入水中，再倒入氰酸钾，立即离开熏蒸室，并密闭所有门窗，严防漏气，以免中毒。熏蒸后要打开门窗，等毒气散尽后，方能入室。熏蒸的时间依植物种类的不同而异。

②销毁。经消毒仍然不能消灭检疫对象的苗木，应立即进行销毁处理。

五、假植

将苗木的根系用湿润的土壤暂时培埋起来，防止根系干燥的方法，称为假植。根据假植时间的长短，可分为临时假植和越冬假植（长期假植）。

临时假植是指苗圃起苗后不能及时运出，或是运到施工地不能及时栽植时，为防止苗木失水暂时用湿润土壤培埋根系的方法。这种方法时间不宜太长，一般为 5 ~ 10 d，时间过长易造成苗木失水，影响其成活。如果遇大风或日照强、空气干燥的情况，应适当喷水。

　　越冬假植是指如果秋季起苗后，当年不栽植，而将需要越冬的苗木进行假植的方法。由于假植的时间长，故也称长期假植。越冬假植要求选择背风向阳、排水良好、土壤湿润的地方挖假植沟。在寒冷的地区，可用稻草、秸秆等将苗木的地上部分加以覆盖，假植期间要经常检查，发现覆土下沉时要及时培土。

第五章　园林树木栽植技术

园林树木的栽植是一个系统的、动态的操作过程。栽植是指将植物从一个地点移植到另一个地点，并使其继续生长的操作过程。可见，在园林绿化工程中，树木栽植更多地表现为移植。树木移植是园林绿地养护过程中的一项基本作业，主要应用于对现有树木保护性的移植，对密度过高的绿地进行结构调整中发生的作业行为。

第一节　园林树木栽植成活原理

园林植物在栽植过程中，由于根部受到损伤，特别是根系先端的须根大量丧失，根幅与根量缩小，根系脱离了原有的土壤环境后，其主动吸水能力大大降低，使得根系不能满足植物地上部所需的水分供给。另外，根系被挖离原生长地后容易干燥，植株体内水分由茎叶移向根部，当茎叶水分损失超过生理补偿点时，即干枯、脱落，芽亦干缩。因此，园林植物栽植成活的原理是保持和恢复植物体内水分代谢的平衡，提供相应的栽植条件和管理措施，协调植株地上部和地下部的生长发育矛盾，使其根旺株壮、枝繁叶茂，达到园林绿化所要求的生态指标和景观效果。

保证园林植物栽植成活的关键：一是在苗木挖运和栽植过程中注意保湿保鲜，防止苗木过度失水；二是采取措施促进伤口愈合，使其发出更多新根，以恢复生长，促发新根；三是保证根系与土壤的紧密接触，保证水分的供应与吸收。

第二节 园林树木栽植的季节

一、春季栽植

春季栽植是指自春天土壤化冻后至树木发芽前进行的植树。春季是我国大部地区的主要植树季节。这主要是因为：此时树木仍处在休眠期，蒸发量小，消耗水分少，栽植后容易达到地上、地下部分的生理平衡；多数地区土壤处于化冻返浆期，水分充足，有利于成活；土壤已化冻，便于掘苗、刨坑。

从时间上看，华北地区园林树木的春季栽植，多在3月上中旬至4月中下旬；华东地区落叶树种的春季栽植，以2月中旬至3月下旬为佳。树种萌芽习性以落叶松、银芽柳等最早，柳、桃、梅等次之，榆、槐、栎、枣等较迟。

但是有些地区不适合春季植树，如春季干旱多风的西北、华北部分地区，春季气温回升快，蒸发量大，适栽时间短，往往造成根系来不及恢复，地上部分已发芽，从而影响成活。另外，西南某些地区（如昆明）受印度洋干湿季风的影响，秋冬、立春至初夏均为旱季，蒸发量大，春季植树往往成活率不高。

二、夏季栽植

夏季是不适合进行树木栽植的季节。这主要是因为：夏季气温高，光照充足，树木生长旺盛，树叶蒸发量大，同时土壤水分蒸发作用强，若在此时进行树木栽植，易造成缺水，尤其是降雨量少时，缺水情况更为严重，导致在夏季栽植树木成活率一般不高，且养护成本高。

可采取适当措施来提高夏季栽植的成活率，如带土球栽植、容器苗栽植、树体遮阴、树冠喷水等。江南地区，也有利用6～7月梅雨期连续阴雨的气候特点进行夏季栽植，注意防涝排水的措施，也有较好的效果。

三、秋季栽植

秋季植树是指树木落叶后至土壤封冻前进行的植树。这主要是因为：此时树木进入休眠期，生理代谢转弱，消耗营养物质少，有利于维持生理平衡；另外，气温逐渐降低，蒸发量小，土壤水分较稳定，而且树体内贮存的营养物质丰富，有利于断根伤口愈合，如果地温尚高，还可能发生新根。

从时间上看，华东地区秋植，可延至 11 月上旬至 12 月中下旬；而早春开花的树种，则应在 11 月之前种植；常绿阔叶树和竹类植物，应提早至 9～10 月进行；针叶树虽在春、秋两季都可以栽植，但以秋植为好。华北地区秋植，适用于耐寒、耐旱的树种。东北和西北北部等冬季严寒地区，秋植宜在树体落叶后至土地封冻前进行。

四、反季节栽植

不适宜栽培的季节进行树木栽植的方法即为反季节栽植。一般的树木栽植是在春、秋季节进行，而在某些特殊情况下，为了赶工期和尽快见到绿化效果，就要求必须突破季节的限制进行树木栽植。在这种情况下为了提高成活率，必须采取一些特殊的管护方式。

第三节 园林树木的栽植程序

一、准备工作

（一）明确设计意图，了解栽植任务

在栽植前必须对工程设计意图有深刻的了解，才能完美表达设计要求。

①加强对树种配置方案的审查，避免因树种混植不当而造成的病虫害发生。如槐树与泡桐混植，会造成椿象、水木坚蚧大发生；桧柏应远离海棠、苹果等蔷薇科树种，以避免苹桧锈病的发生；银杏树作行道树栽植应选择雄株，要求树体规格大小相对一致，不宜采用嫁接苗；作景观树应用，则雌、雄株均可。

②必须根据施工进度编制翔实的栽植计划及早进行人员、材料的组织和调配，并制定相关的技术措施和质量标准。

③了解施工现场地形、地貌及地下电缆分布与走向，了解施工现场标高的水准点及定点放线的地上固定物。

（二）踏勘现场

在了解设计意图和工程概况后,负责施工的主要人员必须亲自到现场进行细致的踏勘与调查。主要了解以下内容:

①各种地上物(如房屋、原有树木、市政或农田设施等)的去留及需要保护的地物(如古树名木等)。要拆迁的应如何办理有关手续与处理办法。

②现场内外交通、水源、电源情况,现场内外能否通行机械车辆,如果交通不便,则需确定开通道路的具体方案。

③施工期间生活设施的安排。

④施工地段土壤的调查,以确定是否需要换土,估算客土量及其来源和用工量等。

（三）制订施工方案

根据规划设计制订施工方案。

①制订施工进度计划(表5-1)。分单项进度与总进度计划,规定起止日期。

表 5-1　工程进度计划

工程名称　　　　　　　　　　　　　　　　　　　年　　　月　　　日

工程地点	工程项目	工程量	单位	定额	用工	进度				备注
						月日	月日	月日	月日	

②制订劳动计划。根据工程任务量及劳动定额,计算出每道工序所需用的劳动力和总劳动力,并确定劳动力来源、使用时间及具体的劳动组织形式。

③制订工程材料工具计划(表5-2)。根据工程需要提出苗木、工具、材料的供应计划,包括用量、规格、型号及使用期限等。

表 5-2　工程材料工具计划

工程名称　　　　　　　　　　　　　　　　　　　年　　　月　　　日

工程地点	工程项目	工具材料	单位	规格	需用量	使用日期	备注

④制订苗木供应计划（表 5-3）。苗木是栽植工程中最重要的物质，按照工程要求保证及时供应苗木，才能保证整个施工按期完成。

表 5-3　工程用苗计划表

工程名称　　　　　　　　　　　　　　　　　　　　　年　　月　　日

苗木品种	规格	数量	出苗地点	供苗日期	备注

⑤制订机械运输计划（表 5-4）。根据工程需要提出所需用的机械、车辆，并说明所需机械、车辆的型号、日用台班数及使用日期。

表 5-4　机械车辆使用计划

工程名称　　　　　　　　　　　　　　　　　　　　　年　　月　　日

工程地点	工程项目	车辆机械名称	型号	台班	使用日期	备注

⑥制定技术和质量管理措施。如制定操作细则、确定质量标准及成活率指标、组织技术培训、落实质量检查和验收方法等。

（四）种植地准备

1. 现场清理

在工程施工前，进驻施工现场，则需对施工现场进行全面清理，包括拆迁或清除有碍施工的障碍物、按设计图要求进行地形整理。

2. 地形准备

依据设计图进行种植现场的地形处理，是提高栽植成活率的重要措施。地形整理是指从土地的平面上，将绿化区与其他区划分开来，根据绿化设计图样的要求整理出一定的地形，此项工作可与清除地上障碍物相结合。必须使栽植地与周边道路、设施等的标高合理衔接，排水降渍良好，并清理有碍树木栽植和植后树体生长的建筑垃圾和其他杂物。

3. 土壤准备

在栽植前对土壤进行测试分析，明确栽植地点的土壤特性是否符合栽植树种的要求，特别是土壤的排水性能，尤应格外关注，是否需要采用适当的改良措施。

原是农田菜地的土质较好，侵入物不多，只需要加以平整，不需换土。如果在建筑遗址、工程弃物、矿渣炉灰等地修建绿地，需要清除渣土更换好土。常用的改土方法是：若土壤黏土过重，则在土壤中掺入沙土或适量的腐殖质；若土壤偏酸性或偏碱性，则可施用石灰或酸性肥料加以调节；若土壤较贫瘠，则可在栽植土中拌入一定比例的腐熟有机肥。若土壤完全不适合植物生长，则可以采用客土。

（五）苗木准备

苗木必须符合以下要求：

①根系发达而完整，主根短直，接近根茎一定范围内要有较多的侧根和须根，起苗后大根系无劈裂。

②苗干粗壮通直（藤本除外），有一定的适合高度，不徒长。

③主侧枝分布均匀，能构成完美树冠，要求丰满。其中常绿针叶树，下部枝叶不枯落成裸干状。干性强并无潜伏芽的某些针叶树（如某些松类、冷杉等），中央领导枝要有较强优势，侧芽发育饱满，顶芽占有优势。

④无病虫害和机械损伤。

二、定点、放线

依据施工图进行定点测量放线，是关系到设计景观效果表达的基础。

绿地的定点放线有坐标定点法、仪器测放法、目测法等。不管采用何种放线法都应力求准确，丛植苗木的树丛范围线应按图示比例放出；丛植范围内的植物应将较大的放于中间或后面，较小的放在前面或四周；自然式栽植的苗木，放线要保持自然，不得等距离或排列成直线。

行道树的定点放线则主要是以路牙石为标准，无路牙石的以道路中心线为标准，无路牙石的以道路树穴中心线为标准。用尺定出行位，作为行位控制标记，然后用白灰标出单株位置。对设计图纸上无精确定植点的树木栽植，特别是树丛、树群，可先画出栽植范围，具体定植位置可根据设计思想、树体规格和场地现状等综合考虑确定。一般情况下，以树冠长大后株间发育互不干扰、能完美表达设计景观效果为原则。行道树栽植时要注意树体与邻近建（构）筑物、地下工程管路及人行道边沿等的适宜水平距离。

三、刨坑（挖穴）

刨坑的质量好坏，对植株以后的生长有很大的影响，城市绿化植树必须保证位置准确，符合设计意图。

起挖严格按定点放线标定的位置、规格挖掘树穴。乔木和灌木类栽植树穴的平面形状没有硬性规定，多以圆形、方形为主，以便于操作为准，可根据具体情况灵活掌握，树穴的大小和深浅应根据树木规格和土层厚薄、坡度大小、地下水位高低及土壤墒情而定；绿篱类的界木树穴的挖掘前应深挖土壤，使土壤疏松，开挖成条状沟或者边挖穴边栽植。常用刨坑规格如表 5-5 和表 5-6 的示。

表 5-5　乔木、常绿树、灌木刨坑规格

乔木胸径 /cm	灌木高度 /m	常绿树高 /m	坑径 × 坑澎（cm × cm）
—	—	1.0 ~ 1.2	50 × 30
—	1.2 ~ 1.5	1.2 ~ 1.5	60 × 40
3 ~ 5	1.5 ~ 1.8	1.5 ~ 2.0	70 × 50
5.1 ~ 5.7	1.8 ~ 2.0	2.0 ~ 2.5	80 × 60
7.1 ~ 10	2.0 ~ 2.5	2.5 ~ 3.0	100 × 70
—		3.0 ~ 3.5	120 × 80

表 5-6　绿篱刨槽规格

树木高度 /m	单行式 /（cm × cm）	双行式 /（cm × cm）
1.0 ~ 1.2	50 × 30	80 × 40
1.2 ~ 1.5	60 × 40	100 × 40
1.5 ~ 2.0	100 × 50	120 × 50

确定刨坑规格，必须考虑不同树种的根系分布形态和土球规格，平生根系的土坑要适当加大直径，直生根系的土坑要适当加大深度。总之，不论裸根苗，还是带土球苗，刨坑规格要较根系或土球大些或深些。

掌握好坑形和地点，以定植点为圆心，按规格在地面画一圆圈，从四周向下刨挖，要求挖成穴壁平直、穴底平坦，切忌挖成锅底形（图 5-1）。栽植穴深层土壤病菌多，根切口易受感染，导致烂根，影响根系的呼吸、吸收和传导；用土壤消毒颗粒剂对栽植土壤进行杀菌消毒处理，防止根部腐烂。

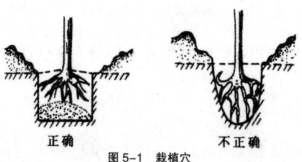

正确　　　　　　　不正确

图 5-1　栽植穴

　　刨坑时,对质地良好的土壤,要将上部表层土和下部底层(心土)分开堆放。表层土壤在栽种时要填在根部(图5-2)。土质瘠薄时可拌和适量堆肥或腐叶土。若刨坑部位为建筑垃圾、白灰、炉渣等有害物质时,应加大刨坑规格,拉运客土种植。

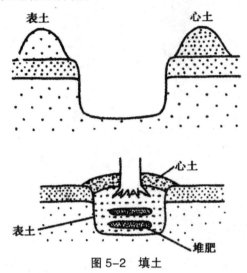

図 5-2　填土

　　挖穴时碰到地下障碍物或公共设施时,应与设计人员或有关部门协商,适当改动位置。

四、起苗

(一)起苗前的准备

　　首先要根据苗木的质量标准和规格要求,在苗圃中认真选择符合要求挖掘的对象,并做好记号,以免漏挖或错挖。为了有利于挖掘,少伤苗木根系,若苗圃地过湿应提前开沟排水;若过干燥应提前数天灌水。另外,起苗前还要准备好起苗工具及各种包装、捆扎材料等。

　　常绿树尤其是分枝低、侧枝分权角度大的树种,及冠丛较大的灌木或带刺灌木,为了使挖掘、搬运方便及不损伤苗(树)木,掘前应用草绳将树冠适度地捆拢(图5-3)。对分枝较高、树干裸露、皮薄光滑的树木,因其对光照与温度的反应敏感,若栽植后方向改变易发生日灼和冻害,在挖掘时应在主干较高处的北面标记"N"字样,以便按原来方向栽植。

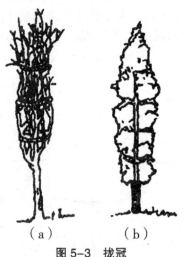

图 5-3 拢冠
（a）落叶树；（b）常绿树

（二）起苗方法

起苗方法有两种：裸根起苗和带土球起苗。

1.裸根起苗

大多数落叶园林树木和栽植容易成活的其他小苗均可采用裸根起苗。起小苗时，沿苗行方向距苗木一定距离（根据带根系的幅度确定）挖一道沟，沟深与主要根系的深度相同，并在沟壁苗的一侧挖一个斜槽（图5-4），根据要求的根系长度截断根系，再从苗的另一侧垂直下锹，轻轻放倒苗木并打碎根部泥土，尽量保留须根，挖好的苗木立即打泥浆。

图 5-4 裸根起苗示意图

根系的完整和受损程度是决定挖掘质量的关键，树木的良好有效根系是指在地表附近形成的由主根、侧根和须根所构成的根系集体。一般情况下,经移植养根的树木挖掘过程中所能携带的有效根系,水平分布幅度通常为主干直径的 6 ~ 8 倍;垂直分布深度为主干直径的 4 ~ 6 倍,一般多在 60 ~ 80 cm,浅根系树种多在 30 ~ 40 cm。绿篱用扦插苗木的挖掘,有效根系的携带量通常为水平幅度 20 ~ 30 cm,垂直深度 15 ~ 20 cm。

当遇到规格较大的树木较粗的骨干根时,应用手锯锯断,并保持切口平整,坚决禁止用铁锹去硬铲。对有主根的树木,在最后切断时要做到操作干净利落,防止发生主根劈裂。

为了提高成活率,起苗前如天气干燥,应提前 2 ~ 3 天对起苗地灌水,使土质变软、便于操作,多带根系。而野生和直播实生树的有效根系分布范围,距主干较远,故在计划挖掘前,应提前 1 ~ 2 年挖沟盘根,以培养可挖掘携带的有效根系,提高移栽成活率。树木起出后要注意保持根部湿润,避免因日晒风吹而失水干枯,并做到及时装运、及时种植。距离较远时,根系应打浆保护。

2. 带土球起苗

一般常绿树苗木、珍贵树种苗木和较大的花灌木,为了提高栽植成活率,需要带土球起苗,以达到少伤根、缩短缓苗期、提高成活率的目的。这种方法的优点是栽植成活率高,但其施工费用较高。一般地,在裸根栽植能成活的情况下,尽量不用带土球起苗。

土球的大小视植物的种类、苗木的大小、根系的分布、栽植成活的难易、土壤的质地以及运输条件来确定。乔木土球直径为苗木胸径(落叶)或地径(常绿)的 8 ~ 10 倍,土球厚度应为土球直径的 4/5 以上,土球底部直径为球直径的 1/3,形似苹果状;灌木、绿篱土球苗,土球直径为苗木高度的 1/3,厚度为球径的 4/5 左右。

带土球的苗木是否需要包扎及怎样包扎,依土球大小、土质松紧度、根系盘结程度和运输距离而定。一般近距离运输、土质较坚实不易掉落,土球较小的情况下,可以不进行包扎或只进行简单包扎。如果土球直径不超过 50 cm,且土质不松散,可用稻草、蒲包、草包、粗麻布或塑料布等软质材料在穴外铺平,然后将土球挖起修好后放在包装材料上,再将其向上翻起绕干基扎牢(图 5-5);也可用草绳沿土球径向几道,再在土球中部横向包扎一道,使径向草绳固定即可(图 5-6)。如果土球较松,应在坑内包扎,并考虑要在掏底包扎前系数道腰箍。另外,在北方冬季土壤结冻时,采用冰坨起苗,挖出来的土球就是一个冻土团,不需包扎,可直接运输。

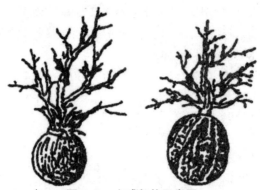

图 5-5　土球包扎示意图

图 5-6　土球草绳简易包扎图

五、运输

挖起并包装好的裸根苗,装运前应按标准检查质量、清点树种、规格、数量并填写清单。装车前要淘汰损伤过度栽植不能成活的树木,再一次核对苗木的数量、种类及规格是否符合要求。

装车时要轻抬轻放,在车厢底部垫好草袋或其他软物,避免苗木与车厢摩擦损伤苗木。装车时要将苗木根系向前,树梢向后,先装大苗、重苗、大苗间隙填放小规格苗,按一定顺序轻轻放好,不能压得太紧。装车时注意树干与车厢接触处要用软物垫起,树梢不要拖地(图 5-3)。尤其是不能损伤主轴分枝树木的枝顶或顶芽,以免破坏树形。

带土球的苗木应抬着上车,防止土球松散。带土球苗装车时,如果苗高不超过 2 m 可以直立摆放车上；苗高在 2 m 以上的,要平放或斜放在车上。装车时将土球向车厢前、树冠向后码放整齐,同时要用木架或软物将树冠架稳、垫牢挤严。土球大的只码一层,土球小的可以码放 2 ~ 3 层,且土球之间必须码紧以防摇摆破坏土球。在运输过程中,土球上不要站人和压放重物。

在苗木运输过程中,要有专人跟车押运。运输距离较短时,要尽快运到栽植地,中途不要停车,运到后及时卸车；如运输距离较长,苗木易被风吹干,押运人员要定期检查,若发现发热或湿度不够,要及时为苗木浇水,中途休息时要将运苗车停在避阴处。用塑料包根的苗木,当温度过高时,打开包通气降温。苗木运到后,立即检查苗木根系情况,如根系较干要浸水 1 ~ 2 d。目前在远距离、大规格裸根苗的运输中,已采用集装箱运输,既简便又安全。

苗木运到栽植地后要及时卸车。裸根苗在卸车时要轻拿轻放,按顺序从上到下分层卸下苗木,不能抽取,防止损伤苗木。小心轻放,杜绝装卸过程中乱堆乱放的野蛮作业。卸带土球小苗时要抱球轻放,不要提拉树干；卸土球大的苗木时,可以用木板斜搭在车厢上,将土球苗移到木板上,顺势平滑将苗木卸下,注意不能滚卸,以免损坏土球,或用机械吊卸。

六、栽植

(一)配苗或散苗

配苗是将运进的准备栽植的苗木按设计要求再分级,使苗木之间在栽植后趋于一致,达到栽植有序并达到最佳景观效果。如街道两侧的行道树树高、胸径都基本一致时,观赏效果好,美化效果突出。在进行乔木配苗时,一般高差不超过 50 cm,胸径不超过 1 cm。

散苗是将苗木按图纸及定点木桩上标示,散放在栽植地的定植穴旁对号入座,散苗时要细心核对,避免散错,以达到设计的景观效果(图5-7)。散苗要与栽植同步,做到边散边栽、散完栽完,尽量减少树木根系暴露在外的时间,以减少树木水分消耗,提高栽植成活率。

图 5-7　散苗(图片来自网络)

（二）栽苗

散苗后将苗木放入坑内扶直，提苗到适宜深度，分层埋土压实、固定的过程即为栽苗。栽苗时要注意如下事项：

①埋土前再次仔细核对设计图，保证栽植的树种、规格、平面位置和高度符合设计要求，若发现问题应及时调整。

②将树冠丰满完好的一面，朝向主要的观赏方向，如入口处或主行道。若树冠高低不匀，应将低冠面朝向主面，高冠面置于后向，使之有层次感。在行道树等规则式种植时，如树木高矮参差不齐、冠径大小不一，应预先排列种植顺序，形成一定的韵律或节奏，以提高观赏效果。如树木主干弯曲，应将弯曲面与行列方向一致，以作掩饰。对人员集散较多的广场、人行道，树木种植后，种植池应铺设透气护栅。

③栽植深度一般应与原土痕平齐或稍低于地面 3 ～ 5 cm，裸根乔木苗一般较原根茎土痕深 1 ～ 3 cm，带土球苗木一般较原根茎土痕深 2 ～ 3 cm，灌木一般则可与原土痕平齐（栽植过深，容易造成根系缺氧，树木生长不良，逐渐衰亡；栽植过浅，树木容易干枯失水，抗旱性差）（图 5-8 ）。

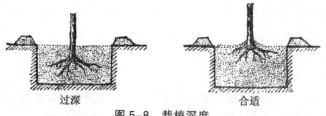

过深　　　　　　　　　　合适

图 5-8　栽植深度

④栽植裸根苗时一般按"三埋二踩一提苗"栽植法操作。具体如下：栽植时，一人扶正苗木，一人先填入拍碎的湿润表层土，约达穴的 1/2 时，轻提苗，使根自然向下舒展，避免曲根和转根，然后用脚踏实或用木棒夯

实土壤,然后继续填土直到比穴边稍高一些,再次踩实,最后盖上一层土与原根茎痕相平或略高 3 ~ 5 cm,灌木应与原根茎痕相平。栽植小苗时可在上述方法的基础上适当简化。

⑤栽植带土球苗木时,首先应量好穴的深度与土球的高度是否一致,若有差别应及时深挖或填土,调正后再放苗入穴,以避免盲目入穴造成土球的来回搬动。土球入穴后应先在土球的底部四周垫少量细土将土球固定,并使树干直立,然后解除草绳等包扎材料,将不易腐烂的材料一律取出,解绳时尽量不造成土球松散。为防栽后灌水土塌树斜,填入表土至一半时,应用木棍将土球四周砸实(图 5-9),再填至满穴并砸实(注意不要弄碎土球)。最后把捆拢树冠的草绳等解开取下。

对于原来带土球但不完整而失水的苗木,可以将苗木的根系进行蘸浆处理,蘸根浆一般采用 2% 的磷酸二氢钾、2% 的白砂糖、1% 的维生素 B_{12} 针剂和 95% 的黄泥浆制成,对于难生根的苗木也可在泥浆中加入适量的生根剂或在苗木根系上直接喷洒生根剂,再进行浆根处理。栽植时还可以在填土中添加磷肥和腐熟的有机肥等,以促进栽植树木的根系生长,提高栽植成活率。

图 5-9　带土球苗填土

第四节　大树移植技术

一、大树移植概述

大树移植是指对树干和胸径为 10 ~ 40 cm、树高为 5 ~ 12 m、树龄为 10 ~ 50 年或更长的壮龄树木或成年树木所进行的移植。大树移植即移植大型树木的工程。大树移植条件较复杂,要求较高,一般农村和山区造林很少采用,经常用于城市园林布置和城市绿化。许多重点工程建设往往需要以最短的时间和最快的速度营建绿色景观,体现其绿化美化的效果,这些目标可通过大树移植手段得以实现。

(一)大树移植的特点

1. 大树移植见效快

大树移植能在短时间内迅速显现绿化效果,较快地发挥城市绿地的景观功能和生态效益、社会效益,缩短了城市绿化的周期。

2. 移植周期长

为有效保证大树移植的成活率,一般要求在移植前的一段时间就要做必要的移植处理;从断根缩坨到起苗、运输、栽植以及后期的养护管理,移植周期需要几个月或几年时间。

3. 大树移植成活困难

大树移植成活困难主要由以下几方面原因造成:

第一,树木越大,树龄越老,细胞再生能力越弱,损伤的根系恢复慢,新根生发能力较弱,给成活造成困难。

第二,树木在生长过程中,根系扩展范围很大,使有效的吸收根处于深层和树冠投影附近,而移植所带土球内吸收根很少,且高度木栓化,故极易造成树木移栽后失水死亡。

第三,大树的树体高大,枝叶蒸腾面积大,为使其尽早发挥绿化效果和保持原有优美姿态,多不进行过重修剪,因而地上部蒸腾面积远远超过根系的吸收面积,树木常因脱水而死亡。

4. 工程量大、费用高

由于树体规格大、移植的技术要求高,单纯依靠人力无法解决,往往需要动用多种机械。另外,为了确保移植成活率,移植后必须采用一些特殊的养护管理技术与措施,往往需要耗费巨大的人力、财力和物力。

(二)大树移植前的准备

1. 做好规划与计划

进行大树移栽事先必须做好规划与计划,包括栽植的树种规格、数量及造景要求等。许多大树移植失败的原因,是由于事先没有对备用大树采取促根措施,而是临时应急,直接从郊区、山野移植造成的。对树木的移植还要设计出移植的步骤、线路、方法等,保证移植的大树能起到良好的绿化美化效果。大树移植记录见表5-7。

表5-7 大树移植记录

原栽植地点	移植地点	树种	规格年龄	移植日期	施工人员
技术措施					

填表日期: 年 月 日

2. 大树选择

对可供移植的大树实地调查,包括树种、树龄、干高、干粗、树高、冠径、树形进行测量记录,注明最佳观赏面的方位,并摄影。调查记录土壤条件,周围情况;判断是否适合挖掘、包装、吊运;分析存在的问题和解决措施。此外,还应了解大树的所有权、是否属于被保护对象等。选中的树木应立卡编号,在树干上做一明显标记。

适宜移植的大树应具备以下条件:

①适宜本地生长的树种,尤其是乡土树种。

②选用长势强的青壮龄大树。

③选择浅根性和萌根性强并易于移植成活的树种。萌芽力、再生能力强、移植成活率高的树种有杨树、柳树、梧桐、悬铃木、榆树、朴树等;移植较难成活的树种有白皮松、雪松、圆柏、柳杉等;移植很难成活的树种有云杉、冷杉、金钱松、胡桃等。

④选择树体生长正常、无严重病虫害感染及未受机械损伤的树木。

⑤枝条丰满,树形要合适。如行道树应选择干直、冠大、分枝点高、有良好遮阴效果的树体;庭荫树要注意树姿造型。所以,应根据设计要求,选择符合绿化需要的大树。

3. 缩坨断根

缩坨断根即切根处理,是为了使主要的吸收根回缩到主干根基附近,缩小土球体积,减少土球重量,同时促进距根茎较近的部位发生次生根和再生较多须根,提高栽植成活率。

具体做法如下:在移栽前2~3年的春季和秋季,围绕树干先挖一条宽30~50 cm、深50~80 cm的沟,其中沟的半径为树干30 cm高处直径的5倍(图5-10)。第一年春季先将沟挖一半,不是挖半圆,而是间隔成几小段,挖掘时碰到比较粗的侧根要用锋利的手锯切断,如遇直径5 cm以上的根,为防止树木倒伏一般不切断,而是在土球外壁处进行环状剥皮

（宽约 10 mm），并在切口涂抹 0.1% 的生长素（如萘乙酸等），以利于促发新根；然后，将挖出的土壤清除石块等杂物，拌入腐叶土、有机肥或化肥后分层回填踩实，定期灌水；翌年以同样的方法分批处理其余的沟段，进行同样的操作。

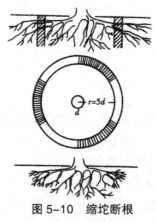

图 5-10　缩坨断根

4. 树冠修剪

切根后根系受伤严重，需要对常绿阔叶树树冠进行适度修剪，针叶树因无隐芽可萌发，只能适当疏枝以减少蒸腾。

①全株式平衡修剪：原则上保留原有的枝干树冠，只将徒长枝、交叉枝、病虫枝及过密枝剪去，适用于雪松、广玉兰等萌芽力弱的树种，栽后树冠恢复快、绿化效果好。

②截枝式平衡修剪：只保留树冠的 1 级分枝，将其上的 2～3 级侧枝截去，如香樟等一些生长较快、萌芽力强的树种。

③截干式平衡修剪：只适宜悬铃木等生长快、萌芽力强的树种，将整个树冠截去，只留一定高度的主干。由于截口较大易引起腐烂，应将截口用蜡或沥青封口。

对于树体大、叶片薄、蒸腾量大、树冠的叶量密集、树龄较大的树木，修剪强度大，萌芽力弱、常绿树种则可轻剪。另外，在树木的休眠期可轻剪。要注意在保证树木移植成活的基础上，修剪要尽量保持树体的形态。

5. 收冠与支撑

大树修剪后至移栽前用麻绳将树冠适当捆扎收紧，并在绳着力点垫软物，以免擦伤树皮，还要注意松紧度，不能折伤侧枝，保护树冠的完整。

大树较高并有倾斜时，挖掘前用毛竹竿将树体支撑牢固，以便挖掘时防止大树倒伏，确保大树和操作人员的安全。

二、大树挖掘与包装

大树移植方式因树种、规格、生长习性、生态环境及移植时期而异。通常可分为带土球移植和裸根移植两类。带土球移植又可分为软材包装移植和木箱包装移植两种。

（一）大树带土球挖掘与软材包装

带土球移植在起掘前 1 ~ 2 天,根据土壤干湿情况,适当浇水,以防挖掘时土壤过干而导致土球松散。另外,需准备好挖掘工具、包扎材料、吊装机械以及运输车辆等。规格确定之后,以树干为中心,按比土球直径大 3 ~ 5 cm 的尺寸画一个圆圈,然后沿着圆圈向外挖一宽 60 ~ 80 cm 的操作沟,其深度与确定的土球高度相等。当掘到应挖深度的 1/2 时,应随挖随修整土球,将土球修成倒苹果形,使之表面平滑,底部宽度约为最宽处的 1/3,在土球底部向内刨挖一圈底沟,宽度在 5 ~ 6 cm,这样有利于草绳绕过底面时不松脱。修整土球时如遇粗根,要用剪枝剪或小手锯锯断,切不可盲目用锹断根,以免弄散土球(图 5-11)。

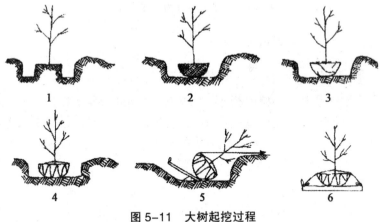

图 5-11 大树起挖过程

1—将土球四周的土挖出；2—球体底部离地；3—土球固定包严

4—绳索捆扎；5—将木板放入球体下；6—准备起运

软材包装不需要木箱板、铁皮等材料和某些工具材料,只要备足蒲包片、麻袋、草绳等物即可。适用于生长在壤土、黏壤土或黏土等不易松散的土壤上的树木(土球不超过 1.3 m 时可用软材)。

土球包扎是将预先湿润过的草绳于土球中部缠腰绳,一人拉紧草绳,一人用木槌敲打草绳,使绳略嵌入土球为度。要使每圈草绳紧靠,总宽达土球高的 1/4~1/3(约 20 cm)并系牢即可。腰箍打好后,如果土球的土壤是黏土,可直接打花箍,如果是其他土壤要先用蒲包或塑料膜将土球裹严,再打花箍,边打花箍边进一步掏空球底,只要树不倒下,所留中心土柱越小越好,这样在树体倒下时土球不易破碎,且易切断垂直根系,但若过小则树体易倒,不利进一步包扎,一般中心土柱约为土球直径的 1/4。草绳包扎方式有橘子式、井字式、五角式三种(图 5-12)。

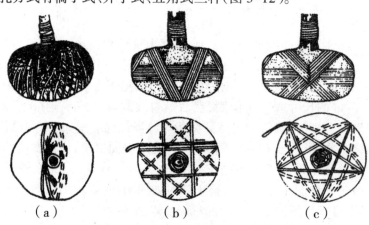

图 5-12　草绳包扎方式示意图
(a)橘子式;(b)井字式;(c)五角式

(二)大树带土球挖掘与木箱包装

对于必须带土球移植的树木,土球规格如果过大(如直径超过 1.3 m 时),很难保证吊装运输的安全和不散坨,应改用木箱包装移植。用木箱包装,可移植胸径 15 ~ 30 cm 或更大的树木以及沙性土壤中的大树。

掘苗前,应先踏勘从起树地点到栽植地点的运行路线,使超宽超高的大树能顺利运行。

1. 掘苗

掘苗时,以树干为中心,以树木胸径 7 ~ 10 倍再加 5 cm 为标准画成正方形,将正方形内的表面浮土铲除掉,然后沿线印外缘挖一宽 60 ~ 80 cm 的沟,沟深应与规定的土台高度相等(图 5-13)。修平的土台尺寸稍大于边板规格,以便保证箱板与土台紧密靠实,每一侧面都应修成上大下小的倒梯形,一般上下两边相差 10 cm 左右。挖掘时,如遇到较大的侧根,可用手锯锯断,其锯口应留在土台里。

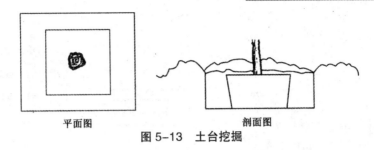

平面图　　　　　　　　剖面图

图 5-13　土台挖掘

2. 装箱

　　先将土台的 4 个角用蒲包包好,再将箱板围在土台四面,用钢丝绳或螺钉使箱板紧紧围住土块(图 5-14)。上下两道钢丝绳的位置,应在距离箱板上下两边各 15 ~ 20 cm 处。在钢丝绳的接口处装上紧线器,并将紧线器松到最大限度。收紧紧线器时,必须两道同时进行。将钢丝绳收紧到一定程度时,应用锤子捶打钢丝绳,如发出"铛铛"之声,表明已收得很紧,即可进行下一道工序。

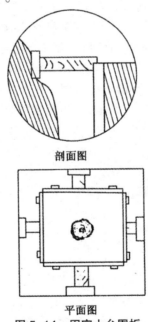

剖面图

平面图

图 5-14　固定土台围板

　　而后将土块底部两边掏空,中间只留一块底板时,应立即上底板,并用木墩、油压千斤顶将底板四角顶紧,再用 4 根方木将木箱板 4 个侧面的上部支撑住,防止土台歪倒。接着再向中间掏空底土(图 5-15),迅速将中间一块底板钉牢。最后修整土台表面,铺盖一层蒲包片,钉上盖板(图 5-16)。

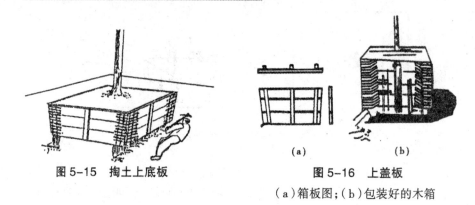

图 5-15　掏土上底板

图 5-16　上盖板

（a）箱板图；（b）包装好的木箱

（三）大树裸根挖掘

落叶大乔木、灌木在休眠期均可裸根移栽。近年来,在适宜植树季节,对大规格樟树断头后采用裸根移栽,成活率较高。大树裸根移栽其根盘大小为胸径的 8～10 倍。

掘苗前应对树冠进行重剪,尤其是悬铃木、槐树等易萌芽的树种可在规定的留干高度进行"断头"修剪,但要注意避免枝干劈裂。

挖掘裸根大树的操作程序与挖土球苗一样,挖掘过程中土球外围的根系应全部切断,切口要平滑不得劈裂。

在土球挖好后用锹铲去表土,再用两齿耙轻轻去掉粗根附近的土壤,尽量少伤须根,保留护心土。掘出后应喷保湿剂或蘸泥浆,用湿草包裹等,应保持根部湿润。

三、大树吊装和运输

（一）带土球软材包装大树的吊运

大树移植中吊装是关键,起吊不当往往造成泥球损坏、树皮损伤,甚至移植失败。通常采用吊杆法吊装,可最大限度地保护根部,但是应该注意对树皮采取保护措施。一般用麻袋对树干进行双层包扎,包扎高度从根部向上 1.5 m,然后用 150 cm×6 cm×6 cm 的木方或木棍紧挨着树干围成一圈,用钢丝绳进行捆扎,并要用紧线器收紧捆牢,以免起吊时松动而损伤树皮。起吊时将钢丝绳和拔河绳用活套结固定在离土球 40～60 cm 树干处,并在树干上部系好揽风绳,以便控制树干的方向和装车定位。另一种吊装方法是土球起吊法,先用拔河绳打成"O"形油瓶结,托于土球下部,然后将拔河绳绕至树干上方进行起吊。其缺点是起吊时土球容易损坏。

（二）带土球方箱包装大树的吊运

　　吊运、装车必须保证树木和木箱的完好以及人员的安全。装运前,应先计算土球重量,以便安排相应的起重工具和运输车辆。

　　吊装带木箱的大树,应先用一根较短的钢丝绳,横着将木箱围起,把钢丝绳的两端扣放在箱的一侧,即可用吊钩钩好钢丝绳,缓缓起吊。当树身慢慢躺倒,木箱尚未离地面时,应暂时停吊,在树干上围好蒲包片,捆好脖绳,将绳的另一端也套在吊钩上。继续将树身缓缓起吊（图5-17）。用砖头或木块将土球支稳,防止土球摇晃。

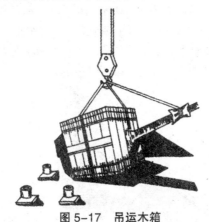

图 5-17　吊运木箱

　　装车时,树冠向后,用两根较粗的木棍交叉成支架放在树干下面,支架交叉处捆绑松软物体,避免运输过程中支架擦伤树皮。树冠应用草绳围拢紧,以免树梢垂下拖地（图5-18）。

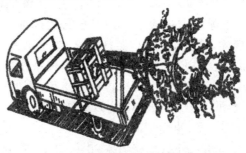

图 5-18　木箱包大树装车法

　　土球的运输途中要有专人负责押运,苗木运到施工现场后要立即卸车,押运苗木的人员,必须了解所运苗木的树种、规格和卸苗地点;对于要求对号入位的苗木,必须知道具体卸苗地址。车上备有竹竿,以备中途遇到低的电线时,能挑起通过。

（三）裸根大树的吊运

用人力或吊车装运树木时,应轻抬轻放。装车与软材包装移植法相同。在长途运输时,树根与树身要加覆盖,以防风吹日晒。并适当喷水保湿。运到现场后要逐株抬下,不可推下车。

四、移植大树的定植

带土球方箱包装大树移植前应根据设计要求定点、定树、定位。栽植大树的坑穴,应比木箱直径大 50 ~ 60 cm,深度比木箱的高度深 20 ~ 30 cm,并更换适于树木根系生长的腐殖土或培养土。在坑底中心部位要堆一个厚 70 ~ 80 cm 的方形土堆,以便放置木箱。吊装入穴时,要将树冠最丰满面朝向主要观赏方向(图 5-19 和图 5-20)。

图 5-19　卸车垫木直立　　　图 5-20　吊箱入栽植穴

栽植深度以土球或木箱表层与地表平行为标准。不耐水湿的树种和规格过大的树木,宜采用浅穴堆土栽植,即土球高度的 4/5 入穴后,然后堆土成丘状,这样根系透气性好,有利于根系伤口的愈合和新根的萌发。树木入穴定植后应先用支柱将树身支稳,再拆包装物,并在土球上喷 0.001% 萘乙酸,每株剂量 500 g 以促进新根萌发,然后填土,每填 20 ~ 30 cm 应夯实一下,直至填满为止。

填土完毕后,在树穴外缘筑一个高 30 cm 的土埂,浇透定植水。第一次要浇足,隔一周后浇第二次水,以后根据不同树种的需要和土壤墒情合理浇水。

　　带土球软材包装种植方法与方木箱种植方法基本相同,所不同的是,树木定位后先用揽风绳临时固定,剪去土球的草绳,剪碎蒲包片,然后分层填土夯实,浇水 3 次。

　　裸根大树在种植时要看准树木位置、朝向,争取一次栽植成功,并将树木扶正,同时从四周进行填土。先填表土,后填底层土。若土质太差,则须另换客土填入。土壤比较干燥时,可先向穴内灌入养根水(又称底水),待水渗入土层并看不到积水时再填土,轻轻压实,最后加填一层疏松土壤,埋至根茎部以上 20 ~ 30 cm 作蓄水土圩,树木成活后,一般在第二年将多埋的土壤挖去并整平,根茎部露出地面。

五、提高大树移植成活的措施

(一)ABT 生根粉的使用

　　采用软材包装移植大树时,可选用 ABT 生根粉 1 号、3 号处理树体根部,有利于树木在移植和养护过程中损伤根系的快速恢复,促进树体的水分平衡,提高移植成活率达 90.8% 以上。掘树时,对直径大于 3 cm 的断根伤口喷涂 150 mg/L ABT 生根粉 1 号,以促进伤口愈合。修根时,若遇土球掉土过多,可用拌有生根粉的黄泥浆涂刷。

(二)保水剂的使用

　　保水剂现广泛应用于大树移植中,主要应用的保水剂为聚丙乙烯酰胺和淀粉接枝型高吸水性树脂。保水剂的使用,除提高土壤的通透性,还具有一定的保墒效果,提高树体抗逆性,另外可节肥 30% 以上,尤其适用于北方以及干旱地区大树移植时使用。

　　在挖栽植穴时将挖出的土留少部分在一边,其余土与保水剂混合均匀,栽植穴底部回填部分保水剂混合土,将树木置于穴中,回填余下的混合土,根部土球顶部比地面低 5 cm,再将先前放置一边的普通土覆盖在表面,培土做好浇水用的贮水穴,然后浇透水(表 5-8)。

表 5-8　不同规格苗木移栽保水剂参考用量

苗木类型	苗木规格	保水剂用量 / 株	
	地径 /cm	水凝胶 /kg	干粒 /g
乔 / 灌木 / 藤本	0.6 ~ 0.8	0.3	2
乔木 / 灌木	0.8 ~ 1.2	0.7	5

续表

苗木类型	苗木规格	保水剂用量 / 株	
	地径 /cm	水凝胶 /kg	干粒 /g
乔木 / 灌木	1.2 ~ 2.0	1.5	10
乔木 / 灌木	2.0 ~ 3.0	2.2	15
乔木 / 灌木	3.0 ~ 4.0	7.5	50
乔木 / 灌木	4.0 ~ 5.0	10.0	100
乔木	5.0 ~ 6.0	30.0	200
乔木	6.0 ~ 8.0	45.0	300
乔木	8.0 ~ 10.0	75.0	500
乔木	10.0 ~ 15.0	120.0	800
乔木	15.0 ~ 20.0	180.0	1 200
乔木	20.0 ~ 30.0	300.0	2 000

（三）输液促活技术

移植大树时尽管可带土球，但仍然会失去许多吸收根系，而留下的老根再生能力差，新根发生慢，吸收能力难以满足树体生长需要。截枝去叶虽可降低树体水分蒸腾，但当供应（吸收水分）小于消耗（蒸腾水分）时，仍会导致树体脱水死亡。为了维持大树移植后的水分平衡，通常采用外部补水（土壤浇水和树体喷水）的措施，但有时效果并不理想，灌溉方法不当时还易造成渍水烂根。采用向树体内输液给水的方法，即用特定的器械把水分直接输入树体木质部，可确保树体获得及时、必要的水分，从而有效提高大树移植的成活率（图 5-21）。

图 5-21　吊瓶促活（图片来自网络）

（四）树冠喷施抗蒸腾剂

喷施抗蒸腾剂可以在起苗前和栽植后喷施。起苗前没有及时喷施抗蒸腾剂的，栽植后根据树种及规格及时向树冠（主要是叶背面，由于气孔只分布在叶背面）喷稀释 10 ～ 20 倍的蒸腾剂，均匀喷施于植物表面，以不滴为宜。喷施后，通过在植物表面形成一层可以进行气体交换而减少水分通过的膜和调节气孔开张度来降低蒸腾速率，使气孔关闭从而减少树冠水分散失，抵御高温干旱，增加植物的营养。增强枝叶的恢复力、再生力，提高树木的成活率和存活率。进行树冠喷水宜在清晨或傍晚进行（每天上午 10 点以前或下午 5 点以后），增加叶片水分吸收。

第五节　非适宜季节园林树木栽植技术

有时由于有特殊需要的临时任务或由于其他工程的影响，不能在适宜季节植树。这时候的移植要选择长势旺盛、植株健壮、根系发达、无病虫害、规格及形态均符合设计要求的苗木；起苗时尽量加大土球少伤根，修剪量适度增大；移植过程中尽量缩短起挖到栽植的时间；运输和栽植后主要保水保湿，必要时采取营养液输送、使用抗蒸腾剂、挂移动水袋等措施。

非适宜季节园林树木栽植可按有无预先计划分成两类。

一、有预先移植计划的栽植方法

当已知建筑工程完工期时不在适宜种植季节，仍可于适合季节进行掘苗、包装，并运到施工现场高质量假植养护，待土建工程完成后，立即种植。通过假植后种植的树木，只要在假植期和种植后加强养护管理，一般能够达到较高的成活率。

1. 常绿树的移植

先于适宜季节将树苗带土球掘起包装好，提前运到施工地假植。先装入较大的筐篓中；土球直径超过 1 m 的应改用木桶或木箱。按前述每双行间留车道和适合的株距放好，筐、箱外培土，进行养护待植。

2. 落叶树的移植

为了提高成活率,应预先于早春未萌芽时带土球掘(挖)好苗木,并适当重剪树冠。所带土球的大小规格可仍按一般规定或稍大,但包装要比一般的加厚、加密些。如果只能提供苗圃已在去年秋季掘起假植的裸根苗。应在此时人造土球(称作"假坨")并进行寄植。其间应当适当施肥、浇水、防治病虫、雨季排水、适当疏枝、控徒长枝、去蘗等。

等到施工现场能够种植时可进行如下工作:提前将筐外所培之土扒开,停止浇水,风干土筐,如果发现已腐朽的应用草绳捆缚加固;吊装时,吊绳与筐间应垫块木板,以免勒散土坨;入穴后,尽量取出包装物,填土夯实;经多次灌水或结合遮阴保其成活后,酌情进行追肥等养护。

二、临时特需的移植技术

无预先计划,因临时特殊需要在不适合季节移植树木,可按照不同类别树种采取不同措施。

1. 常绿树移植

应选择春梢已停,两次梢未发的树种;起苗应带较大土球。对树冠进行疏剪或摘掉部分叶片。做到随掘、随运、随栽;及时多次灌水,叶面经常喷水,晴热天气应结合遮阴。易日灼的地区,树干裸露者应用草绳进行裹干,入冬注意防寒。

2. 落叶树移植

最好也应选春梢已停长的树种,疏剪尚在生长的徒长枝以及花、果。对萌芽力强,生长快的乔、灌木可以行重剪。最好带土球移植。栽后要尽快促发新根;可灌溉配以一定浓度的(0.001%)生长素。晴热天气,树冠枝叶应遮阴加喷水。易日灼地区应用草绳卷干。适当追肥,剥除蘗枝芽,应注意伤口防腐。剪后晚发的枝条越冬性能差,当年冬应注意防寒。

第六节　园林树木栽植后的养护管理

栽植工程完毕后,为了巩固绿化成果,提高成活率,必须要加强后期的养护管理工作。

一、立支柱

高大的树木,特别是带土球栽植的树木应当支撑。这在多风地区尤其重要,支柱的材料各地有所不同,有竹竿、木棍、钢筋水泥柱等。支撑绑扎的方法有 1 根支柱、3 根支柱和牌坊形支柱等形式(图 5-22)。

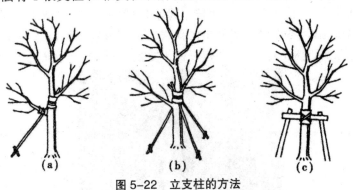

图 5-22 立支柱的方法

(a)1 根支柱;(b)3 根支柱;(c)牌坊形支柱

二、浇水

新植的树木应在当日栽植完成后浇第一遍水,浇水时水量要足,速度要慢,并且一次浇透,以后应根据当地的情况及时补水。北方地区栽植后浇水一般不少于三遍,干旱地区或遇干旱天气时,应增加浇水次数;干热风季节,除浇水外还应对新发芽放叶的树冠喷雾,宜在上午 10 点前和下午 3 点后进行;黏性土壤,宜适量浇水;根系不发达树种,浇水量宜较多;肉质根系的树种,浇水量不宜过多,以防止根系腐烂。浇水时可放置木板或石块,让水落在木板或石块上之后再流入土壤,以减少水对土壤的冲刷。浇水后若出现土壤沉陷、树木倾斜时,应及时扶正、培土;浇水完成后,应及时用围堰土封树穴。

三、修剪

当树木栽植后应疏剪干枯枝,短截折坏碰伤枝,适当回缩多年生枝,以促使新枝萌发。绿篱栽植后,要拉线修剪,做到整齐、美观、修剪后及时清理现场。

四、裹干

移植树木,特别是易受日灼危害的树木,应用草绳、麻布、帆布、特制皱纸(中间涂有沥青的双层皱纸)等材料包裹树干或大枝(图 5-23)。经裹干处理后,一可避免强光直射和干风吹袭,减少树干、树枝的水分蒸发;二可储存一定量的水分,使枝干经常保持湿润;三可调节枝干温度,减少夏季高温和冬季低温对枝干的伤害。裹干材料应保留 2 年或让其自然脱落,为预防树干霉烂,可在包裹树干之前,于树干上涂抹杀菌剂。

图 5-23 裹干(图片来自网络)

五、遮阳

夏季移植大树应搭建荫棚(图 5-24),以防过于强烈日晒,减少树体蒸腾强度。全冠搭建时,要求荫棚上方及四周与树冠间保持 50 cm 的间距,以利棚内空气流通,防止树冠日灼危害。遮阴度为 70%左右,让树体接受一定的散射光,以保证树体光合作用的进行。

图 5-24 搭棚遮阳(图片来自网络)

六、树盘覆盖

对于特别有价值的树木,尤其是秋季栽植的常绿树,用稻草、秸秆、腐叶土等材料覆盖树盘(沿街树池也可用沙覆盖),可减少地表蒸发,保持土壤湿润,防止土温变幅过大,提高树木移植成活率。

第六章 园林树木的养护技术

园林植物以其独特的生态、景观和人文效益造福于城市居民,维护城市的生态平衡,成为城市的"绿色卫士"。由于城市环境的特殊性,园林植物的生长受到了各种环境条件和人为因素的影响,园林植物的养护就是要通过人类的培育与保护,为园林植物的生长提供一个稳定保障。

第一节 园林树木的整形修剪

园林植物栽培中的重要养护管理措施之一就是整形修剪。在园林绿化过程中,对园林植物应根据其生长特性及其功能要求,可整剪成一定的形状,使之与周围的环境相协调以发挥更好的绿化作用。整形修剪是调节树体结构,促进生长平衡,消除树体隐患,恢复树木生机的重要手段。

一、整形修剪概述

(一)维护修剪工具

园林植物的种类多种多样,要修剪的冠形也各不相同,须选用相应功能的修剪工具才能达到更好的效果。只有正确地选用工具,才能达到事半功倍的效果。常用的工具有修枝剪、园艺锯、梯子、绿篱机、果岭机及劳动保护用品。

1. 修枝剪

修枝剪又称枝剪,有圆口弹簧剪、绿篱长刃剪、高枝剪等各种样式(图6-1)。传统的圆口弹簧剪由一片主动剪片和一片被动剪片组成,主动剪片的一侧为刀口,需要提前重点打磨;绿篱长刃剪适用于绿篱、球形树等规则式修剪;高枝剪适用于庭园孤立木、行道树等高干树的修剪(因枝条所处位置较高,用高枝剪,可免于登高作业)。

图6-1　各式各样的修枝剪(图片来自网络)

2. 园艺锯

园艺锯(图6-2)的种类有很多,常用的有单面修枝锯、双面修枝锯、刀锯等,用于锯除剪刀剪不断的枝条。使用前通常须锉齿及扳芽(亦称开缝)。对于较粗大的枝干,常用锯进行回缩或疏枝操作。为防止枝条的重力作用而造成枝干劈裂,常采用分步锯除。首先从枝干基部下方向上锯入枝粗的1/3左右,然后再从上方锯下。

3. 梯子

在需要登高以修剪高大树体的高位干、枝时往往就需要用到梯子（图6-3）。为了保证人身安全，在使用前要观察地面凹凸及软硬情况，放稳梯子。

图6-2　园艺锯（图片来自网络）

图6-3　梯子（图片来自网络）

4. 绿篱机、果岭机

绿篱机用于茶叶修剪、公园、庭园、路旁树篱等园林绿化大面积的专业修剪。有手持式小汽油机、手持式电动机、车载大型机。一般说的绿篱机是指依靠小汽油机为动力带动刀片切割转动的，目前分单刃绿篱机与双刃绿篱机两种。主要包括汽油机、传动机构、手柄、开关及刀片机构等。

果岭机用于修剪高尔夫球运动中球洞所在的草坪。有手扶果岭机和坐式果岭机两种。

5. 劳动保护用品

劳动保护用品包括安全带、安全绳、安全帽、工作服、手套、胶鞋等。

（二）整形修剪的时期

园林植物种类繁多，生长的立地条件各异，生长规律各具特点，因此，应根据整形要求，正确掌握修剪的时间，才能达到目的。

1. 春季修剪

春季是植物的生长期或开花期。这时修剪易造成早衰，但能抑制树高生长。主要采用抹芽、除萌、剪去一部分花芽的办法，调节花量，减少过多的萌蘖芽，减少顶端优势。生长过旺、萌芽力低、成枝率低的树种，适宜此时进行修剪。

2. 夏季修剪

夏季光照充足、雨水充沛，是植物生长的好时期，此时对植物进行修剪抑制作用较强烈。例如，夏季植物枝叶过于茂盛而影响到树体内部正常所需的通风和采光时，此时需要对植物进行修剪。夏季修剪量宜轻不宜重，适用于耐修剪的植物。一般采用抹芽、除蘖、摘心、环剥、扭梢、曲枝、疏剪等修剪方法。

常绿树没有明显的休眠期，春夏季可随时修剪生长过长、过旺的枝条，使剪口下的叶芽萌发。常绿针叶树在 6～7 月进行短截修剪，还可获得嫩枝，以供扦插繁殖。对于冬春修剪易产生伤流不止，易引起病害的树种，应在夏季进行修剪。春末夏初开花的灌木，为了防治花枝徒长，可以在花期以后对其进行短截，以促进新的花芽分化，为来年的开花做准备。

3. 秋季修剪

秋季为养分贮存期，也是根系的活动期。秋季修剪，剪切口易出现腐烂现象，而且因植株无法进入休眠而导致树体弱小。主要是处理利用前途不大的大枝、徒长枝，有利于养分向需要的部位转移。秋季修剪适用于幼树、旺树、郁闭的植物。

4. 冬季修剪

冬季修剪又称为休眠期修剪。冬季修剪是指植株从秋末停止生长开始到翌年早春顶芽萌发前的修剪。这时候，园林树木的生长停滞，树体内营养物质大都回归根部储藏，修剪后养分损失少，且修剪的伤口不易被细菌感染腐烂,对树木的生长影响较小,因此,大部分树木的修剪工作在此段时间内进行。热带、亚热带地区原产的乔、灌观花植物,没有明显的休眠期,但是从 11 月下旬到次年 3 月初的这段时间内,它们的生长速度也明显变慢,有些树木也处于半休眠状态,所以此时也最适宜修剪。

冬季修剪的具体时间应根据当地的寒冷程度和最低气温来决定,有早晚之分。如冬季严寒的地方,修剪后伤口易受冻害,以早春修剪为宜;对一些进行保护越冬的花灌木,在秋季落叶后应立即修剪,然后埋土或卷干。在温暖的南方地区,冬季修剪时期,自落叶后到翌春萌芽前都可进行,因为这段时间内伤口虽不能很快愈合,但也不至于遭受冻害。有伤流现象的树种,一定要在春季的伤流期前修剪。冬季修剪对树冠的构成,枝梢的生长、花果枝的形成等有重要作用,一般采用截、疏、放等修剪方法。

(三)整形修剪的目的和作用

对园林植物进行整形修剪处理具有多方面的目的。总的来说,主要有以下几种目的。

1.提高园林植物移栽的成活率

苗木起运移栽时,不可避免地会对植株造成伤害,特别是对根部的伤害最为严重。苗木移栽后,短时间之内,根部难以及时适应环境的变化以及时供给地上部分充足的水分和养料,造成树体的吸收与蒸腾比例失调,虽然顶芽或一部分侧芽仍可萌发,但仍有可能发生树叶凋萎甚至造成整株死亡的现象。通常情况下,在起苗之前或起苗后,适当剪去病虫根、劈裂根、过长根,疏去徒长枝、病弱枝、过密枝,有些还需根据实际情况(比如温度、季节等条件)适当摘除部分叶片甚至是主干,以确保栽植后顺利成活。

2.调控树体结构

整形修剪可使树体的各层主枝在主干上分布有序、错落有致、主从关系明确、各占一定空间,形成合理的树冠结构,满足特殊的栽培要求。

3.调控开花结实

修剪打破了树木原先的营养生长与生殖生长之间的平衡,重新调节树体内的营养分配,促进开花结实。正确运用修剪可使树体养分集中、新梢生长充实,控制成年树木的花芽分化或果枝比例。及时有效地修剪,既可促进大部分短枝和辅养枝成为花果枝,达到花开满树的效果,也可避免花、果过多而造成的大小年现象。

4.保证园林植物健康生长

修剪整形可使树冠内各层枝叶获得充分的阳光和新鲜的空气。否则，树木枝条年年增多，叶片拥挤，相互遮挡阳光，尤其树冠内膛光照不足，通风不良。总的来说，适当疏枝有三方面的作用：可以增强树体通风透光的能力；可以提高园林植物的抗逆能力；减少病虫害的发生概率。

5.促使衰老树的更新复壮

树体进入衰老阶段后，树冠出现秃裸，生长势减弱、花果量明显减少，采用适度的修剪措施可刺激枝干皮层内的隐芽萌发，诱发形成健壮的新枝，达到恢复树势、更新复壮的目的。

6.创造各种艺术造型

现代社会，人们越来越追求美的享受。可以通过对园林植物进行修剪整形，使其形成各种形态，并具有一定的观赏价值，如各种动物、建筑、主体几何形的类型。通过修剪整形也可使观赏树木像树桩盆景一样造型多姿、形体多娇，具有"虽有人作，宛自天开"的意境。虽然花灌木没有明显的主干，也可以通过修剪协调形体的大小，创造各种艺术造型。在自然式的庭园中讲究树木的自然姿态，崇尚自然的意境，常用修剪的方法来保持"古干虬曲，苍劲如画"的天然效果。

（四）整形修剪的原则

1.根据不同的绿化要求修剪

应明确该树木在园林绿化中的目的要求，是作庭荫树还是作片林，是作观赏树还是作绿化篱。不同的绿化目的各有其特殊的整剪要求，如同样的日本珊瑚树，做绿篱时的修剪和做孤植树的修剪，就有完全不同的修剪要求。

2.根据树木生长地的环境条件特点修剪

生长环境的不同，树木生长发育及长势状况也不相同，尤其是园林立地的条件不如苗圃的条件优越，剪切、整形时要考虑生长环境。生长在土壤瘠薄、地下水位较高处的树木，通常主干应留得低，树冠也相应地小。生长在土地肥沃处的以修剪成自然式为佳。

3. 根据树木年龄修剪

不同年龄的树木其生长发育能力、生长发育状态有明显的差异,对这类树木进行修剪应逐一采取不同的整形修剪措施。例如,幼树,生长势旺盛,但是植株整体处于较脆弱的阶段,在修剪时应求扩大树冠,快速成形,所以可以轻剪各主枝,否则会影响树木的生长发育。成年树,生长速度渐渐趋于平缓,在修剪的过程之中,应以平衡树势为主要目的,对壮枝要轻剪,缓和树势;而对弱枝需要重剪,增强树势。衰老树,为了复壮更新以及避免残枝对营养物质的吸收和利用,通常要重剪,刺激其恢复生长势。对于大的枯枝、死枝应及时锯除,防止掉落砸伤行人、砸坏建筑和其他设施。

(五)整形修剪的依据

园林植物在整形修剪前要对其生态环境条件、生长发育习性、分枝规律、枝芽特性等基本知识进行了解,遵循植物的生长发育规律,才能进行科学合理的整形修剪。

1. 与生态环境条件相统一

任何一种植物在生长的过程中,在自然界中总是不断协调自身各个器官的相互关系,维持彼此间的平衡生长,以求得在自然界中继续生存。因此,对园林植物进行修剪整形的过程中,保留一定的树冠,及时调整有效叶片的数量,维持高粗生长的比例关系,就可以培养出良好的树冠与干形。如果剪去树冠下部的无效枝,使养分相对集中,可加速高度生长。

2. 弄清生长发育习性

园林树木种类繁多,习性各异。在对园林植物进行整形修剪的过程中需要以园林植物的生长与发育规律为依据,将其有限的养分充分利用到必要的生长点或发育枝上去,避免植物吸收的养分浪费。

3. 满足园林植物的分枝规律

在整形修剪的过程中,可以根据观赏花木的分枝习性进行修剪。园林树木在生长进化的过程中形成了一定的分枝规律,一般有假二叉分枝、多歧分枝、主轴分枝、合轴分枝等类型(图6-4)。

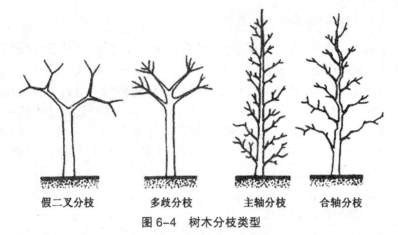

假二叉分枝　　　　多歧分枝　　　　主轴分枝　　　　合轴分枝

图6-4　树木分枝类型

①假二叉分枝。具有生芽的植物,顶芽自枯或分化为花芽,由其下对生芽同时萌枝生长所接替,形成叉状侧枝,以后如此继续。其外形上似二叉分枝,因此称为"假二叉分枝"。如树木如泡桐、丁香等,树干顶梢在生长季末不能形成顶芽,而是由下面对生的侧芽向相对方向分生侧枝,修剪时可留一枚壮芽来培养干高,剥除枝顶对生芽中的一枚。

②多歧分枝。多歧分枝的树木顶梢芽在生长季末发育不充实,侧芽节间短,或顶梢直接形成三个以上势力均等的芽,在下一个生长季节,每个枝条顶梢又抽生出三个以上新梢同时生长,致使树干低矮。对这类树进行修剪一般在树木的幼年时期,采用短截主枝重新培养主枝法和抹芽法培养树形。

③主轴分枝。有些树种顶芽长势强、顶端优势明显。自然生长成尖塔形、圆锥形树冠,如钻天杨、毛白杨、桧柏、银杏等;而有些树种顶芽优势不明显,侧枝生长能力很强,自然生长形成圆球形、半球形、倒伞形树冠,如馒头柳、国槐等。喜阳光的树种,如梅、桃、樱、李等,可采用自然开心形的修剪整形方式,以便使树冠呈开张的伞形。

④合轴分枝。如悬铃木、柳树、榉树、桃树等,新梢在生长期末因顶端分生组织生长缓慢,顶芽瘦小不充实,到冬季干枯死亡;有的枝顶形成花芽而不能向上,被顶端下部的侧芽取而代之,继续生长。

4.枝芽特性

一些园林树木萌芽发枝能力很强、耐剪修,可以剪修成多种形状并可多次修剪,如桧柏、侧柏、悬铃木、大叶黄杨、女贞、小檗等,而另一些萌芽力很弱的树种,只可作轻度修剪。因此要根据不同的习性采用不同的修剪整形措施。

5. 树体内营养分配与积累的规律

树叶光合作用合成的养分,一部分直接运往根部,供根的呼吸消耗,剩余的大部分改组成氨基酸、激素,然后再随上升的液流运往地上部分,供枝叶生长需要。通过修剪可以有计划地将树体营养进行重新分配,并有计划性地供给某个需要的生长中心。例如,培养主干高直的树木时,可以截去生长前期的大部分侧枝,这样能够将树木所吸收的养分主要供给主干顶端生长中心,促进主干的高生长,而避免了侧枝对养分的消耗,达到主干高直的目的。

二、整形修剪的方法

(一)整形修剪的一般程序

修剪程序可以用以下五步来进行精确地概括:"一知、二看、三剪、四检查、五处理。"

"一知"。修剪人员必须掌握操作规程、技术及其他特别要求。修剪人员只有了解操作要求,才可以避免错误。

"二看"。实施修剪前应对植物进行仔细观察,因树制宜,合理修剪。具体是要了解植物的生长习性、枝芽的发育特点、植株的生长情况、冠形特点及周围环境与园林功能,结合实际进行修剪。

"三剪"。对植物按要求或规定进行修剪。剪时由上而下,由外及里,由粗剪到细剪。

"四检查"。检查修剪是否合理,有无漏剪与错剪,以便修正或重剪。

"五处理"。包括对剪口的处理和对剪下的枝叶、花果进行集中处理等。

(二)整形的方法

目前园林植物整形的方法主要有以下几种类别,各种整形方法的目的、条件等都存在着明显的差异。

1. 自然式整形

自然式整形是指按照树种的自然生长特性,采取各种修剪技术,对树枝、芽进行修剪,以及对树冠形状结构作辅助性调整,形成自然树形的修剪方法。在园林地中,比较常用的是自然式整形,其操作方便,省时省工,而且最易获得良好的观赏效果。在自然式整形的过程中需要注意维护树冠的均匀完整,抑制或剪除影响树形的徒长枝、平行枝、重叠枝、枯枝、病虫枝等。常见的自然式整形方式如图 6-5 所示。

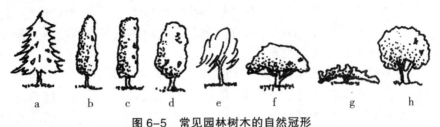

图 6-5　常见园林树木的自然冠形

a. 尖塔形；b. 圆锥形；c. 圆柱形；d. 椭圆形；e. 垂枝形；f. 伞形；g. 匍匐形；

h. 圆球形

2. 规则式整形

根据观赏的需要,将植物树冠修剪成各种特定的形式,称为规则式整形,一般适用于萌芽力、成枝力都很强的耐修剪植物。因为不是按树冠的生长规律修剪整形,经过一段时间的自然生长,新抽生的枝叶会破坏原修整好的树形,所以需要经常修剪。

（1）几何形式

这里所说的几何体造型,通常是指单株(或单丛)的几何体造型(图6-6)。

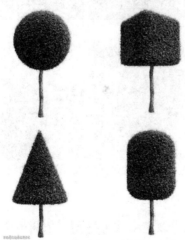

图 6-6　几何体造型(图片来自网络)

球类整形要求就地分枝,从地面开始。整形修剪时除球面圆整外,还要注意植株的高度不能大于冠幅,修剪成半个球或大半个球体即可。如果球类有一个明显的主干,上面顶着一个球体,就称为独干球类。独干球类的上部通常是一个完整的球体,也有半个球或大半个球的,剪成伞形或蘑菇形。独干球类的乔木要先养干,如果选用灌木树种来培养,则采用嫁接法。

除球类和独干球类外,还有其他一些几何形体的造型,如圆锥形、金字塔形、立方体、独干圆柱形等,在欧洲各国比较热衷于此类造型。整形修剪的方法与球类大同小异。

将不同的几何形状在同一株(或同一丛)树木上运用,称为复合型几何体。复合型几何体有的较简单,有的则很复杂,可以按照树木材料的条件和制作者的想象来整形。结合形式有上下结合、横向结合、层状结合的不同类型。上下结合、横向结合的复合型式通常用几株树木栽植在一起造型,而层状结合的复合型造型基本上都是单株的,两层之间修剪时要剪到主干。

(2)其他形式

除了几何形式外,还有多种其他形式。诸如建筑形式,如亭、廊、楼等;动物形式,如大象、鸡、马、虎、鹿、鸟等;人物形式,如孙悟空、猪八戒、观音、人等;古桩盆景等形式(图6-7)。

图6-7 其他形式造型(图片来自网络)

3.自然与人工混合式整形

对自然树形以人工改造而成的造型。依树体主干有无及中心干形态的不同,可分为中央领导主干形、杯状形、自然开心形、多领导干形等。

(1)中央领导干形

这是较常见的树形,有强大的中央领导干,顶端优势明显或较明显,在其上较均匀地保留较多的主枝,形成高大的树冠(图6-8)。中央领导干形所形成的树形有圆锥形（图 6-9）、圆柱形、卵圆形等。

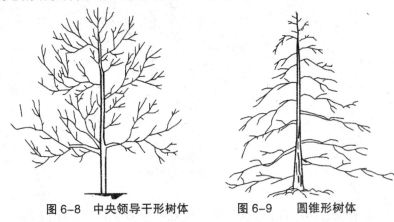

图 6-8　中央领导干形树体　　　　图 6-9　圆锥形树体

（2）杯状形

不保留中央领导干，在主干一定高度留 3 个主枝向四面生长，各主枝与垂直方向上的夹角为 45°，枝间的角度约为 120°。在各主枝上再留两个次级主枝，依此类推，形成杯状树冠。这种树形特点是没有领导枝，树膛内空，形如杯状（图 6-10）。这种整形方法，适用于轴性较弱的树种，对顶端优势强的树种不用此法。

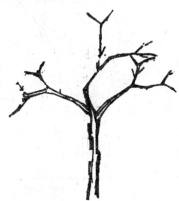

图 6-10　杯状形树体

（3）自然开心形

此种树形为杯状形的改良与发展。主枝 2～4 个均可。主枝在主干上错落着生，不像杯状形要求那么严格。为了避免枝条的相互交叉，同级留在同方向。采用此开心形树形的多为中干性弱、顶芽能自剪、枝展方向为斜上的树种。图 6-11 所示为树冠开张的自然开心形树冠。

图 6-11　自然开心形树体

（4）多领导干形

一些萌发力强的灌木，直接从根茎处培养多个枝干。保留 2～4 个领导干培养成多领导干形，在领导干上分层配置侧生主枝，剪除上边的重叠枝、交叉枝等过密的枝条，形成疏密有序的枝干结构和整齐的冠形，如图 6-12 所示。如金银木、六道木、紫丁香等观花乔木、庭荫树的整形。多领导干形还可以分为高主干多领导干和矮主干多领导干。矮主干多领导干一般从主干高 80～100 cm 处培养多个主干，如紫薇、西府海棠等；高主干多领导干形一般从 2 m 以上的位置培养多个领导干，如馒头柳等。

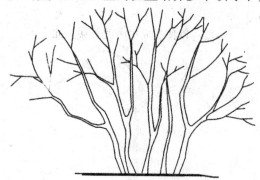

图 6-12　多领导干形树体

（5）其他形

伞形多用于一些垂枝形的树木修剪整形，如龙爪槐、垂枝榆、垂枝桃等（图 6-13）。修剪方法如下：第一年将顶留的枝条在弯曲最高处留上芽短截，第二年将下垂的枝条留 15 cm 左右留外芽修剪，再下一年仍在一年生弯曲最高点处留上芽短截。如此反复修剪，即成波纹状伞面。若下垂的枝条略微留长些短截，几年后就可形成一个塔状的伞面，应用于公园、孤植或成行栽植都很美观。

图 6-13 伞形树体(图片来自网络)

棚架形包括匍匐形、扇形、浅盘形等,适用于藤本植物。在各种各样的棚架、廊、亭边种植树木后按生长习性加以剪、整、引导,使藤本植物上架,形成立体绿化效果。

人工式修剪具有冠丛形的植物是没有明显主干的丛生灌木,每丛保留 1 ~ 3 年主枝 9 ~ 12 个,平均每个年龄的树枝 3 ~ 4 个,以后每年需要将老枝剪除,并在当年新留 3 个或 4 个新枝,同时剪除过密的侧枝。适合黄刺玫、玫瑰、鸡麻、小叶女贞等灌木树木。

丛球形主干较短,一般 60 ~ 100 cm,留有 4 个或 5 个主枝呈丛状。具有明显的水平层次,树冠形成快、体积大、结果早、寿命长,是短枝结果树木。多用于小乔木及灌木的整形。

(三)修剪的方法

1. 截

短截又称为短剪,是指将植物的一年生或多年生枝条的一部分剪去。枝条短剪后,养分相对集中,能够刺激剪口下的侧芽萌发,增加枝条数量,促进多发叶多开花。这是在园林植物修剪整形中最常用的方法,短剪程度对产生的修剪效果有明显的影响。根据短剪的程度,可将其分为如图6-14 所示类型。

①轻短剪。只剪去一年生枝的少量枝段(一般在原枝段 1/4 ~ 1/3之间)。如在秋梢上短剪,或在春、秋梢的交界处(留盲节)。截后能缓和树势,利于花芽分化,也易形成较多的中、短枝,需要注意的是截后单枝生长较弱。

②中短剪。在春梢的中上部饱满芽处剪去原枝条的 1/3 ~ 1/2,其能够形成较多的中长枝,而且这些中长枝成枝力高,生长势强。对于各级骨干枝的延长枝或复壮枝具有重大的意义。

③重短剪。在枝条中下部、全长 2/3 ~ 3/4 处短截,刺激作用大,可逼基部隐芽萌发,适用于弱树、老树和老弱枝的复壮更新。

④极重短剪。剪去除春梢基部留下的 1 ~ 2 个不饱满的芽的部分,在极重短剪之后,植株会萌发出 1 ~ 2 个弱枝,一般多用于降低枝位或处理竞争枝。

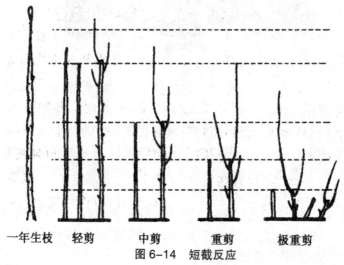

一年生枝　　轻剪　　　中剪　　　重剪　　极重剪

图 6-14　短截反应

2. 疏

疏又称疏删或疏剪,即把枝条从分枝基部剪去的修剪方法。疏剪的主要对象是弱枝、病虫害枝、枯枝及影响树木造型的交叉枝、干扰枝、萌蘖枝等各类枝条(图 6-15)。特别是树冠内部萌生的直立性徒长枝,芽小、节间长、粗壮、含水分多、组织不充实,宜及早疏剪以免影响树形;但如果有生长空间,可改造成枝组,用于树冠结构的更新、转换和老树复壮。

抹芽和除蘖是疏的一种形式。在树木主干、主枝基部或大枝伤口附近常会萌发出一些嫩芽而抽生薪梢,妨碍树形,影响主体植物的生长。将芽及早除去,称为抹芽;或将已发育的新梢剪去,称为除蘖。抹芽与除蘖可减少树木的生长点数量,减少养分的消耗,改善光照与肥水条件。如嫁接后砧木的抹芽与除蘖对接穗的生长尤为重要。抹芽与除蘖,还可减少冬季修剪的工作量和避免伤口过多,宜在早春及时进行,越早越好。

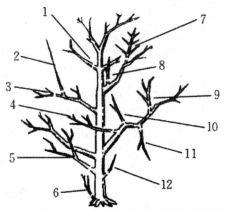

图 6-15　常规修剪着重疏剪的枝条

1—左右对称枝；2—徒长枝；3—枯枝；4—交叉枝；5—重叠枝；6—萌蘖
7—放射状枝；8—躺膛肢（内向枝）；9—逆行枝；10—直立枝；11—下垂枝；12—干生弱枝

3. 回缩

又称为缩剪，是将多年生的枝条剪去一部分。因树木多年生长，离枝顶远，基部易光腿，为了降低顶端优势位置，促多年生枝条基部更新复壮，常采用回缩修剪方法。

常用于恢复树势和枝势。在树木部分枝条开始下垂、树冠中下部出现光秃现象时，在休眠期将衰老枝或树干基部留一段，其余剪去，使剪口下方的枝条旺盛生长来改善通风透光条件或刺激潜伏芽萌发徒长枝来人为更新。

4. 伤

伤是通过各种方法损伤枝条，以达到缓和树势、削弱受伤枝条生长势的目的。伤的具体方法有：刻伤、环剥、折梢、扭梢等（图 6-16）。伤对植株整体的生长发育影响并不明显，一般在植物的生长季进行。

图 6-16　环剥、折梢、扭梢

5. 变

变是指改变枝条生长方向,控制枝条生长势。如用拉枝(图 6-17)、曲枝(图 6-18)等方法将直立或空间位置不理想的枝条,引向直立或空间位置理想的方向。变可以使顶端优势转位、加强或削弱,可以加大枝条开张角度。骨干枝弯枝有扩大树冠、改善光照条件,充分利用空间,促进生殖,缓和生长的作用。该类修剪措施大部分在生长季应用。

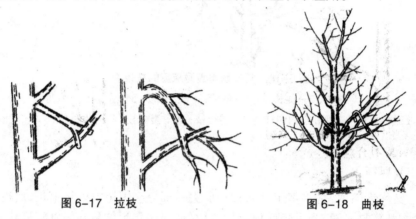

图 6-17 拉枝　　　　　　　　　　图 6-18 曲枝

6. 放

即对一年生枝条不作任何短截,任其自然生长,又称为缓放、甩放或长放。利用单枝生长势逐年减弱的特点,对部分长势中等的枝条长放不剪,下部易发生中、短枝,停止生长早,同化面积大,光合产物多。有利于促进花芽形成。

(四)综合修剪技术

1. 剪口与剪口芽的处理

剪口的形状可以是平剪口或斜切口,一般对植物本身影响不大,但剪口应离剪口芽顶尖 0.5 ~ 1 cm。剪口芽的方向与质量对修剪整形影响较大。若为扩张树冠,应留外芽;若为填补树冠内膛,应留内芽;若为改变枝条方向,剪口芽应朝所需空间处;若为控制枝条生长,应留弱芽,反之应留壮芽为剪口芽。

若剪枝或截干造成剪口创伤面大,应用锋利的刀削平伤口,用硫酸铜溶液消毒,再涂保护剂,以防止伤口由于日晒雨淋、病菌入侵而腐烂。常用的保护剂有保护蜡和豆油铜素剂两种。保护蜡用松香、黄蜡、动物油按

5∶3∶1比例熬制而成的。熬制时,先将动物油放入锅中用温火加热,再加松香和黄蜡,不断搅拌至全部熔化。由于冷却后会凝固,涂抹前需要加热。豆油铜素剂是用豆油、硫酸铜、熟石灰按1∶1∶1比例制成的。配制时,先将硫酸铜、熟石灰研成粉末,将豆油倒入锅内煮至沸腾,再将硫酸铜与熟石灰加入油中搅拌,冷却后即可使用。

2.病害控制修剪

其目的是为了防止病害蔓延。从明显感病位置以下7～8 cm的地方剪除感病枝条,最好在切口下留枝。修剪应避免雨水或露水时进行,工具用后应以70%的酒精消毒,以防传病。

3.剪口处理与大枝修剪

（1）平剪口

剪口在侧芽的上方,呈近似水平状态,在侧芽的对面作缓倾斜面,其上端略高于芽5 mm,位于侧芽顶尖上方。优点是剪口小,易愈合,是观赏树木小枝修剪中较合理的方法,如图6-19所示。

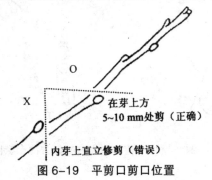

图6-19 平剪口剪口位置

（2）留桩平剪口

剪口在侧芽上方呈近似水平状态,剪口至侧芽有一段残桩。优点是不影响剪口侧芽的萌发和伸展。问题是剪口很难愈合,第二年冬剪时,应剪去残桩,如图6-20和图6-21所示。

（3）大斜剪口

剪口倾斜过急,伤口过大,水分蒸发多,剪口芽的养分供应受阻,故能抑制剪口芽生长,促进下面一个芽的生长,如图6-21所示。

（4）大侧枝剪口

切口采取平面反而容易凹进树干,影响愈合,故使切口稍凸呈馒头状,较利于愈合。剪口太靠近芽的修剪易造成芽的枯死,剪口太远离芽的修剪易造成枯桩,如图6-22所示。

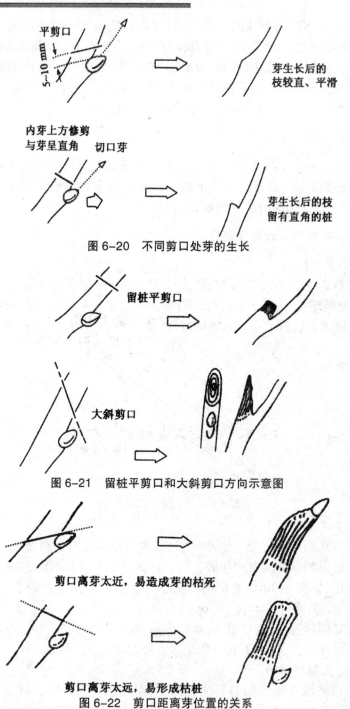

图 6-20 不同剪口处芽的生长

图 6-21 留桩平剪口和大斜剪口方向示意图

图 6-22 剪口距离芽位置的关系

留芽位置不同，新枝生长方向也各有不同，留上、下两枚芽时，会产生向上、向下生长的新枝，留内、外芽时，会产生向内、向外生长的新枝，如图6-23所示。

（5）大枝修剪

大枝修剪通常采用三锯法。第一锯，在待锯枝条上离最后切口约30 cm的地方，从下往上拉第一锯作为预备切口，深至枝条直径的1/3或开始夹锯为止；第二锯，在离预备切口前方2～3 cm的地方，从上往下拉第二锯，截下枝条；第三锯，用手握住短桩，根据分枝结合部的特点，从分杈上侧皮脊线及枝干领圈外侧去掉残桩。这样可避免锯到半途时因树枝自身的重量而撕裂造成伤口过大，不易愈合。

将干枯枝、无用的老枝、病虫枝、伤残枝等全部剪去时，应自分枝点的上部斜向下部剪下，这样可以缩小伤口，残留分枝点下部突起的部分，见图6-24（a），伤口不大，容易愈合，而且隐芽萌发也不多；如果残留其枝的一部分，见图6-24（b），将来留下的一段残桩枯朽，随其母枝的长大渐渐陷入其组织内，致使伤口迟迟不愈合，很可能成为病虫害的巢穴。

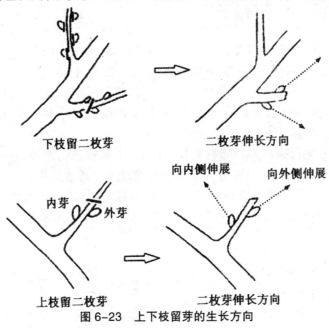

下枝留二枚芽　　　　　　二枚芽伸长方向

向内侧伸展　　　向外侧伸展

内芽　　外芽

上枝留二枚芽　　　　　　二枚芽伸长方向

图6-23　上下枝留芽的生长方向

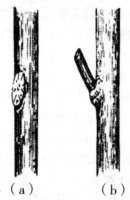

（a）　　　　　　（b）

图 6-24　大枝剪去后的伤口

（a）残留分枝点下部突出的部分；（b）残留枝的一段

三、常见园林植物的整形修剪

（一）行道树的整形修剪

行道树种植在人行道、绿化带、分车线绿岛、市民广场游径、河滨林荫道及城乡公路两侧等，一般使用树体高大的乔木，枝条伸展，枝叶浓密，树冠圆整有装饰性。枝下高和形状最好与周围环境相适应，通常在 2.5 m以上，主干道的行道树要求冠行整齐，高度和枝下高基本一致，以不妨碍交通和行人行走为基准。

定植后的行道树要每年修剪扩大树冠，调整枝条的伸展方向，增加遮阳保湿效果。冠形根据栽植地点的架空线路及交通状况决定。主干道及一般干道上，修剪整形成杯状形、开心形等规则形树冠，在无机动车通行的道路或狭窄的巷道内可采用自然式树冠。图 6-25 所示为行道树悬铃木的修剪。

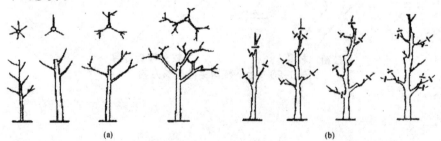

(a)　　　　　　　　　　　　　　　　(b)

图 6-25　悬铃木的修剪整形

（a）杯状树形修剪法；（b）合轴主干性修剪法

有时候在行道树上方有管线经过,这时候需要通过修剪树枝给管线让路的修剪。它分为截顶修剪、侧方修剪、下方修剪和穿过式修剪四种,如图 6-26 所示。

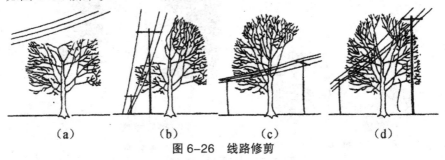

（a）　　　　　　　（b）　　　　　　　（c）　　　　　　　（d）

图 6-26　线路修剪

（a）截顶修剪；（b）侧方修剪；（c）下方修剪；（d）穿过式修剪

（二）庭荫树的整形修剪

庭荫树一般栽植建筑物周围或南侧、园路两侧,公园中草地中心,庭荫树的特点明显,具有健壮的树干、庞大的树冠、挺秀的树形。

庭荫树的整形修剪,首先是培养一段高矮适中、挺拔粗壮的树干。树干的高度要根据树种生态习性和生物学特性而定,更主要的是应与周围环境相适应。树干定植后,尽早将树干上 1 ~ 1.5 m 或以下的枝条全部剪除,以后随着树木的生长,逐年疏除树冠下部的侧枝。庭荫树的枝下高没有固定要求,如果树势旺盛、树冠庞大,作为遮阳树,树干的高度以 2 ~ 3 m 为好,能更好地发挥遮阳作用,为游人提供在树下自由活动的空间;栽在山坡或花坛中央的观赏树主干可适当矮些,一般不超过 1 m。

庭荫树一般以自然式树形为宜,于休眠期间将过密枝、伤残枝、枯死枝、病虫枝及扰乱树形的枝条疏除,也可根据置植需要进行特殊的造型和修剪。庭荫树的树冠应尽可能大些,以最大可能发挥其遮阳等保护作用,并对一些树皮较薄的树种还有防止日灼、伤害树干的作用。一般认为,以遮阳为主要目的的庭荫树的树冠占树高的比例以 2/3 以上为佳。如果树冠过小,则会影响树木的生长及健康状况。图 6-27 所示为庭荫树中广玉兰的修剪整形。

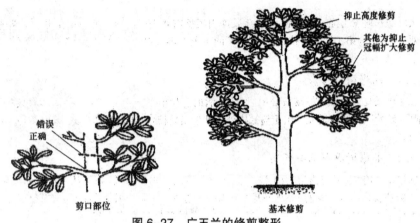

抑止高度修剪

其他为抑止
冠幅扩大修剪

错误
正确

剪口部位

基本修剪

图 6-27　广玉兰的修剪整形

（三）花灌木类的修剪整形

花灌木在园林绿化中起着至关重要的作用。花灌木在苗圃期间主要根据将来的不同用途和树种的生物学特性进行整形修剪。此期间的整剪工作非常重要，人们常说，一棵小树要长成栋梁之材，要经过多次修枝、剪枝。幼树期间如果经过整形，后期的修剪就有了基础，容易培养成优美的树形；如果从未修剪任其随意生长的树木，后期要想调整、培养成理想的树形是很难的。所以注意花灌木在苗圃期间的整形修剪工作，是为了出圃定植后更好地起到绿化、美化的作用。

对于丛生花灌木通常情况下，不将其整剪成小乔木状，仍保留丛生形式。在苗圃期间则需要选留合适的多个主枝，并在地面以上留 3 ~ 5 个芽短截，促其多抽生分枝，以尽快成形，起到观赏作用。

花灌木中有的开出鲜艳夺目的花朵，有的具有芬芳扑鼻的香味，有的具有漂亮、鲜艳的干皮，有的果实累累，有的枝态别致，有的树形潇洒飘逸。总之，它们各以本身具有的特点大显其观赏特性。图 6-28 所示为灌木植物牡丹的修剪整形。

（四）藤本类的修剪整形

藤本类的修剪整形的目的是尽快让其布架占棚，使蔓条均匀分布，不重叠、不空缺。生长期内摘心、抹芽，促使侧枝大量萌发，迅速达到绿化效果。花后及时剪去残花，以节省营养物质。冬季剪去病虫枝、干枯枝及过密枝。衰老藤本类，应适当回缩，更新促壮。

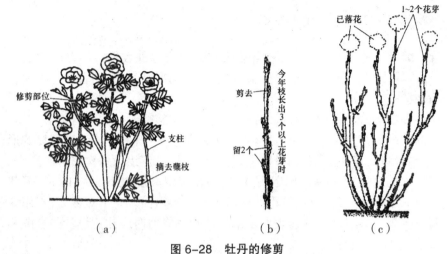

图 6-28　牡丹的修剪

（a）花后修剪；（b）秋天修剪；（c）落叶后修剪

①棚架式。在近地面处先重剪，促使发生数条强壮主蔓，然后垂直引缚主蔓于棚架之顶，均匀分布侧蔓，这样便能很快地成为荫棚。

②凉廊式。常用于卷须类和缠绕类藤本植物，偶尔也用于吸附类植物。因凉廊侧面有隔架，勿将主蔓过早引至廊顶，以免空虚。

③篱垣式。多用卷须类和缠绕类藤本植物，如葡萄、金银花等。将侧蔓水平诱引后，对侧枝每年进行短截。葡萄常采用这种整形方式。侧蔓可以为一层，也可为多层，即将第一层侧蔓水平诱引后，主蔓继续向上，形成第二层水平侧蔓，以至第三层，达到篱垣设计高度为止，如图 6-29 所示。

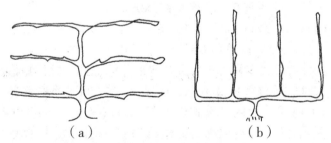

图 6-29　篱垣式剪整

（a）水平三段篱垣式；（b）垂直篱垣式

④附壁式。多用于墙体等垂直绿化，为避免下部空虚，修剪时应运用轻重结合，予以调整。

⑤直立式。对于一些茎蔓粗壮的藤本，如紫藤等亦可整形成直立式，用于路边或草地中。多用短截，轻重结合。

（五）绿篱的修剪整形

绿篱又称植篱或生篱，有自然式和整形式等外表形式。自然式绿篱一般可不行专门的修剪整形措施，仅适当控制高度，在栽培管理过程中将病老枯枝剪去即可。

多数绿篱为整形式绿篱，对整形式绿篱需施行专门的修剪整形工作。整形式绿篱在定植后应及时修剪，剪去部分枝条，有利于成活和绿篱的形成。最好将树苗主尖截去1/3以上，并以此为标准定出第一次修剪的高度。当树木的高度超过绿篱规定高度时，即在规定高度以下 5 ～ 10 cm 短截主枝或较粗的枝条，以便较粗的剪口不致露出表面。主干短截后，再用绿篱剪按规定形状修剪绿篱表面多余的枝叶。修剪时应注意设计的意图和要求。

绿篱最易发生下部干枯空裸现象，因此在剪整时，其侧断面以呈梯形最好，可以保持下部枝叶受到充分的阳光而生长茂密不易秃裸。反之，如断面呈倒梯形，则绿篱下部易迅速秃空，不能长久保持良好的效果，如图6-30 所示。

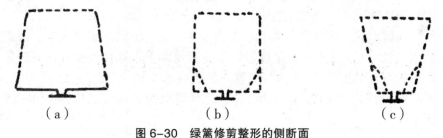

图 6-30　绿篱修剪整形的侧断面

（a）梯形（合理）；（b）一般的修剪形式（长方形），下枝易秃空；

（c）倒梯形，错误的形式，下枝极易秃空。

整形式绿篱形式多样。有剪成几何形体的，如圆柱形、矩形、梯形等。在地形平直时也可修剪成波浪形或墙垛形，在入口处有时修剪成拱门或门柱等，有的剪成高大的壁篱式作雕塑、山石、喷泉等的背景，有的将树木单植或丛植，然后修剪成鸟、兽、建筑物或具有纪念、教育意义等雕塑形式。

①绿篱拱门修剪。绿篱拱门设置在用绿篱围成的闭锁空间处，为了便于游人入内常在绿篱的适当位置断开绿篱，制作一个绿色的拱门，与绿篱连为一体。制作的方法是：在断开的绿篱两侧各种 1 株枝条柔软的小乔木，两树之间保持较小间距，然后将树梢向内弯曲并绑扎而成。也可用

藤本植物制作。藤本植物离心生长旺盛,很快两株植物就能绑扎在一起,而且由于枝条柔软,造型自然。绿色拱门必须经常修剪,防止新梢横生下垂,影响游人通行。反复修剪,能始终保持较窄的厚度,使拱门内膛通风通光好,不易产生空秃。

②图案式绿篱的修剪整形。一般采用矩形的整形方式,要求篱体边缘形成清楚的界线和显著的棱角,以及要求尽可能实现篱带宽窄一致,图案式绿篱每年修剪的次数比一般镶边、防护的绿篱要多,而且枝条的替换、更新时间比较短,不能出现空秃,以使文字和图案清晰可辨。用于组字或图案的植物,需要具有矮小、萌枝力强、极耐修剪的特性。目前常用的是瓜子黄杨或雀舌黄杨。可依字图的大小,采用单行、双行或多行式定植。

(六)特殊树形的修剪整形

特殊树形的整形可以满足人们对美的享受、满足植物应景的原则等,其也是植物修剪整形的一种形式。常见的形式有动物形状和其他物体形状等。用各种侧枝茂盛、枝条柔软、叶片细小且极耐修剪的植物,通过扭曲、盘扎、修剪等手段,将植物整成亭台、牌楼、鸟兽等各种主体造型,以点缀和丰富园景。

造型植物的修剪整形,首先应培养主枝和大侧枝构成骨架,然后将细小的侧枝进行牵引和绑扎,使它们紧密抱合生长,按照仿造的物体形状进行细致地修剪,直至形成各种绿色雕塑的雏形。在以后的培育过程中不能让枝条随意生长而扰乱造型,每年都要进行多次修剪,对"物体"表面进行反复短截,以促发大量的密集侧枝,最终使各种造型丰满逼真、栩栩如生。造型培育中,绝不允许发生缺棵和空秃现象,一旦空秃难以挽救。

第二节　园林树木的树体保护

园林绿地中有许许多多成年的大树,它们不仅改善城市生态环境,为居民提供户外游憩的乐趣,同时也是城市所拥有的财产。但是我们经常可以见到,有些树木由于受到自然或人为活动的影响而处于衰退的状态,有的出现严重的损伤,这类树木不仅不能发挥正常的功能,还可能直接造成居民或财产的损害。因此在同林植物的养护与管理中,对树木的保护和修补是一项十分重要的工作。

对树体、枝、干等部位的损伤进行防护和修补的技术措施称为树体保护，又称树木外科手术。

一、树皮保护

树皮受伤以后，有的能自愈，有的不能自愈。为了使其尽快愈合，防止扩大蔓延，应及时对伤口进行处理。

（一）树皮修补

在春季及初夏形成层活动期树皮极易受损与木质部分离，此时可采取适当的处理使树皮恢复原状。当发现树皮受损与木质部脱离，应立即采取措施保持木质部及树皮的形成层湿度，小心地从伤口处去除所有撕裂的树皮碎片。重新把树皮覆盖在伤口上，用几个小钉子（涂防锈漆）或强力防水胶带固定。另外，用潮湿的布带、苔藓、泥炭等包裹伤口避免太阳直射。一般在形成层旺盛生长期愈合，处理后 1 ~ 2 周可打开覆盖物检查树皮是否仍然存活、是否已经愈合，如果已在树皮周围产生愈伤组织则可去除覆盖，但仍需遮挡阳光。

（二）移植树皮

对伤面不大的枝干，可于生长季移植新鲜树皮，并涂以 10% 的萘乙酸，然后用塑料薄膜包扎缚紧。这个技术经常在果树栽培中采用，但近年来时有用于古树名木的复壮与修复中。

（三）桥接

对皮部受伤面很大的枝干，可于春季萌芽前进行桥接以沟通输导系统，恢复树势。方法是剪取较粗壮的一年生枝条，将其嵌接入伤面两端切出的接口，或利用伤口下方的徒长枝或萌蘖，将其接于伤面上端；然后用细绳或小钉固定，再用接蜡、稀黏土或塑料薄膜包扎。

二、树干保护

由于风折使树木枝干折裂，应立即用绳索捆缚加固，然后消毒涂保护剂。北京有的公园用 2 个半弧圈构成的铁箍加固，为了防止摩擦树皮用棕麻绕垫，用螺栓连接，以便随着干茎的增粗而放松。另外一种方法是用带螺纹的铁棒或螺栓旋入树干,起到连接和夹紧的作用。

由于雷击使枝干受伤的树木,应将烧伤部位锯除并涂保护剂。

三、伤口处理

进入冬季,园林工人经常会对园林树木进行修剪,以清除病虫枝、徒长枝,保持树姿优美。在修剪过程中常会在树体上留下伤口,特别是对大枝进行回缩修剪,易造成较大的伤口,或者因扩大枝条开张角度而出现大枝劈裂现象。

对于枝干上因病、虫、冻、日灼或修剪等造成的伤口,首先应除去伤口内及周围的干树皮,这样不仅便于准确地确定伤口的情况,同时减少害虫的隐生场所。修理伤口必须用快刀,除去已翘起的树皮,削平已受伤的木质部,使形成的愈合也比较平整;不要随意地扩大伤口。修剪时使皮层边缘呈弧形,然后用药剂(2%～5%硫酸铜液,0.1%的升汞溶液,石硫合剂原液)消毒,再涂以保护剂。选用的保护剂要求容易涂抹,黏着性好,受热不熔化,不透雨水,不腐蚀树体组织,同时又有防腐消毒的作用,能促进伤口的愈合,如铅油、接蜡等均可。大量应用时也可用黏土和鲜牛粪加少量的石硫合剂的混合物作为涂抹剂,若用激素涂剂对伤口的愈合更有利,用含有0.01%～0.1%的a-萘乙酸膏涂在伤口表面,可促进伤口愈合。

四、涂白

树干涂白(图6-31)目的是防治病虫害和延迟树木萌芽,避免日灼危害。据试验,桃树涂白后较对照树的花期推迟5 d。因此,在日照强烈、温度变化剧烈的大陆性气候地区,可利用涂白能减弱树木地上部分吸收太阳辐射热的原理,延迟芽的萌动期。由于涂白可以反射阳光,减少枝干温度的局部增高,所以可有效地预防日灼危害。因此,目前仍采用涂白作为树体保护的措施之一。杨树、柳树栽完后马上涂白,可防蛀干害虫。

涂白剂的配制成分各地不一。一般常用的配方是:水10份,生石灰3份,石硫合剂原液0.5份,食盐0.5份,油脂(动植物油均可)少许。配制时要先化开石灰,把油脂倒入后充分搅拌。再加水拌成石灰乳,最后放入石硫合剂及盐水,也可加黏着剂,以延长涂白剂的黏着性。

图 6-31　涂白（图片来自网络）

五、洗尘、设置围栏及定期巡查

（一）洗尘

树木也是要呼吸的，灰尘对其很有影响，另外也影响光合作用，阻碍植物的生长，还有就是影响美观，因此要适时对其进行洗尘。

（二）设置围栏

树木干基很容易被动物啃食或机械损伤造成伤害，可为树木设置围栏，将树干与周围隔离开来，避免不必要的伤害。

（三）定期巡查

树体保护要贯彻"防重于治"的精神，做好预防工作，实在没有办法防的，应坚持定期巡查，及时发现问题，及早处理。

第三节　园林树木的树洞处理

树木在长期的生命历程中，经常要经受各种人为或自然灾害的伤害，造成树皮创伤，因各种原因造成的伤口长久不愈合，长期外露的木质部受雨水浸渍，逐渐腐烂，形成树洞，严重时树干内部中空，树皮破裂，一般称为"破肚子"。由于树干的木质部及髓部腐烂，输导组织遭到破坏，因而影响水分和养分的运输及贮存,严重削弱树势,降低了枝干的坚固性和负载能力,缩短了树体寿命。

一、树洞处理的目的和原则

树洞处理的主要目的是阻止树木的进一步腐朽,清除各种病菌、蛀虫、蚂蚁、白蚁、蜗牛和啮齿类动物的繁殖场所,重建一个保护性的表面;同时,通过树洞内部的支撑,增强树体的机械强度,提高抗风倒雪压的能力,并改善观赏效果。

树木具有一定的抵御有害生物入侵的能力,其特点是在健康组织与腐朽心材之间形成障壁保护系统。树洞处理并非一定要根除心材腐朽和杀灭所有的寄生生物,因为这样做必将去掉这一层障壁,造成新的创伤,且降低树体的机械强度。因此,树洞处理的原则是阻止腐朽的发展而不是根除,在保持障壁层完整的前提下,清除已腐朽的心材,进行适当的加固和填充,最后进行洞口的整形、覆盖和美化。

二、补树洞

补树洞是为了防止树洞继续扩大和发展。其方法有三种。

（一）开放法

树洞不深或树洞过大都可以采用此法,如伤孔不深、无填充的必要时,可按前面介绍的伤口治疗方法处理。如果树洞很大,给人以奇特之感,欲留作观赏时可采用此法。方法是将洞内腐烂木质部彻底清除,刮去洞口边缘的死组织,直至露出新的组织为止,用药剂消毒并涂防护剂。同时改变洞形,以利排水,也可以在树洞最下端插入排水管。以后需经常检查防水层和排水情况,防护剂每隔半年左右重涂1次。

（二）封闭法

树洞经处理消毒后,在洞口表面钉上板条,以油灰和麻刀灰封闭(油灰是用生石灰和熟桐油以1∶0.35比例调和而成,也可以直接用安装玻璃用的油灰俗称腻子),再涂以白灰乳胶,颜料粉面,以增加美观,还可以在上面压树皮状纹或钉上一层真树皮。

（三）填充法

树洞大、边材受损时，可采用实心填充。即在树洞内立一木桩或水泥柱作支撑物，其周围固定填充物，填充物从底部开始，每 20 ~ 25 cm 为一层，用油毡隔开，略向外倾斜，以利于排水；填充物与洞壁之间距离为 5 cm 为宜。然后灌入聚氨酯，使填充物与洞壁连成一体，再用聚硫密封剂封闭，外层用石灰、乳胶、颜色粉面涂抹。为了增加美观，富有真实感，还可在最外面粘贴一层树皮。填充物最好是水泥和小石砾的混合物。如无水泥，也可就地取材。

第四节　古树名木养护与管理

古树名木是指在人类的发展历史中保存下来的、历史悠久的树木，它们具有珍贵的历史价值、文化价值、艺术价值，或者是濒危的珍稀树种。对古树名木进行养护管理具有重要意义。

一、古树名木的概念

古树：根据我们的日常习惯和相关规定，一般只要树木生长的时间超过 100 年，我们就可以称其为古树。

名木：稀有、珍贵、奇特的树木，有些具有重要的历史价值和文化价值，有些则具有独一无二的研究价值与保护价值。

古树名木一般包含以下几个含义：已列入国家重点保护野生植物名录的珍稀植物；天然资源稀少且具有经济价值；具有很高的经济价值、历史价值或文化科学艺术价值；关键种，在天然生态系统中具有主要作用的种类。

二、古树名木的养护管理方法

古树有着几百年乃至上千年的树龄，由于各种原因，逐渐衰老。若不及时加强养护管理，就会造成树势衰弱，生长不良，影响其观赏、研究价值，甚至会导致死亡。因此我们必须非常重视古树名木的复壮与养护管理，避免造成无法弥补的损失。古树名木养护管理一般主要从以下几个方面着手。

（一）尽可能地保持原有的生长环境

植物在原有的环境条件下生存了几百年甚至几千年，说明了它对当前的环境是十分适应的，因而不能随意改变。若需要在其周围进行其他建设时，应首先考虑是否会对植物的生长环境造成影响。如果对植物的生长有较大的损害，就应该采取保护措施甚至退让。否则，就会较大地改变植物的环境，从而使植物的生长受到伤害，形成千古之恨。

（二）改善土、肥水条件

古树名木是历代陵园、名胜古迹的佳景之一，它们庄重自然，苍劲古雅，姿态奇特，令游客流连忘返。参观者众多，会使周围的土壤异常板结，土壤的透气透水性极差，严重影响了根系的呼吸和对土壤无机养分的吸收。再加上部分根系暴露，皮层受损，植物的生长受到严重的损害。因此应尽快采取措施，在树冠投影外 1 m 以内至投影半径的 1/2 以外的环状范围内进行深翻松土，暴露的根系要用土壤重新覆盖。松土过程中不能损伤根系。另外，对重点保护的树木，最好在周围加设护栏，防止游人践踏。

古树名木长时间在同一地点生长，土壤肥力会下降，在测定土壤元素含量的情况下进行施肥。土壤里如缺微量元素，可针对性增施微量元素，施肥方法可采用穴肥、放射性沟施和叶面喷施。

另外，要根据不同树种对水分的不同要求进行浇水或排水。高温干旱季节，根据土壤含水量的测定值，进行浇透水或叶面喷淋。根系分布范围内需有良好的自然排水系统、不能长期积水。无法沟排的需增设盲沟与暗井。生长在坡地的古树名木可在其下方筑水平梯田扩大吸水和生长范围。

（三）做好修剪工作

修剪古树名木的枯死枝、梢，事先应由主管部门技术人员制订修剪方案，主管部门批准后实施。修剪要避开伤流盛期。小枯枝用手锯锯掉或铁钩钩掉。截枝应做到锯口平整、不劈裂、不撕皮，过大的粗枝应采取分段截枝法。操作时应注意安全，锯口应涂防腐剂，防止水分蒸发及病虫害侵害。

（四）及时补洞治伤

由于古树长势较差，又受人为的损害、病菌的侵袭，使部分的干茎腐烂蛀空，形成大小不一的树洞。发现伤疤和树洞要及时修补，对腐烂部位应按外科方法进行处理。这样才有利于防止蔓延、提高观赏价值、尽量恢复长势。

（五）防治病虫害和自然灾害

定期检查古树名木的病虫害情况，采用综合防治措施，认真推广和使用安全、高效、低毒农药及防治新技术，严禁使用剧毒农药。使用化学农药应按有关安全操作规程进行作业。

古树的树体较高大，树冠的生长不均衡，树干常被蛀空，易发生雷击、风折、风倒，所以要采取安装避雷针、立支架支撑和截去枯枝等防护措施。

（六）树体喷水除尘

由于城市空气的浮尘污染，古树树体截留灰尘极多，影响观赏和进行光合作用，因此要用喷水的方法进行清洗。

（七）立档建卡和明确责任

在详细调查的基础上，建立古树的档案、统一编号和挂牌，记录其生长、养护管理的情况，定时检查，利于加强管理和总结经验。

另外，也可以在树木的周围种植可与之嫁接的同种或同属植物的苗木。待长到一定的高度后，将苗木与树木进行桥接，利用幼树的根系给老树供给养分。此法不失为一种较科学的复壮方法。

第七章　园林草本花卉栽培与养护技术

园林草本花卉适用于园林绿地以及室内布置,不仅可以改善和美化环境,还可以丰富人们的文化生活。了解主要的园林草本花卉的栽培管理,不仅可以改善环境中的生态因子,还可以创造财富。

第一节　一二年生草花栽培养护

一、一二年生花卉的概念

（一）一年生花卉

一年生花卉又称春播花卉或春播秋花类,是指花卉植物的寿命在一年之内结束,即生活周期是不跨年度的。从播种到开花、结实、枯死均在一个生长季内完成。一般在春天播种,当年夏秋季节开花结实,然后枯死,如百日草、半支莲、麦秆菊、万寿菊等。

一年生花卉依其对温度的要求分为三种类型,即耐寒、半耐寒和不耐寒种类。耐寒型苗期耐轻霜冻,并在低温下还可继续生长,半耐寒型遇霜冻受害甚至死亡,不耐寒型原产热带地区,遇霜立刻死亡,生长期要求高温。

一年生花卉多数喜阳光、排水良好而肥沃的土壤。花期可以通过调节播种期、光照处理或加施生长调节剂进行控制。

（二）二年生花卉

二年生花卉又称秋播花卉或秋播春花类,是指花卉的寿命需跨年度才能结束,即生活周期是在2个年度中进行的。第一年只生长营养器官,而开花、结实和死亡过程则在第二年完成。二年生花卉(比如须苞石竹、紫罗兰、桂竹香、羽衣甘蓝等），一般是在第一年的秋季播种，第二年的春夏开花。比较典型的二年生花卉，是在第一年进行大量的生长，然后形成贮藏器官。与冬性一年生花卉的区别是，前者的苗期越冬，来春生长。二年生花卉中的蜀葵、三色堇、四季报春等，本为多年生花卉，但是却作为二年生花卉栽培。

二年生花卉具有极强的耐寒力，甚至有的二年生花卉可以承受 0℃以下的低温，但是却承受不了高温。二年生花卉的苗期要求日照较短，在 0～10 ℃低温下进行春化阶段，但成长过程却要求较长时间的日照，并在长日照的条件下开花。

一二年生花卉大多数是由种子进行繁殖，并且其繁殖系数较大，从播种到开花所需的时间也不长，经营周转快，但是花期短，管理用工多。

一二年生花卉是花坛的主要材料，在花境中依据不同花色成群种植，同时可以植于窗台花池、门廊栽培箱、吊篮、旱墙处，还可以铺装在岩石间以及岩石园，还可适用于盆栽，用作切花。

二、常见一二年花卉

（一）鸡冠花

鸡冠花的花色艳丽，花期长，除盆栽外，大量用于花坛布置。苋科青葙属一年生草本，原产于非洲、美洲热带地区和印度，世界各地广为栽培。喜光及炎热和干燥气候，不耐寒。喜肥沃和排水良好土壤，不耐涝。

茎直立粗壮，株高 20～150 cm，叶互生，长卵形或卵状披针形，叶有深红、翠绿、黄绿、红绿等多种颜色；肉穗状花序顶生，形似鸡冠，扁平而厚软，呈扇形、肾形、扁球形等（图 7-1）。生产上常有早穗、中穗和晚穗之分。早穗植株较矮，6～7 月开花，从播种到开花约需 60 天。中穗 9～10 月开花，晚穗 11～12 月开花，两者从播种到开花需 70～80 d。

鸡冠花可种子繁殖。华南地区 3～10 月均可播种，播后 3～7 d 发芽，2～3 片真叶时上盆。播种前，可在苗床中施一些饼肥或厩肥、堆肥作基肥。播种时应在种子中和入一些细土进行撒播，因鸡冠花种子细小，覆土 2～3 mm 即可，不宜深。可按株距 30 cm 定植于园地。也可盆栽，宜用 20～22 cm 花盆，每盆 1 株。播种前要使苗床中土壤保持湿润，播种后可用细眼喷壶稍许喷些水，再给苗床遮上阴，2 周内不要浇水。生长期间，应保持土壤肥沃湿润，尤其炎夏应注意充分灌水，但雨季要注意排涝，否则易死苗。移植成活后每 10 天追肥 1 次。鸡冠花品种间极易杂交退化，因此,留种的植株应在开花前进行隔离,以防混杂。待种子变黑时将整个花序剪下,晾干后脱粒贮藏。收种以花序基部的种子最好。

图 7-1　鸡冠花（图片来自网络）

鸡冠花在高温多雨季节易受炭疽病危害,病叶的叶尖或叶缘常出现半圆形、椭圆形至不定型的褐色病斑,有的斑面具有轮纹,并有小黑点。此病属真菌性病害。可用 25％炭特灵 500 倍液或 50％炭疽福美600 ～ 800 倍液喷雾防治。

（二）万寿菊

万寿菊花大色艳,花期长,病虫害少,适宜布置花坛或盆栽。菊科万寿菊属一年生草本植物。别名臭芙蓉、万寿灯、蜂窝菊、臭菊花、蝎子菊,原产于墨西哥,现广泛栽培,庭院栽培观赏,或布置花坛、花境,也可用于切花。

茎直立,粗壮,多分枝,株高约 80 cm;叶对生或互生,羽状全裂;裂片披针形或长矩圆形,有锯齿,叶缘背面具油腺点,有强臭味;头状花序单生,有时全为舌状花,直径 5 ～ 10 cm;舌状花有长爪,边缘皱曲;花黄色、黄绿色或橘黄色;花期 6 ～ 10 月;瘦果线形,有冠毛(图 7-2)。

图 7-2　万寿菊(图片来自网络)

栽培品种多变,有皱瓣、宽瓣、高型、大花等。

喜阳光充足的环境,耐寒、耐干旱,在多湿气候下生长不良。对土地要求不严,但以肥沃疏松排水良好的土壤为好。

万寿菊可播种、扦插繁殖。在华南地区播种苗一般需50～70 d开花。盆栽宜用22～25 cm花盆,每盆3株。移植成活后(约7 d)留2片叶摘心,可连摘2～3次,以促进植株矮化,增加花数,同时,可通过摘心调节花期。施肥不宜过多,只在苗期追施液肥2～3次即可,以免长势过旺,影响开花。若发现有徒长可增施磷、钾肥。在我国南方一般较难留种,若要采种一般以10～11月成熟的种子最为饱满,选择花大色艳、重瓣性高的花序,在花谢后(花瓣开始干枯时)将整个花序剪下,晾干后贮藏。

（三）一串红

一串红盆栽适合布置大型花坛、花境,景观效果特别好,常用作主体材料。矮生品种盆栽,用于窗台、阳台美化和屋旁、阶前点缀,也可室内欣赏。唇形科鼠尾草属多年生草本或亚灌木植物,常作一二年生栽培。

亚灌木状草本,高可达90 cm;叶子对生,卵形,最多7 cm长及5 cm阔,边缘锯齿状;夏秋顶生总状花序,成串;花色以鲜红色居多,也开白色花(俗称"一串白");花萼钟状,与花冠同色(图7-3)。

图7-3　一串红(图片来自网络)

喜阳光充足。播种后不需覆土,可将轻质蛭石撒放在种子周围,既不影响透光又起保湿作用,可提高发芽率和整齐度。不耐寒,不耐炎热。生长最适温度为15℃～20℃。喜疏松肥沃土壤,忌干旱,忌积水。

可播种、扦插繁殖。扦插繁殖以5～8月为好。选择粗壮充实枝条,长10 cm,插入消毒的腐叶土中,插壤保持20℃,插后10 d可生根,20 d可移栽。

在华北地区播种苗130～150 d开花,"五一"劳动节用花:扦插苗

100 ～ 120 d 开花。例如,若在"五一"劳动节用花可在 12 月下旬播种,元旦用花在 9 月上旬播种;春节用花可在 10 月上旬嫩枝扦插,播种可在 9 月上旬。

一串红培养土内要施足基肥,生长前期不宜多浇水,可 2 d 浇一次,以免叶片发黄、脱落。一串红当苗长到 5 ～ 6 片真叶时可定植于露地,也可盆栽,宜用 22 ～ 25 cm 花盆上盆,每盆 3 株。移植成活后留 2 片叶摘心,可连摘多次,以促进植株矮化,增加花数。同时,可通过摘心调节花期。苗期每 10 d 追肥一次,在花前花后追施磷肥。种子成熟后会自然脱落,当花穗中半数以上花冠开始褪色时,将整串花枝剪下晾晒,脱粒后贮藏。种子寿命可保持 3 ～ 4 年。发芽适温为 20 ～ 25 ℃。低于 20℃,发芽势明显下降。

要注意空气流通,否则植株会发生腐烂病或受蚜虫、红蜘蛛等侵害。发现虫害,可用 40% 乐果 1 500 倍液喷洒防治。一串红还常有病毒性危害,病株矮化,叶小皱缩,尤以嫩叶更为明显,有时出现黄绿相间花叶。此病属病毒性病害。防治方法是及时拔除病株和消灭蚜虫(蚜虫传播病毒)。

第二节　宿根花卉的栽培养护

一、宿根花卉的概念

宿根花卉是指开花、结果后,冬季整个植株或仅地下部分能安全越冬的一类草本观赏植物,其地下部分的形态正常,不发生变态。它包括落叶宿根花卉和常绿宿根花卉。

落叶宿根花卉指春季萌芽,生长发育开花后,遇霜地上部分枯死,而根部不死,以宿根越冬,待来春继续萌发生长开花的一类草本观赏植物。如菊花、芍药、萱草、玉簪等。

常绿宿根花卉指春季萌发,生长发育至冬季,地上部分不枯死,以休眠或半休眠状态越冬,至翌年春天继续生长发育的一类草本观赏植物。北方大多保护越冬或温室越冬,如中国兰花、君子兰等。

宿根花卉的常绿性及落叶性会随着栽培地区及环境条件的不同而发生变化。

一些产自温带的宿根花卉不仅具有耐寒或者半耐寒的特性,还具有休眠的特性。这些休眠器官或莲座枝要解除休眠,就需要依靠冬季的低温,之后在第二年的春季萌芽生长,然后在秋季的低温与短日条件下,诱导秋眠器官的形成。风铃草是属于在春季开花的种类,该种花是在过冬之后,在长日条件下开花。秋菊、长寿花、紫苑等,是属于夏天开花的种类,是在短日条件下开花,或者是在短日条件下促进开花。常绿宿根花卉是原产于热带、亚热带的花卉,在温度适宜的条件下,就可以保持周年开花。夏季温度过高的情况下,还可能会导致一些花休眠,如鹤望兰。

宿根花卉的繁殖方式一般是采用播种繁殖,分株繁殖也比较常见,在进行分株时,可采用脚芽、茎蘖、根蘖,有的还可以利用叶芽扦插。

在园林花坛、花境、地被以及篱垣中,宿根花卉被应用的情况也较为常见。

二、常见宿根花卉

(一)萱草

萱草原产于中国、南欧及日本,现广为栽培。花色鲜艳,园林中多丛植或于花境、路旁栽植。萱草类耐半阴,又可作疏林地被植物。

具有很短的根状茎。根肉质,中下部有时呈纺锤状膨大。叶基生,两列,带状。花葶从叶丛中抽出,顶端具总状或假二歧状圆锥花序,极少有单花或短缩花序。有苞片,花梗短,花近漏斗形。蒴果呈钝三棱状椭圆形或倒卵形;室背开裂,种子黑色,有光泽。大花萱草花径为 13 ~ 18 cm,一般雄蕊长 6 cm,雌蕊长 8 cm(图 7-4)。

图 7-4　萱草(图片来自网络)

百合科萱草属多年生宿根草本。具短根状茎和粗壮的纺锤形肉质根,性强健,耐寒,华北可露地越冬。适应性强,喜湿润也耐旱,喜阳光又耐半阴。对土壤选择性不强,但以富含腐殖质、排水良好的湿润土壤为宜。

　　以分株繁殖为主，每 2 ～ 3 年分根一次。也可播种繁殖，播种秋季最适宜。

　　大花萱草栽培管理比较简单，要求种植在排水良好、夏季不积水、富含有机质的土壤中。早春萌发前穴栽，先施基肥，上盖薄土，再将根栽入，株行距 30 ～ 40 cm，栽后浇透水一次，生长期定期松土、除草，向株丛根部培土。如遇干旱应适当灌水，雨涝则注意排水。4 月至 5 月下旬施 1 ～ 2 次追肥，追肥以磷、钾肥为主。秋季花后修剪整理，入冬前施一次腐熟有机肥。3 ～ 6 年结合繁殖进行分株复壮。

　　（二）金鸡菊

　　园林应用枝叶密集，尤其是冬季幼叶萌生，鲜绿成片。春夏之间，花大色艳，常开不绝。还能自行繁衍，是极好的疏林地被。可观叶，也可观花。

　　株高 30 ～ 60 cm，叶片多对生，稀互生、全缘、浅裂或切裂；花单生或疏圆锥花序，总苞两列，每列 3 枚，基部合生；舌状花 1 列，宽舌状，呈黄、棕或粉色；管状花黄色至褐色（图 7-5）。

图 7-5　金鸡菊（图片来自网络）

　　菊科金鸡菊属多年生草本，常作一年生栽培。喜温暖湿润和阳光充足环境，较耐寒，耐旱性较强，对土壤要求不严。宜疏松、中等肥沃和排水良好的壤土。

　　常用播种繁殖。4 月春播，播后轻压或覆盖细土，7 ～ 10 d 发芽，发芽率高，但发芽不整齐。也可在春夏季节用嫩枝进行扦插繁殖或在秋季进行分株繁殖。

　　金鸡菊的管理比较简单。播种后当长至 2 ～ 3 片真叶时进行移栽，移栽一次后就可栽入花坛之中，在栽后要及时浇水，使根系与土壤紧密接触。生长期追施 2 ～ 3 次液肥。花期停止施肥，防止枝叶徒长，影响开花。平常土壤间干间湿,夏季注意排水,花后及时摘除残花。

（三）荷包牡丹

荷包牡丹多用于布置花境、花坛,也可以盆栽,作促成栽培,作切花。还可以点缀岩石园或在林下大面积种植。

荷包牡丹科荷包牡丹属多年生草本,株高 30 ~ 60 cm;具肉质根状茎;叶对生,2 回 3 出羽状复叶,状似牡丹叶,叶具白粉,有长柄,裂片倒卵状;总状花序顶生呈拱状;花下垂向一边,鲜桃红色,有白花变种;花瓣外面 2 枚基部囊状,内部 2 枚近白色,形似荷包;蒴果细而长;种子细小有冠毛(图 7-6)。

图 7-6　荷包牡丹(图片来自网络)

喜光,可耐半阴。性强健,耐寒而不耐夏季高温,喜湿润,不耐干旱。喜富含有机质的壤土,在沙土及黏土中生长不良。

常用分株或将根茎截段繁殖。秋季将地下部分挖出,清除老腐根,将根茎按自然段顺势分开,分别栽植。另可将根茎截成段,每段带有芽眼,插入沙中,待生根后栽植盆内。

在生长期要给以充足的肥水,花期少搬动,以免落花影响观赏价值。花后地上部分枯萎,可挖起根茎盆栽,保持温度 15℃和湿润环境,进行促成栽培,70 d 左右又能见花。根据促成栽培开始的时间早晚,可控制开花日期 2 ~ 6 月,分批供应市场。

第三节　球根花卉的栽培养护

一、球根花卉的概念

球根花卉的地下部分具肥大的变态根或变态茎。植物学上称球茎、块茎、鳞茎、块根、根茎等,园林植物生产中总称为球根。

根据球根植物的生长发育习性又可分为:

① 1 年生球根花卉。耐寒的球根花卉,包括郁金香、藏红花等。适应自然条件下寒冷的冬季,必须在低温下至少度过几个星期才能正常开花。自然条件下栽培,应于秋季种植,越冬后在春季抽芽发叶露出土面并开出鲜艳的花朵。1 年生球根每年更新,母球生长季结束时营养耗尽而解体,并形成新的子球延续种族。

②多年生球根花卉。不耐寒的球根花卉,如仙客来、花叶芋等;也有一些耐寒的种类,如百合。自然条件下这类植物大都有明显的休眠期,栽培条件适宜时,这类植物可常年生长和开花。

二、常见球根花卉

（一）百合

百合是优良观赏花卉之一。常作切花栽培,也可片植等。百合科百合属多年生球根植物。

百合植株由鳞茎、茎生小鳞茎、气生小鳞茎、直立茎、花、叶与基生根、茎生根等部分组成。一般切花百合直立茎的地上部分高 80 ～ 140 cm,不分枝,茎顶芽分化为花芽开花。叶倒披针形或倒卵形。花多数呈总状花序,花被片白色,背面淡紫色,无斑点(图 7-7)。

大多数喜冷凉、湿润气候。喜半阴,较耐寒。要求肥沃、腐殖质丰富、排水良好的微酸性土壤。生长开花的适宜温度为 15 ～ 25 ℃,通常 10 ℃以下停止生长。温度低于 5 ℃,高于 28 ℃对生长不利。百合是长日照植物,光照时间过短会影响开花,切花夏季栽培要求光照度为自然光的 50% ～ 70%,尤其东方百合的遮阳度要求比亚洲百合与麝香百合高。

图 7-7　百合（图片来自网络）

以分球为主，也可用分珠芽、鳞片扦插和播种的花卉繁殖。

栽种百合花，北方宜选择向阳避风处，南方可栽种在略有遮阴的地方。种植时间以 8 ~ 9 月为宜。种前 1 个月施足基肥，并深翻土壤，可用堆肥和草木灰作基肥。栽种一般深度为鳞茎直径的 3 ~ 4 倍，以利根茎吸收养分。百合适宜氮肥，以豆饼、菜饼、农家堆肥和氮、磷、钾复合肥为最好。一般在生长期施稀释液肥 2 ~ 3 次，以促其株苗生长发育。将近孕蕾开花时，施 1 ~ 2 次磷、钾肥，以保证株苗在孕蕾和开花期有充足营养，不仅可使花朵硕大，色鲜，并可促进球茎的发育。大面积栽植，要注意通风透气和适当遮阴，若小面积栽植或盆栽，对花多而枝秆纤细柔弱的观赏品种要设立支架，以防花枝折断。

（二）唐菖蒲

唐菖蒲别名菖兰、剑兰、扁竹莲、十样锦、十三太保。为重要的鲜切花，可作花篮、花束、瓶插等。鸢尾科唐菖蒲属多年生球根花卉，与玫瑰、康乃馨和扶郎花被誉为"世界四大切花"。

唐菖蒲根有初生根与支撑根两种类型；茎有球茎、匍匐茎、花茎三种生长类型；叶基生，通常在发生 2 片真叶时花芽开始分化，具有 7 片真叶时，开始抽出花茎；花为顶生蝎尾状聚伞花序，每一花序着花 8 ~ 20 朵，商品切花要求每个花序应具小花 12 朵以上（图 7-8）。

喜光性长日照植物，不耐寒冻，也不耐炎热，忌水涝。要求肥沃、疏松、排水良好的土壤。新球形成后，有 2 ~ 3 个月的自然休眠期。生长发育最适温度是白天 20 ~ 25 ℃，夜间为 10 ~ 15 ℃。开花需要有 12 h 以上日照。光照时间不足，光照度减弱，都会影响花的产量与质量。

图 7-8　唐菖蒲（图片来自网络）

用播种和分球繁殖。秋季播种会涉及种球贮藏问题，一般唐菖蒲球茎在自然环境下 3 ~ 4 月即会发芽、发根，要保持种球的休眠状态，必须保持低温、低湿、通风的贮藏环境。

种植前，要施足基肥，以浅栽为宜，有利于新球茎生长。栽后 6 ~ 8 周为叶生长期，保持土壤湿润，氮肥不宜使用过多，否则植株易倒伏。待第 5 片叶长出后追肥 1 ~ 2 次，以磷、钾肥为主。

（三）仙客来

仙客来又名兔耳花、萝卜海棠，为报春花科仙客来属多年生球根草本花卉。花朵开放时，花瓣向上翻卷，形如兔子耳朵。花期长，是优良盆栽花卉之一。

仙客来地下球茎呈扁球形，肉质，底部密生须状根。地上无茎，叶自球茎顶部生出，心脏状卵形，叶缘具细锯齿，叶面深绿色有灰白色斑纹，叶背暗红色。叶柄肉质，较长，紫红色。花梗自叶丛中抽出，肉质，紫红色，高 15 ~ 25 cm，高出叶片，顶生 1 花。花单生，花朵下垂，花萼 5 裂，花瓣 5 枚，基部联合成短筒状，开花时花瓣向上反卷，边缘光滑或带褶皱（图7-9）。花色丰富，有白、粉、大红、紫红、玫瑰红等色，有单色和复色。花型主要有平瓣型、皱瓣型、重瓣型、毛边型等。有些品种开花时有香气。花期 11 月至翌年 5 月，蒴果球形；种子褐色，圆形。

喜凉爽、湿润及阳光充足的环境。怕烈日，忌高温，不耐寒，秋、冬、春三季生长，夏季休眠。生长适温 16 ~ 20 ℃，冬季室温不低于 10 ℃，10 ℃以下花易凋谢；气温高于 30 ℃时，植株进入休眠；超过 35 ℃，植株易受热腐烂,甚至死亡。要求疏松、肥沃、富含腐殖质、排水良好的微酸性沙壤土。

图 7-9　仙客来(图片来自网络)

以播种繁殖为主,也可分割块茎和组织培养。

仙客来多行温室盆栽。于 8 月下旬到 9 月上旬将休眠的块茎栽植花盆内,栽植时块茎应露出 1/3 ~ 1/2,初上盆时要控制浇水,保持盆土湿润即可,此时水分过多,块茎容易腐烂。待新叶抽出后可逐渐增加浇水量。并开始追施稀薄液肥,每周追施 1 次,逐渐增加浓度,在 10 月到开花前,应加强通风,充足光照;在花梗抽出后追施 1 次骨粉或过磷酸钙。夏季高温地区,块茎进入休眠期,应置于通风、阴凉处,稍干燥,过湿会引起块茎腐烂。

第四节　水生花卉的栽培养护

一、水生花卉的概念

水生花卉是指终年生长在水中或沼泽地中的多年生草本观赏植物。按其生态习性及与水分的关系,可分为挺水类、浮水类、漂浮类、沉水类等。

水生花卉的原产地不同,其对水温和气温的要求也不尽相同。荷花、千屈菜、慈姑等比较耐寒,因此,可以在我国的北方地区生长。而原产于热带地区的王莲要在我国的大部分地区生长,需要进行温室栽培。

水生花卉生长期间需要大量的水分和空气,这些花卉的耐旱性较弱。因此,它们的根、茎、叶一般都会有通气组织,这些通气组织的气腔会与外界进行通气,不断从外界吸收氧气,用以供应根系的需要。

二、常见水生花卉

（一）千屈菜

千屈菜科千屈菜属多年生草本挺水植物。千屈菜姿态娟秀整齐，花色鲜丽醒目，可成片布置于湖岸河旁的浅水处。极好的水景园林造景植物。也可盆栽摆放庭院中观赏，亦可作切花用。

根茎横卧于地下，粗壮；茎直立，多分枝，全株青绿色，略被粗毛或密被绒毛，枝通常具4棱。叶对生或三叶轮生，披针形或阔披针形，顶端钝形或短尖，基部圆形或心形，有时略抱茎，全缘，无柄。花组成小聚伞花序，簇生；苞片阔披针形至三角状卵形，三角形；附属体针状，直立，红紫色或淡紫色，倒披针状长椭圆形，基部楔形，着生于萼筒上部，有短爪，稍皱缩；伸出萼筒之外；子房2室，花柱长短不一（图7-10）。蒴果扁圆形。

图7-10 千屈菜（图片来自网络）

喜温暖及光照充足、通风好的环境，喜水湿。比较耐寒，在我国南北各地均可露地越冬。对土壤要求不严，在土质肥沃的塘泥基质中花艳，长势强壮。

繁育方法扦插、分株、播种。

千屈菜生命力极强，管理也十分粗放。盆栽可选用直径50 cm左右的无底洞花盆，装入盆深2/3的肥沃塘泥，一盆栽5株即可。露地栽培按园林景观设计要求，选择浅水区和湿地种植，株行距30 cm×30 cm。生长期要及时拔除杂草，保持水面清洁。为增强通风剪去部分过密过弱枝，及时剪去开败的花穗，促进新花穗萌发。冬季上冻前盆栽千屈菜要剪去枯枝，盆内保持湿润。露地栽培不用保护可自然越冬。一般2～3年要分栽一次。

（二）睡莲

睡莲科睡莲属多年生浮水花卉。生于池沼、湖泊等静水水体中。许多公园水体栽培作为观赏植物，根状茎食用或酿酒，又入药，能治小儿慢惊风；全草可作绿肥。

根状茎肥厚，直立或匍匐。叶二型，浮水叶浮生于水面，圆形、椭圆形或卵形，先端钝圆，基部深裂成马蹄形或心脏形，叶缘波状全缘或有齿；沉水叶薄膜质，柔弱（图 7-11）。花单生，花有大小与颜色之分，浮水或挺水开花；萼片 4 枚，花瓣雄蕊多。果实为浆果绵质，在水中成熟，不规律开裂；种子坚硬深绿或黑褐色为胶质包裹，有假种皮。

睡莲喜强光，通风良好。对土质要求不严，但喜富含有机质的壤土。生长季节池水深度以不超过 80 cm 为宜。3 ~ 4 月萌发长叶，5 ~ 8 月陆续开花，每朵花开 2 ~ 5 天。花后结实。10~11 月茎叶枯萎。翌年春季又重新萌发。

图 7-11　睡莲（图片来自网络）

繁育方法以分株繁殖为主，也可播种繁殖。

睡莲可盆栽或池栽。池栽应在早春将池水放净，施入基肥后再添入新塘泥然后灌水。灌水应分多次灌足。随新叶生长逐渐加水，开花季节可保持水深在 70 ~ 80 cm。冬季则应多灌水，水深保持在 110 cm 以上，可使根茎安全越冬。盆栽植株选用的盆至少有 40 cm × 60 cm 的内径和深度，应在每年的春分前后结合分株翻盆换泥，并在盆底部加入腐熟的豆饼渣或骨粉、蹄片等富含磷、钾元素的肥料作基肥，根茎下部应垫至少 30 cm 厚的肥沃河泥，覆土以没过顶芽为止，然后置于池中或缸中，保持水深 40 ~ 50 cm。高温季节的水层要保持清洁，时间过长要进行换水以防生长水生藻类而影响观赏。花后要及时去残，并酌情追肥。盆栽于室内养护要在冬季移入冷室内或深水底部越冬。生长期要给予充足的光照,勿长期置于阴处。

第五节　仙人掌类、多浆花卉的栽培养护

一、仙人掌及多浆植物的概念

仙人掌及多浆植物在植物学分类上分别属于 50 个不同的科,集中分布在仙人掌科、大戟科、番杏科、萝摩科、景天科、龙舌兰科、百合科、菊科等 8 个科。这一类植物的种类繁多,如仙人掌、昙花、令箭荷花、宝石花等。

(一)仙人掌类植物

仙人掌类植物共同特征为:茎粗大或肥厚,常呈球状、片状、柱状,肉质多浆,通常具有刺座;刺座上着生刺与毛;叶一般退化或仅短期存在。

多数仙人掌类植物原产美洲。从产地生态环境类型上区分,可分为沙漠仙人掌和丛林仙人掌两类,目前室内栽培的种类绝大多数原产沙漠,如金琥。少数种类来自热带丛林,如蟹爪。

(二)多浆植物

多浆植物指茎、叶肥厚而多浆,具有发达的贮水组织,含水量高,大部分生长于干旱或一年中至少有一段时期为干旱地区且能长期生存的一类植物。多浆植物分布于干旱或半干旱地区,以非洲最为集中。其共同特点是具有肥厚多浆的茎或叶,或者茎叶同为多浆的营养器官。

沙漠仙人掌类和原产沙漠的多浆植物喜欢充足的阳光。在生长旺盛的春季和夏季应特别注意给予充足的光照。若光线不足会使植物体颜色变浅,株形非正常伸长而细弱。丛林仙人掌喜半阴环境,以散射光为宜。

多浆植物幼苗较成株所需光照较少,幼苗在生出健壮的刺以前,应避免全光照射。

多数仙人掌类和多浆植物生长最适温度在 20℃ ~ 30℃。沙漠仙人掌在生长期间保持 15℃左右的昼夜温差,有利于植物的生长。沙漠仙人掌通常 5℃以上能安全越冬,丛林仙人掌和一些多浆植物越冬温度以 12℃以上为宜。

二、常见仙人掌及多浆植物

（一）仙人掌

别名仙巴掌、观音掌、霸王、火掌等，仙人掌科仙人掌属多年生常绿肉质植物。常生长于沙漠等干燥环境中，被称为"沙漠英雄花"。可盆栽观赏或食用。

上部分枝宽倒卵形、倒卵状椭圆形或近圆形；花辐状，花托倒卵形；种子多数扁圆形，边缘稍不规则，无毛，淡黄褐色（图7-12）。

图7-12　仙人掌（图片来自网络）

喜温暖和阳光充足的环境，耐炎热，干旱、瘠薄，生命力顽强，生长适温为20℃～30℃。不耐寒，冬季需保持干燥，忌水涝，要求排水良好的沙质土壤。

常用扦插繁殖，也可使用嫁接和播种。

仙人掌以盆栽为主。栽培时盆土可用腐叶土和粗沙按1：1比例混合，并适当掺入石灰调整pH值。植株上盆后置于阳光充足处，尤其是冬季需充足的光照。仙人掌较耐旱，但也要注意浇水，尤其是在生长期要保证水分的供给，掌握"干透浇透"的原则。生长期适当施肥可加速生长。休眠期应节制浇水，施肥，保持土壤干燥。

（二）龙舌兰

龙舌兰又名龙舌掌，番麻龙舌兰科龙舌兰属大型草本植物。龙舌兰叶片坚挺，四季常青，为南方园林布置的重要材料之一，长江流域及以北地区常温室盆栽。

植株高大。叶呈莲座式排列，通常30～40枚，有时50～60枚，大型，肉质,倒披针状线形,长1~2米,中部宽15~20 cm,基部宽10~12 cm,叶缘具有疏刺,顶端有1硬尖刺,刺暗褐色,长1.5~2.5 cm。圆锥花序大型,长达6~12米,多分枝;花黄绿色;花被管长约1.2 cm,花被裂片长2.5~3 cm;雄蕊长约为花被的2倍(图7-13)。蒴果长圆形,长约5 cm。开花后花序上生成的珠芽极少。

图7-13　龙舌兰(图片来自网络)

喜温暖、光线充足的环境,生长温度为15~25℃。耐旱性极强,稍耐寒,较耐阴,耐旱力强。要求排水良好、肥沃的沙壤土。冬季温度不低于5℃。

大部分种类的龙舌兰类植物一生只开1次花,花后随种子的成熟植株则逐渐枯死,龙舌兰一般会经过很多年积攒养分,然后突然发芽疯长。不过这样会耗尽它全部的能量,爆发后的龙舌兰不久便会枯死。而且一些珍贵品种很难开花,因此在生产中常用分株、扦插、播种的方法进行繁殖。

春季分株繁殖。将根处萌生的萌蘖苗带根挖出另行栽植。5℃以上气温可露地栽培。空气湿度在40%左右即可。盆栽时通常以腐叶土加粗沙混合,生长季节两星期施一次稀薄肥水。夏季可大量浇水,但排水应好。入秋后应少浇水,盆土以保持稍干燥为宜。要常放在外面接收阳光。我国华东地区多作温室盆栽,越冬温度5℃以上。浇水不可浇在叶上,否则易生病。随新叶长,及时去除老叶,保证通风透光。

第六节　园林花卉的无土栽培技术

无土栽培技术可以克服土壤栽培的局限,实现植物的高效设施栽培。我国园林植物的无土栽培技术近年来发展迅猛,主要用于生产高档鲜切花、盆花和苗木。而且随着人们生活水平的提高和居住条件的改善,无土栽培技术正在不断被应用于室内、屋顶和城市空地的绿化中。园林植物的无土栽培技术在生产上主要采用水培和基质培的栽培形式,鲜切花的生产多采用水培,一般采用营养液膜技术(NFT)栽培,而大多数花卉则以基质栽培为主,栽培形式有槽栽、袋栽和盆栽等。

一、无土栽培的概念及其特点

无土栽培是近几年发展起来的一种作物栽培新技术。国际无土栽培学会对无土栽培的定义是:不采用天然土壤而利用基质或营养液进行灌溉栽培的方法,包括基质育苗,统称无土栽培。

无土栽培的特点:

①花卉植物大多数比较娇嫩,对环境条件要求较高。无土栽培可以有效地控制植物生长发育过程对水分、空气、光照、湿度等的要求,使植物生长良好,颜色鲜艳。

②无土栽培不用土壤,扩大了园林植物的种植范围。栽培地点选择上自由度大,如在沙漠、盐碱地、海岛、荒山、砾石地等都可以进行无土栽培。

③无土栽培的花卉发育良好,不仅香味浓,而且花期长,进入盛花期早。无土栽培的花卉,由于水的蒸发能保持空气的适当湿度,有利于生长,对于某些夏季生长的花卉还有耐高温的作用。

④节约水肥,减少劳动用工。无土栽培的营养液可以回收再利用,或采用流动培养,避免土壤栽培时肥水的流失,所以能省水、省肥。

⑤无土栽培无杂草,清洁卫生,减少病虫害。无土栽培由于不使用人粪尿、禽兽粪和堆肥等有机肥料,故无臭味,清洁卫生,可减轻对环境的污染和病虫害的传播。

当然,无土栽培也有不足之处:

①投资大,因无土栽培完全是人为控制生产条件的,需要许多设备,如水培槽、培养液池、循环系统等,所以一次性投资较大。

②能耗大,因一切设备都在电能驱动下运转,所以能耗大。

③营养液配合比复杂,费用高,需要一定的技术。且营养液大都循环使用,若消毒不彻底很容易造成病菌传播蔓延。

二、无土栽培的类型

无土栽培的类型很多。根据基质的有无可分为无基质栽培和基质栽培。

（一）无基质栽培

无基质栽培是指将植物的根连续或间断地浸在营养液中生长，不需要基质的栽培方法。无基质栽培一般只在育苗期采用基质，定植后就不用基质了。

无基质栽培可分为水培和喷雾栽培两类。水培是定植时营养液直接与根接触的栽培方法，我国常用的有营养液膜法、深液流法、浮板毛管法、动态浮板法等；喷雾栽培简称雾培或气培，是将营养液直接喷雾到植物根系上，营养液可循环利用的栽培方法。

（二）基质栽培

基质栽培又称介质栽培，即在一定容器内，植物通过基质固定根系，并通过基质使根系吸收营养液和氧气的一种栽培方法，主要有以下几种：

①砂培。即用直径小于 3 mm 的松散颗粒砂、珍珠岩、塑料或其他无机物质作为固体基质。

②砾培。砾培是用直径大于 3 mm 的不松散颗粒（砾、玄武岩、熔岩、塑料或其他无机物质）为固体基质。

③蛭石培。一般选用直径为 3 mm 的蛭石。

④珍珠岩培。珍珠岩是由硅质火山岩在 1 200 ℃下燃烧膨胀而成的。可单独作基质使用，也可与草炭、蛭石等混合使用。

⑤岩棉培。岩棉可以制成各种大小不同的方块，直接用于栽种植物。

三、无土栽培的方式与设备

（一）水培及设备

水培是指定植后植物的根系直接与营养液接触的栽培方法，根据营养液层的深浅，可分为深液流水培和浅液流水培技术。水培的特点是管理方便，无须浇水，不必松土、除草、换土、施肥；水培植物清洁卫生、病虫害少等；在栽培中，不仅能观赏植物的地上部分，还能观赏到植物根系；水培设施、营养液的配方和配置技术、自动化和计算机控制技术都比较完善。但一次性投资大，生产成本高。

园林植物的水培床要求不漏水，多采用混凝土做成或用砖砌成槽或池，一般宽 1.2 ~ 1.5 m，长度视规模而定。水培床最好建成阶梯式，以利于水的流动,增加水中氧气的含量。水培床一般要求在床底铺设给水加温的电热线,并通过控制仪器控制水温。水培植物时,还需每天定期用水泵抽水循环,以保证水中的氧气充足。为了使植物的苗木保持稳定,还可在床底部放入洁净的沙、在苯乙烯泡沫塑料板上钻孔或在水面上架设网格进行固定。

（二）喷雾栽培（雾培、气培）及设备

喷雾栽培也叫作雾培或气培,它是利用喷雾装置将营养液雾化,使植物的根系在封闭黑暗的根箱内,悬空于雾化后的营养液环境中,黑暗的条件是根系生长必需的,以免植物根系受到光照滋生绿藻,封闭可保持根系环境的温度。

喷雾管设在封闭系统内靠地面的一边,在喷雾管上按一定的距离安装喷头。喷头由定时器控制,如每隔 3 min 喷 30 s,将营养液由空气压缩机雾化成细雾状喷到作物根系,根系各部位都能接触到水分和养分。

（三）基质栽培及设备

在基质无土栽培系统中,固体基质的主要作用是支持作物根系及提供作物一定的营养元素。基质栽培的方式有钵培、槽培、袋培、岩棉培等,其营养液的灌溉方法有滴灌、上方灌溉和下方灌溉,但以滴灌应用最普遍。基质系统可以是开放式的,也可以是封闭式的,这取决于是否回收和重新利用多余的营养液。在开放系统中,营养液不循环利用,而封闭系统中营养液则循环利用。由于封闭式系统的设施投资较高,而且营养液管理较为复杂,因而在我国目前的条件下,基质栽培以采用开放式系统为宜。

1. 钵培法

即在花盆、塑料桶等栽培容器中添充基质,栽培植物。从容器的上部供应营养液,下部设排液管,将排出的营养液回收于贮液罐中循环利用。也可采用人工浇灌的原始方法,如图 7-14 所示。

2. 槽培法

槽培是将基质装入一定容积的栽培槽中以种植作物。可用混凝土和砖建造永久性的栽培槽。目前应用较为广泛的是在温室地面上直接用砖垒成栽培槽,为降低生产成本,也可就地挖成槽再铺薄膜。总的要求是防止渗漏并使基质与土壤隔离,通常可在槽底铺 2 层塑料薄膜。槽的坡度至少应为 0.4%。

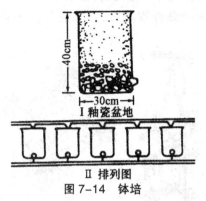

图 7-14 钵培

常用的槽培基质有沙、蛭石、锯末、珍珠岩及草炭与蛭石混合物等。基质混合之前加一定量的肥料作为基肥。基质装槽后,布设滴灌管,营养液可由水泵泵入滴灌系统后供给植株。如图 7-15 所示,也可利用重力把营养液供给植株。

3. 袋培法

用塑料薄膜袋填装基质栽培植物,用滴灌供液,营养液不循环使用。

枕式袋培:按株距在基质袋上设置直径为 8 ~ 10 cm 的种植孔,按行距呈枕式摆放在地面或泡沫板上,安装滴灌管供应营养液。基质通常采用混合基质,如图 7-16 所示。

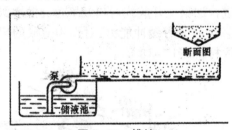

图 7-15 槽培

图 7-16 枕式袋培

立式袋培：将直径为 15 cm、长为 2 m 的柱状基质袋直立悬挂，从上端供应管供液，在下端设置排液口，在基质袋四周栽种植物，如图 7-17 所示。

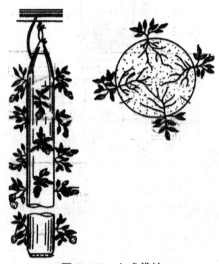

图 7-17　立式袋培

4.岩棉栽培

岩棉是玄武岩中的辉绿岩在 1 600℃高温下熔融抽丝而成，农用岩棉在制造过程中加入了亲水剂，使之易于吸水。岩棉基质干燥时重量较轻，容易对作物根部进行加温。开放式岩棉栽培营养液灌溉均匀、准确，一旦水泵或供液系统发生故障有缓冲能力，对作物造成的损失也较小。岩棉基质是广泛应用的材料（图 7-18）。

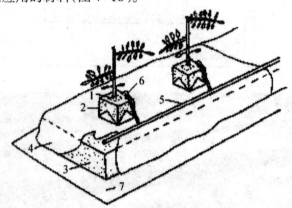

图 7-18　岩棉基质培养

1—播种孔；2—岩棉块（侧面包黑膜）；3—岩棉垫；

4—黑白双面膜（厚膜）；5—滴灌管；6—滴头；7—衬垫膜

四、水培营养液的配制

园林植物水培以水作为介质,水中一般不含植物生长所需的营养元素,因此必须配制必要的营养液,以供植物生长所需。不同的植物其营养液的配方有所不同,针对不同植物进行营养液配方的选择是水培成功的关键。

1. 营养液的配制要求

水培营养液的配制要求包括以下几方面:①营养液必须营养全面,应含有园林植物所需的各种宏量元素和微量元素等,并且营养元素的种类、浓度及配比也应恰当,以保证植物的正常生长;②配制营养液应采用易于溶解的盐类,矿物质营养元素一般应控制在 4‰以内,并防止沉淀的产生;③营养液的 pH 要满足栽培植物的要求,一般在 5.5 ～ 8.0;④营养液一般为缓冲液,要求具有一定的缓冲能力,并需要及时测定和保持其pH 值与营养水平;⑤水源要求清洁,不含杂质,一般以 10 ℃以下的软水为宜,若使用自来水则要进行处理,以防水中氯化物、硫化物和重碳酸盐等对植物造成伤害,一般应加入少量的乙二胺四乙酸钠或腐殖酸盐化合物来处理水中的氯化物和硫化物,但如果采用泥炭作栽培基质则可以消除以上缺点。

2. 营养液的配制程序

营养液的配制程序有以下几个步骤。

①分别称取各种营养成分,置于干净容器、塑料薄膜袋内或平摊于塑料薄膜袋上待用。

②混合和溶解各营养成分时,应严格注意顺序,以免产生沉淀。营养液配制时一般将其浓缩配制为 A、B 两种储备液,A 液以钙盐为主,一般先用温水溶解硫酸亚铁,然后溶解硝酸钙,要求边加水边搅拌直至溶解均匀;B 液以磷酸盐为主,一般先用水溶解硫酸镁,再依次加入磷酸二氢铵和硝酸钾,加水搅拌至完全溶解,硼酸则一般需要用温水溶解后再加入,然后分别加入其余的微量元素。

③使用营养液时,一般应先按比例取 A 液溶于水中,再按比例在此水中加入 B 液,混合均匀后即可使用。配制营养液时,一般忌用金属容器,更不能用金属容器来存放营养液,最好使用玻璃、搪瓷或陶瓷器皿。

3. 常用的营养液配方

园林植物无土栽培所需的营养液配方,一般根据植物种类及其生长发育期和环境条件而定,常用配方有以下几种。

①世界通用的莫拉德营养液配方:A 液为硝酸钙 125 g、硫酸亚铁 12 g 与 1 kg 水混合而成;B 液为硫酸镁 37 g、磷酸二氢铵 28 g、硝酸钾 41 g、硼酸 0.6 g、硫酸锰 0.4 g、硫酸铜 0.004 g、硫酸锌 0.004 g 与 1 kg 的水混合而成。

②我国北方通用的配方:磷酸铵 0.22 g、硝酸钾 1.05 g、硫酸铵 0.16 g、硝酸铵 0.16 g、硫酸亚铁 0.01 g 与 1 kg 水混合而成。

③我国南方通用的配方:硝酸钙 0.94 g、硝酸钾 0.58 g、磷酸二氢钾 0.36 g、硫酸镁 0.49 g、硫酸亚铁 0.01 g 与 1 kg 的水混合而成。

此外,还有如日本园试营养液、荷兰花卉研究所研制的适用于多种花卉岩棉滴灌用的营养液和法国国家农业研究所研制的适用于喜酸作物的营养液配方等,专用配方如月季专用营养液、杜鹃花专用营养液、菊花专用营养液、观叶植物营养液配方等,在进行不同园林植物无土栽培的生产中可供参考运用。

五、栽培基质处理

有些基质可以单独使用,也可以按不同的配比混合使用。基质混合总的要求是降低基质的容重,增加孔隙度,增加水分和空气的含量。基质的混合使用,以 2 ~ 3 种混合为宜。如 1∶1 的草炭、蛭石,1∶1 的草炭、锯末,1∶1∶1 的草炭、蛭石、锯末或 1∶1∶1 的草炭、蛭石、珍珠岩,以及 6∶4 的炉渣、草炭等混合基质,均在我国无土栽培生产上获得了较好的应用效果。

混合基质量小时,可在水泥地面上用铲子搅拌;量大时,应用混凝土搅拌器搅拌。

在国外,育苗和盆栽基质混合时,常加入一些矿质养分。以下是一些常用的育苗和盆栽基质配方。

(1)加州大学混合基质

0.5 m³ 细沙粒径(0.5 ~ 0.05 mm),0.5 m³ 粉碎草炭,145 g 硝酸钾,145 g 硫酸钾,4.5 kg 白云石石灰石,1.5 kg 钙石灰石,1.5 kg 20% 过磷酸钙。

（2）康乃馨混合基质

0.5 m³ 粉碎草炭，0.5 m³ 蛭石或珍珠岩，3 kg 石灰石（最好是白云石），1.2 kg 过磷酸钙（20%五氧化二磷），3 kg 复合肥（氮、磷、钾含量分别为5%、10%、5%）。

（3）中国农业科学院蔬菜花卉研究所无土栽培盆栽基质

0.75 m³ 草炭，0.13 m³ 蛭石，0.12 m³ 珍珠岩，3 kg 石灰石，1 kg 过磷酸钙（20%五氧化二磷），1.5 kg 复合肥（15∶15∶15），10 kg 消毒干鸡粪。

（4）草炭矿物质混合基质

0.5 m³ 草炭，0.5 m³ 蛭石，700 g 硝酸铵，700 g 过磷酸钙（20%五氧化二磷），3.5 kg 磨碎的石灰石或白云石。

如果用其他基质代替草炭，则混合基质中就不用添加石灰石了，因为石灰石的主要作用是降低基质的氢离子浓度（提高基质 pH）。

六、常用的水培技术

（一）营养液膜技术

营养液膜技术为浅液流水培技术，可解决深液流水培技术中生产设施笨重、造价昂贵、供氧不良等问题，但是存在技术要求严格、耐用性差、稳定性差和运行费用高等问题。

营养液膜系统主要由营养液储液池、泵、栽培槽、管道系统和调控系统构成，营养液在泵的驱动下以 0.5 ~ 1.0 cm 厚的营养液薄层从储液池流出经过根系，又回到储液池内，形成循环式供液体系。营养液膜系统具有设施结构简单、容易建造、较深液流水培技术投资少、便于实现生产自动化的特点，但是因为营养液少、缓冲能力差，植株生长易受停电的不良影响。

根据栽培需要又可以分为连续性供液和间歇式供液两种类型。连续供液是指一天 24 小时内连续不断地供液，一般能耗较高；间歇式供液则在连续供液系统的基础上加入定时器装置，按一定的时间间隔进行供液，可以节约能源，也可以控制植株的生长发育，解决根系供氧和供液的矛盾。

（二）深液流技术（DFT）

该种技术的栽培方式与营养液膜技术是相类似的。植株的大部分根系是浸泡在水中的,并且流动的营养液层较深,浸泡在营养液中的根系主要是依靠向营养液中加氧来解决其通气的问题。

由于根系的液温变化较小,环境条件较稳定,因此,具有缓冲能力比较强的特点。即使停电,也不会影响到营养液的供给,这就克服了营养液膜技术的缺点。

深液流水培系统(图7-19)需要具备完善的基本设施,才能更好地栽培。它不仅需要储液池、水泵、营养液自动循环系统,还需要一些现代化的控制系统以及植株的固定装置等。

（三）动态浮根法（DRF）

该系统是指在栽培床内进行营养液灌溉时,植物的根系随营养液的液位变化而上下左右波动(图7-20)。营养液达到设定的深度(一般为8 cm)后,栽培床内的自动排液器将营养液排出去,使水位降至设定深度(一般为4 cm)。此时上部根系暴露在空气中吸收氧气,下部根系浸在营养液中不断吸收水分和养料,不会因夏季高温使营养液温度上升、氧气溶解度低,可以满足植物的需要。

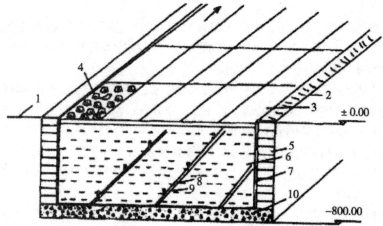

图7-19　全温室深液流水培设施示意图(单位：cm)

1—地面；2—工作通道；3—泡沫塑料定植板；4—植株；5—槽框
6—营养液；7—塑料薄膜；8—供液管道；9—喷头；10—槽底

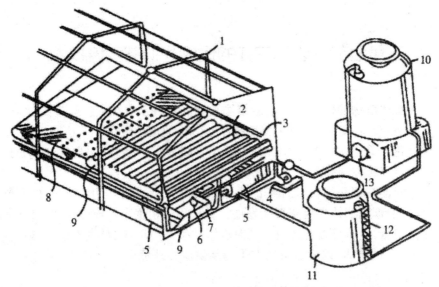

图 7-20　动态浮根系统的主要组成部分

1—管结构温室；2—栽培床；3—空气混入器；4—水泵；5—水池；

6—营养液面调节器；7—营养液交换箱；8—板条；9—营养液出口堵头；

10—高位营养液罐；11—低位营养液罐；12—浮动开关；13—电源自动控制器

（四）浮板毛管法（FCH）

浮板毛管法在深液流法的基础上增加了聚苯乙烯泡沫浮板，根系可在浮板上生长，解决植株养分与氧气的供应问题，而且设施造价较便宜，适合于在经济实力不强的地区应用。

（五）鲁 SC 水培系统

鲁 SC 水培系统又称"基质水培法"，在栽培槽中填入 10 cm 厚的基质，然后又用营养液循环灌溉植物，这种方法能稳定地供应水分和养分，所以栽培效果良好，但一次性的投资成本稍高。

第七节 园林花卉的促成及抑制栽培技术

园林植物的促成及抑制栽培主要指花期调节,又称催延花期。通过人为地控制环境条件,应用栽培技术、药剂,使植物改变自然花期,开放不时之花。其中比自然花期提早的栽培方式称促成栽培,比自然花期延迟的栽培方式称抑制栽培。

催延花期我国自古就有记载,随着科学技术和文化生活水平的不断提高,催延花期技术也有很大发展。其作用是根据市场或应用需求,按时提供产品,使节日百花齐放。同时也缓解生产中出现的"供不应求"或"供过于求"的矛盾,以满足市场四季均衡供应和外贸出口的需要。

一、促成或抑制栽培的原理

（一）阶段发育理论

植物在其一生中或一年中经历着不同的生长发育阶段,最初是进行生长阶段,表现为细胞、组织和器官数量的增加,体积的增大,随着植物体的长大与营养物质的积累,植物进入发育阶段,开始花芽分化和开花。如果人为创造条件,使其提早进入发育阶段,就可以提前开花。

（二）休眠与催醒休眠

休眠是植物个体为了适应生存环境,在历代的种族繁衍和自然选择中逐步形成的生物习性,是对原产地气候及生态环境长期适应的结果。要想使处于休眠的园林植物开花,首先要了解休眠的特性,采取措施催醒休眠使其恢复活动状态。如果想延迟开花,那么就必须延长其休眠期,使其继续处于休眠状态。

（三）花芽分化的诱导

有些园林花卉在进入发育阶段以后,并不能直接形成花芽,需要一定的环境条件诱导其花芽的形成,这一过程称为成花诱导。诱导花芽分化的因素主要有两个方面:一是低温;二是光周期。

（四）春化作用

多数越冬的二年生草本花卉、部分宿根花卉、球根花卉及木本植物在其一生当中的某个阶段，只有经过一段时期的相对低温，才能诱导生长点发生代谢上的质变，进而花芽分化、孕蕾、开花，这种现象称为春化作用。若没有持续一段时间低温，它们始终不能成花，温度的高低与持续时间的长短因种类不同而异。多数园林植物需要 0 ~ 5 d，天数变动较大，最大变动 4 ~ 56 d。

（五）光周期现象

园林植物生长到某一阶段，需要经过一定时间白天与黑夜的交替，才能诱导成花，这种现象叫光周期现象。长日照能促进长日照植物开花，抑制短日照植物开花。相反，短日照能促使短日照植物开花而抑制长日照植物开花。但光照处理必须与植物在某一生育期对温度的要求相结合，才能达到目的。

实践证明，长日照植物的光照阶段不是绝对地要求某一日照时数，而是光照时间渐长的环境。而短日照植物的光照阶段，也不是绝对地要求某一短日照条件，而是要求日照时间渐短的环境。但实质上，起作用的不是足够长或足够短的日照，而是足够短或足够长的黑夜。

二、栽培措施调节

（一）调节种植期

有些植物种类，只要生长条件适宜，生物量达到一定程度即可开花，对这类植物可以通过改变播种期来调节花期。如多年生草本花卉属于中间性植物，对光周期无严格要求，可采取分期播种，开花不断；翠菊、万寿菊、美女樱、百日草、凤仙花 6 ~ 7 月播种，9 ~ 10 月开花，可为"十一"国庆节提供用花；一串红 8 月下旬播种，冬季温室盆栽，不断摘心，于翌年"五一"前 25 ~ 30 d 停止摘心，"五一"时繁花盛开；唐菖蒲于 4 月中旬至 7 月底分期分批播种，可于 7 ~ 10 月开花不断等。"十一"用花种类及播种期见表 7-1。

表 7-1 "十一"用花种类及播种期

播种期	花卉种类	播种期	花卉种类
3月中旬	百子石榴	6月中旬	大花牵牛、万寿菊、鸡冠花、翠菊、美女樱、茑萝、旱金莲
4月初	一串红	7月上旬	百日草、孔雀草、凤仙、千日红
5月初	半枝莲	7月20日	矮翠菊
6月初	鸡冠花		

（二）调节栽植期

改变植物的栽植时期可以改变花期。如需国庆节开花,可在3月下旬栽植葱兰,5月上旬栽植荷花,7月上旬栽植晚香玉、唐菖蒲,7月下旬栽植美人蕉。唐菖蒲的早花品种,1～2月在低温温室中栽培,3～5月开花;3～4月种植,6～7月开花;9～10月栽种,12月至翌年1月开花。

（三）修剪、摘心调节

有些一年可多次开花的植物,可通过修剪、摘心等技术预定花期,如月季、茉莉、香石竹、倒挂金钟、一串红等。月季从修剪到开花时间,夏季为40～50 d,冬季为50～55 d,9月下旬修剪可于11月中旬开花,10月中旬修剪可于12月开花,若将不同植株分期修剪,可使花期相接。一串红修剪后发出新枝约经20 d开花,4月5日修剪可于5月1日开花,9月5日摘心可于国庆节开花。荷兰菊3月上旬摘心后萌发新枝经20 d开花,在一定季节内定期修剪可定期开花。

（四）肥水控制

通常氮肥和水分充足可促进植物营养生长而延迟开花,增施磷肥、钾肥有助抑制营养生长而促进花芽分化。菊花在营养生长后期追施磷、钾肥可提早开花约1周。

能连续发生花蕾、总体花期较长的花卉,在开花后期增施营养可延长总花期。如仙客来在开花近末期增施氮肥可延长花期约1个月。干旱的夏季,充分灌水有利于生长发育,促进开花。例如在干旱条件下,当唐菖蒲抽穗期充分灌水,可提早开花约1周。在休眠期或花芽分化期,可通过肥水控制迫使植物休眠或促进花芽分化。如桃、梅等花卉在生长末期,保持干旱,使自然落叶,强迫其休眠,然后再给予适宜的肥水条件,可使其在

10 月开花。

三、温度调节

利用温度处理调节花期,主要是通过温度来调节一些主要的进程,进而实现对花期的进一步控制。对大多数的越冬休眠的多年生草本花卉,以及一些在越冬时呈现相对静止状态的球根花卉,采用温度处理的方式,来对其进行花期的调节都是十分常见,并且是效果显著的技术。

（一）增温处理

1. 直接加温

常用的方法是温水浴法,即把植株或植株的一部分,浸入温水中,一般 30～35 ℃。如 30～35 ℃温水处理丁香、连翘的枝条,需几个小时即可解除休眠。

2. 低温处理结合加温

休眠器官经一定时间的低温作用后,休眠即被解除,再给予延长休眠或转入生长的条件,就可控制花期。牡丹在落叶后挖出,经过 1 周的低温贮藏,温度在 1～5 ℃左右,再进入保护地加温催花,元旦可上市。对于高温休眠的种类,如郁金香、仙客来等用 5～7 ℃的低温处理种球可打破休眠并诱导和促进开花。

（二）降温处理

1. 低温休眠

多数植物都有低温休眠的特性,因此能通过控制休眠来控制花期。

①诱导休眠。当低温成为休眠的主要条件时,可用降温的方法诱导休眠促使花卉进入休眠期。但目前应用较少。

②延长休眠期。常用低温的方法使花卉在较长的时间内处于休眠状态,达到延迟花期的目的。处理温度一般在 1～3 ℃,（常有一个逐渐降温的过程）。在低温休眠期间,要保持根部适当湿润。在预定开花前 20 d 左右移出冷室,逐渐升温、喷水和增加光照,施用磷、钾肥。牡丹、梅花、山茶等都可用此法调节花期。

2. 低温春化

对秋播花卉,若改变播种期至春季,在种子萌发后的幼苗期给予 0 ~ 5 ℃的低温,使其完成春化阶段,就可正常开花。

3. 低温延缓生长

这是一种采用不断地降温,来延长花卉的营养生长期,进而达到延迟开花目的的方法。降温的过程不是一次性完成的,而是逐渐进行的,降温的最后温度保持在 2 ~ 5 ℃。对于盆养水仙来说,采用 4 ℃以下的冷水对其进行培养,便可推迟其开花的时间。但这种方法在生产中不常用,因为延缓生长意味着产量下降。

四、光照调节

(一)短日照处理

用于短日照性花卉的促成栽培和长日照性花卉的抑制栽培。

通过遮光处理,缩短白昼,加长黑夜,可使短日照植物在长日照季节开花。其具体做法是在日出之后至日落之前用黑色遮光物如黑布、黑色塑料膜等对植物进行遮光,夜间揭开覆盖物,如一品红在长日照季节,每天光照缩短到 10 h,50 ~ 60 d 即可开花,蟹爪兰每天日照缩短到 9 h,60 d 也可开花。

(二)长日照处理

用于长日照性花卉的促成栽培和短日照性花卉的抑制栽培。

用人工补加光照的方法,延长每日连续光照的时间,光照时间每天达到 12 h 以上,可使长日照植物在短日照季节开花。其具体做法是用荧光灯或白炽灯悬挂在植株上方,生产上常用 100 W 的白炽灯,挂在距植株 1 ~ 1.2 m 高的地方,白炽灯相距 1.8 ~ 2 m,如寒冷季节栽培唐菖蒲,在日落前加光,每天光照达 16 h,结合加温,可使它在冬季和早春开花。

(三)颠倒昼夜

采用白天遮光、夜间补光的方法,可使夜间开花的植物在白天开放,并可延长花期 2 ~ 3 d。

（四）加光分夜

在午夜给予一定时间的照明,将长夜隔断,使连续的暗期短于该植物的临界暗期时数,破坏了短日照的作用,就能阻止短日照植物在短日照季节形成花蕾开放,通常夏末、初秋、早春夜晚照明时数为 1 ~ 2 h,冬季照明时数为 3 ~ 4 h。

五、生长激素调节

植物生长调节剂是指从微生物或植物中提取的生理活性物质,或者是通过人工合成的方式得到的生理活性物质。它不仅仅包括赤霉素类、脱落酸、乙烯,还包含一些植物生长的抑制剂以及植物生长的延缓剂。比较常用的药剂有萘乙酸（NNA）、2,4–D、比久、矮壮素（CCC）、吲哚乙酸（IAA）、β – 羟乙基肼（BOH）。

这些植物生长的调节剂,在花卉的开花调节中,起着至关重要的作用,不仅可以用于打破休眠,还可以不断促进茎叶的生长,不断促进花芽的发育。

（一）诱导成花

矮壮素、比久、嘧啶醇可促进多种植物的花芽形成。矮壮素浇灌盆栽杜鹃与短日处理相结合,比单用药剂更为有效。有些栽培者在最后一次摘心后5周,叶面喷施矮壮素1.58% ~ 1.84%溶液可促进成花。用0.25%比久在杜鹃摘心后5周喷施叶面,或以0.15%喷施2次,其间间隔1周,有促进成花作用。比久可促进桃等木本花卉花芽分化,于7月以0.2%喷施叶面,促使新梢停止生长,从而增加花芽分化数量。乙烯利、乙炔、β –羟乙基肼（BOH）对凤梨科的多种植物有促进成花作用。凤梨科植物的营养生长期长,需2.5 ~ 3年才能成花。以0.1% ~ 0.4% BOH溶液浇灌叶丛中心,在4 ~ 5周内可诱导成花,之后在长日照条件下开花,对果子蔓属、水塔花属、光萼荷属、彩叶凤梨属等有作用。田间生长的荷兰鸢尾喷施乙烯利可提早成花并减少盲花百分率。赤霉素对部分植物种类有促进成花作用。A.Long（1957）认为 GA 可代替二年生植物所需低温而诱导成花。细胞分裂素对多种植物有促进成花效应。KT 可促进金盏菊及牵牛花成花。

（二）抑制生长，延迟开花

生长抑制剂在该过程中发挥着重要作用。三碘苯甲酸（TIBA）0.2%～1%溶液；矮壮素0.1%～0.5%溶液，通过在植物生长的旺盛期对其进行处理，可以不断地延迟其花期。

第八章　草坪的建植与养护技术

草坪是经人工种植或改造后形成的具有观赏效果，并能供人适度活动的坪状草地。正确鉴别草坪草，熟悉草坪草建植与养护管理，对于指导草坪草建植与养护生产具有重要意义。

第一节　草坪草

草坪草是指能够形成草皮或草坪，并能耐受定期修剪和人、物使用的一些草本植物品种或种。

草坪草大多数是叶片质地纤细、生长低矮、具有扩散生长特性的根茎型和匍匐型或具有较强分蘖能力的禾本科植物，如草地早熟禾、结缕草、野牛草、狗牙根等；也有部分符合草坪性状的其他的矮生草类，如莎草科、豆科、旋花科等；非禾本科草类，如马蹄金、白三叶等。

一、草坪草的分类

（一）按照草坪在园林绿化中的应用分类

1. 观赏草坪草

观赏草坪又叫装饰草坪，主要布置在大门出入口处、城市绿地雕塑、喷泉四周和城市建筑纪念物前，作为绿色装饰和背景陪衬。观赏草坪具有良好的观赏性，栽培养护管理技术严格，草种需选择精细耐久、绿色期长的种类。

2. 游憩草坪草

游憩草坪是指供游人散步、休息、游憩和进行户外活动的草坪。一般面积较大，允许游人入内游憩活动。此类草坪管理粗放，草种应选择耐践踏、抗性强的种类。

3. 运动草坪草

运动草坪是指可以在其上进行体育运动的草坪。应选择有弹性,耐频繁践踏,自身萌蘖力强,生长势容易恢复的草种。

4. 护坡护岸草坪草

护坡护岸草坪铺设在坡地、水岸边,用于防止水土流失。要选择分蘖力强、抗性强、耐水湿、耐干旱、耐瘠薄而且管理粗放的草种。

(二)按照草坪草生长适宜温度分类

1. 冷季型（冷地型）草坪草

最适生长温度为 15 ～ 25 ℃,主要分布在我国长江流域以北地区(华北、东北、西北)。生长的主要限制因子是最高温与持续时间,在春秋季各有一个生长高峰。

冷季型草坪草耐高温能力差,在南方越夏困难,必须采取特别的养护措施,否则易衰老和死亡。但某些冷季型草坪草,如高羊茅和草地早熟禾的某些品种可在过渡带或暖季型草坪区的高海拔地区生长。欧洲大多数国家常用。因欧洲冬季不冷、夏季不热,且降雨多,所以也叫西洋草。

常见的冷季型草种有早熟禾类、多年生黑麦草、剪股颖、高羊茅、羊胡子草等。用冷季型草种建植的草坪称为冷季型草坪。

2. 暖季型草坪草

最适生长温度为 26 ～ 32 ℃,适合南方地区栽植。生长的主要限制因子是低温强变与持续时间,夏季生长最为旺盛。

暖季型草夏季喜高温高湿,生长迅速,春季生长势弱,不耐寒。冬季呈休眠状态,早春返青复苏后生长旺盛,进入晚秋,一经初霜,其茎、叶枯萎褪绿。暖季型草坪草大多有匍匐茎、根茎,耐踩,许多运动场草坪用。生长相对冷季型草坪草速变慢,形成大量草坪用的时间长。光和能力强,生命力强,所以耐干旱;分布在热带、亚热带地区,在原产地绿期可达280 ～ 290 d,在华中、华南、西南均可,在北京只有 180 ～ 190 d。有少数适合华南栽,如地毯草。

常见的暖季型草种有结缕草、狗牙根草、野牛草等。用暖季型草种建植的草坪称为暖季型草坪。

（三）其他分类方法

除了上面介绍的以外，草坪草还可以依草叶宽度分为宽叶草坪草、细叶草坪草；依株体高度分为高型草坪草、低矮型草坪草；依生长习性分为匍匐型、根茎型、直立（丛生）型等。

二、草坪草的特征

①植株低矮，有茂密的叶片及根系，或能蔓延生长，覆盖力强，能形成以叶为主体的草坪层面，长期保持绿色。

②耐修剪（耐频繁修剪，耐强度修剪，修剪高度为 3 ~ 6 mm，生长势强劲而均匀，耐机械损伤，尤其在践踏或短期被压后能迅速恢复。

③便于大面积铺设，便于机械化施肥、修剪、喷水等作业。

④开花及休眠期尚具有一定观赏效果和保护作用，对景观影响不大。

⑤弹性好，无刺无毒，无不良气味，叶汁不易挤出，对人畜无害。

⑥分布广泛，适应性、抗逆性强，抗病虫、抗寒、抗热、抗盐碱性强，抗性相对牧草要强。与杂草竞争力强。易养护管理。

⑦繁殖要容易，生长快，易于建成大面积草坪，绿色期长。

⑧一般多年生，寿命 3 年以上。若为一二年生，则具有较强的自繁能力。

第二节 草坪建植

一、草坪草的种类选择

应根据草坪的用途、当地的气候特点、土壤条件、技术水平及经济状况等综合条件来选择适合的草种或品种。

（1）按照小环境条件不同选用不同草种

树荫下可选择耐阴强的草种；土质差的地方可选择综合抗性强的草种；在冷凉湿润的环境下可选用冷季型草；在温暖小气候条件下可选用暖季型草。

（2）按照设计草坪的主要功能选择草种

装饰性观赏草坪可选用精细草种，如剪股颖类；运动草坪可选用耐践踏、恢复力强的草种,如结缕草。

（3）按照工程造价和后期管护条件选择草种

以简单覆盖、护土护坡为目的的草坪可选用野牛草、羊胡子草等粗放管理的草种。在经费充足,人力、物力和管护技术允许的条件下,可选用养护要求高、美化效果好的精细草种;反之则应该选择管理粗的草种。

二、草坪草的混合使用

草坪草混播是指把两种或两种以上的草种混在一起或同一草种的不同品种混在一起的播种方法。合理混播可以实现草种间的优势互补,可以提高草坪的抗病、耐阴、耐踏、耐磨、耐修剪等总体抗性,可以延长绿期、提高草坪受损后的恢复能力。

草坪草混合使用时,应遵循以下原则:

第一,把对不同病害抗性较好的草坪草种或品种放在一起混播,从而提高草坪的抗病性。

第二,不同草坪草混播后形成的草坪应该在色泽、质地、均一性等方面相一致,避免因为颜色深浅不一等因素造成对观赏质量的影响。

第三,混播草坪的生态习性如生长速度、扩繁方式、分生能力应基本相同,避免因生长快慢一等因素造成草坪的观赏性大大降低。

三、草坪建植程序

（一）坪床准备

草坪要求良好的土壤通气条件、水分和矿质营养。因而无论采取什么方法建坪都应细心准备坪床。坪床的准备主要包括场地的清理、耕作、整地、土壤改良、施肥及灌溉设施的安装等步骤,这些与苗圃作业一样（参见前面相关章节）。

（二）建植方法

草坪建植的方式有很多种,这主要取决于草种和品种特性。播种建坪是最常见的草坪建植方法。除此之外,还可以用直铺草皮、栽植草块、撒播匍匐茎和根茎等方式建坪（图8-1）。

图8-1　草坪建植(图片来自网络)

1. 草坪草种子建植

直接将草坪草种播撒于坪床上建植草坪的方法称为种子建植。

从理论上讲,草坪草在一年的任何时候均可播种。但在生产中,由于种子萌发的自然环境因子——气温是无法人为控制的,所以建坪时必须抓住播种时期,以利种子萌发,提高幼苗成活率,保证幼苗有足够的生长时间,能正常越冬或越夏,并抑制苗期杂草的为害。如冷季型禾草最适宜的播种时间是夏末,暖季型草坪草则在春末和初夏。

2. 草坪草营养体建植

利用草坪草的营养繁殖体建植草坪的方法称为营养体建植。营养体建植包括铺草皮、栽草块、栽枝条和匍匐茎。其中,铺草皮的方法用得最多,这种方法见效快,对于大多数草坪草来讲,由于不能生产出活性种子,营养体建坪是很好的建坪方法。

营养体建植与播种相比,其主要优点是:能迅速形成草坪,见效快,坪用效果直观;无性繁殖种性不易变异,观赏效果较好;营养体繁殖各方法对整地质量要求相对较低。主要缺点是:草皮块铲运、种茎加工或铺(栽)植费时费工,成本较高。

第三节　草坪养护

草坪的养护管理包括修剪、灌溉、施肥等。三者之间是相互联系的,当修剪高度变化时,也要调整施肥、灌溉的频率与强度。

一、草坪修剪

修剪是所有草坪管理措施中最基本的措施之一,是指去掉一部分生长的茎叶(图 8-2)。修剪的目的是维持草坪草在一定的高度下生长,增加分蘖;促进横向的匍匐茎和根茎发育,增加草坪密度;使草坪草叶片变窄,提高草坪的观赏性和运动性;限制杂草生长,抑制草坪草的生殖生长。

图 8-2　草坪修剪(图片来自网络)

（一）修剪频率

修剪频率是指一定时期内草坪修剪的次数,修剪周期是指连续两次修剪之间的间隔时间。修剪频率取决于修剪高度,何时修剪则由草坪草生长速度决定。而草坪草的生长速度取决于草坪草的种类及品种、草坪草的生育时期、草坪的养护管理水平以及环境条件等。

草坪草的种类及品种不同,其生长速度是不同的,修剪频率也自然不同。生长速度越快,修剪频率越高。在冷季型草中,多年生黑麦草、高羊茅等生长量较大,暖季型草中,狗牙根、结缕草等生长速度较快,修剪频率高。

一般来说,冷季型草坪草有春秋两个生长高峰期。在高峰期应加强修剪,可 1 周 2 次。但为了使草坪有足够的营养物质越冬,在晚秋,修剪次数应逐渐减少。在夏季,冷季型草坪也有休眠现象,也应根据情况减少修剪次数,一般 2 周 1 次即可满足修剪要求。暖季型草坪草一般在 4～10月,每周都要修剪 1 次草坪,其他时候则 2 周 1 次。

（二）修剪高度

修剪高度是指修剪后草坪草茎叶的高度。由于剪草机是行走在草坪草茎叶之上的,所以草坪草的实际修剪高度应略高于剪草机设定的高度。

1. 草坪草的耐剪高度

每一种草坪草都有它特定的耐剪高度范围,在这个范围之内则可以获得令人满意的草坪质量。耐剪高度范围是草坪草能忍耐最高与最低修剪高度之间的范围,高于这个范围,草坪变得稀疏,易被杂草吃掉;低于耐剪高度,发生茎叶剥离,老茎裸露,甚至造成地面裸露。草坪草的耐剪范围受草坪草种类、气候条件、栽培措施等因素的影响。不同类型草坪草的参考修剪高度范围见表8-1。

表 8-1 不同类型草坪草的参考修剪高度范围

冷季型草	高度 /cm	暖季型草	高度 /cm
匍匐剪股颖	0.35 ~ 2.0	美洲雀稗	4.0 ~ 7.5
草地早熟禾	3.75 ~ 7.5	狗牙根（普通）	2.0 ~ 3.75
粗茎早熟禾	3.5 ~ 5.0	狗牙根（杂交）	0.63 ~ 2.5
细羊茅	2.5 ~ 6.5	假俭草	2.5 ~ 7.5
羊茅	3.5 ~ 6.5	钝叶草	7.5 ~ 10.0
硬羊茅	2.5 ~ 6.5	结缕草（马尼拉）	1.25 ~ 5
紫羊茅	3.5 ~ 6.5	野牛草	2.5 ~ 不剪
高羊茅	4.5 ~ 8.75		
多年生黑麦草	3.75 ~ 7.5		

2. 用途决定修剪高度

一般情况下,用途决定草坪草的修剪方式和修剪高度。例如,用于运动场和观赏的草坪,质量要求高,修剪高度低。

3. 环境条件影响修剪高度

修剪和环境两者都可引起胁迫。环境条件是难以控制的,修剪高度则可以人为控制。如果在潮湿多雨季节或地下水位较高的地方,留茬宜高,以便加强蒸腾耗水;干旱少雨季节应低修剪,以节约用水和提高植物的抗旱性。当草坪草在某一时期处于逆境时,应提高修剪高度,如在夏季高温时期,对冷地型草坪提高修剪高度,有利于增强其耐热、抗旱性;而早春或晚秋的低温阶段,提高暖季型草坪的修剪高度,同样可以增强其抗寒性;对病虫害和践踏等损害较重的草坪,可延缓修剪或提高留茬;局部遮阴的草坪生长较弱,修剪高度提高有利于复壮生长。

4.1/3 原则

对于一般的草坪,原则上,每次修剪不要超过 1/3 的纵向生长茎叶长度,此称为 1/3 原则。当草坪草高度大于适宜修剪高度的 1/2 时,应遵照 1/3 原则进行修剪。不能伤害根茎,否则会因地上茎叶生长与地下根系生长不平衡而影响草坪草的正常生长。

(三)修剪方向

剪草机作业时运行的方向和路线显著地影响着草坪草枝叶的生长方向和草坪土壤受挤压的程度。修剪方向不同,草坪草茎叶取向、反光也不同,产生许多明暗相间的条带。为了保证茎叶向上生长,每次修剪的方向应该改变,防止多次在同一行列,以同一方向重复修剪,以免草坪草趋于瘦弱和发生"纹理"现象(草叶趋向同一方向生长),使草坪生长不均衡。

二、草坪施肥

草坪经常修剪,养分消耗较大。施肥可以及时给予养分的补充,延长草坪绿期,提高草坪质量(图 8-3)。

图 8-3　草坪施肥(图片来自网络)

(一)选择肥料

肥料的选择应考虑以下几个方面:
①肥料的物理特性。肥料的物理特性好,不易结块且颗粒均一,容易

施用均匀。

②肥料的水溶性。肥料水溶性大小对产生叶片灼烧的可能性高低和施用后草坪草反应的快慢影响很大。缓效肥,有效期较长,每单位氮的成本较高,但施用次数少,省工省力,草坪质量稳定持久。

③肥料对土壤性状产生的影响。在进行施肥时,肥料对土壤性状产生的影响不容忽视,尤其是对土壤 pH、养分有效性和土壤微生物群体的影响。

（二）计算肥料用量

在所有肥料中,氮是首要考虑的营养元素。草坪氮肥用量不宜过大,否则会引起草坪徒长增加修剪次数,并使草坪抵抗环境胁迫的能力降低。一般高养护水平的草坪年施氮量每 667 m^2 为 30 ~ 50 kg,低养护水平的草坪年施氮量每 667 m^2 为 4 kg 左右。草坪草的正常生长发育需要多种营养成分的均衡供给。

磷、钾或其他营养元素不能代替氮,磷施肥量一般养护水平的草坪每 667 m^2 为 3 ~ 9 kg,高养护水坪的草坪每 667 m^2 为 6 ~ 12 kg,新建草坪每 667 m^2 可施 3 ~ 15 kg。

对禾本科草坪草而言,一般氮、磷、钾比例宜为 4：3：2。

（三）确定施肥次数及时间

1. 施肥次数

施肥次数应根据草坪草的生长需要而定。理想的施肥方案是,每隔一周或两周施一次肥,对大多数草坪来说,每年至少施两次肥。在实践中,草坪施肥的次数取决于草坪养护管理的水平。养护管理水平低的,每年施一次肥;中等养护管理水平,冷季型草坪每年施两次,暖季型草坪每年施三次;高养护管理水平,每月施肥一次。

2. 施肥时间

合理的施肥时间与许多因素相关联,例如草坪草生长的具体环境条件、草种类型以及以何种质量的草坪为目的等。健康的草坪草每年在生长季节应施肥,从而保证氮、磷、钾的连续供应。

全年追肥一次的,暖地型草坪以春末开始返青时为好,冷地型草坪以夏末为宜。

追肥两次的,暖地型草坪分别在春末和仲夏施用,以春末为主,第一次施肥可选用速效肥,但夏末秋初施肥要小心,以防止寒冷来临时草坪草受到冻害;冷地型草坪分别在仲春和夏末施用,以夏末为主,仲夏应少施肥或干脆不施,晚春施用速效肥应十分小心,这时速效氮肥虽促进草坪草快速生长,但有时会导致草坪抗性下降而不利于越夏。

对管理水平高、需多次追肥的草坪,除春末(暖地型草坪)或夏末(冷地型草坪)的常规施肥以外,其余各次的追肥时间,应根据草情确定。

（四）施肥方法

1. 表施

表施是指采取下落式或旋转式施肥机将颗粒状肥直接撒入草坪内,然后结合灌水,使肥料进入草坪土壤中。

2. 叶面喷施

将可溶性好的一些肥料制成浓度较低的肥料溶液或将肥料与农药一起混施时,可采用叶面喷施的方法。这样既可节省肥料,又可提高效率。但溶解性差的肥料或缓释肥料则不宜采用。

3. 灌溉施肥

灌溉施肥是指经过灌溉系统将肥料溶解在水中,喷洒在草坪上。在干旱灌水频繁的地区,常采用这种方式施肥。

（五）施肥技术要点

第一,各种肥料平衡施用。为了确保草坪草所需养分的平衡供应,不论是冷地型草坪,还是暖地型草坪,在生长季节内要施 1 ~ 2 次复合肥。

第二,多施用缓效肥料。草坪施肥最好采用缓效肥料,如施用腐熟的有机肥或复合肥。

第三,在草坪草生长盛期适时施肥。冷地型草坪应避免在盛夏施肥,暖地型草坪宜在温暖的春、夏生长旺盛期适时供肥。

第四,调节土壤 pH。大多数草坪土壤的酸碱度应保持在 pH 6.5 的范围内。一般每 3 ~ 5 年测 1 次土壤 pH,当 pH 明显低于所需水平时,需在春季、秋末或冬季施石灰等进行调整。

三、草坪灌溉

水分通过降雨进入草坪土壤,经过草坪草叶面蒸腾、地面蒸发损失和向地下入渗,剩余的水分一般不能满足草坪草生长的需要,如不及时灌溉,草坪草可能会休眠或死亡。尤其在太阳辐射强烈的夏季,草坪蒸腾蒸发损失大量的水分,必须及时灌溉以保证根系层的水分供应。灌水的方法主要有地面灌溉和喷灌(图8-4)。

图8-4 草坪灌溉(图片来自网络)

(一)确定灌溉时间

在一天的大多数时间可以进行灌溉,但夏季中午不能灌溉。因为此时灌溉易导致草坪烫伤,降低灌溉水的利用率。对于安装自动喷灌系统的草坪,可以在夜间灌溉;对于人工地面灌溉的草坪可选择无风或微风的清晨和傍晚进行灌溉。

(二)计算灌水量

草坪每次灌水的总量取决于两次灌水期间草坪的耗水量。它受草种和品种、土壤类型、养护水平、降雨次数和降雨量,以及天气条件等多种因素的影响。单位时间灌水量不应超过土壤的渗透能力,总灌水量不应超过土壤的持水量。

不同的草坪草种或品种,需水量是不同的,一般暖季型草坪草比冷季型草坪草耐旱性强,根系发达的草坪草较耐旱。

土壤质地对土壤水分的影响也很大。沙性土壤每次的灌水量宜少,黏重土壤则相反;保水性好的土壤,可每周1次,保水性差的土壤,可每周 3 次。低茬修剪或浅根草坪,每次灌水量宜少。

草坪草生长季节内,一般草坪的每次灌水量以湿润到 10 ~ 15 cm 深的土层为宜;冬灌则应增至 20 ~ 25 cm。

在一般条件下,在草坪草生长季内的干旱期,为保持草坪鲜绿,大概每周需补充 3 ~ 4 cm 深的水;在炎热和严重干旱的条件下,旺盛生长的草坪每周约需补充 6 cm 或更多的水分。

第九章　园林植物病虫害防治

在城市系统中,园林植物具有改善城市生态环境、美化生活以及其他经济利用价值。然而,随着园林的发展,园林产品和种苗的调运与流通量迅速增加,为病虫害的蔓延、传播创造了条件,从而大幅降低园林植物的功效。园林植物的病虫害防治是提高其生态、观赏和经济价值的必不可少的手段。

第一节　园林植物病害及防治

植物病害是指植物在自然界中受到有害生物或不良环境条件的持续干扰,其干扰强度超过了植物能够忍耐的程度,使植物正常的生理功能受到严重影响,在生理和外观上表现异常,导致产量降低,品质变劣,甚至死亡的现象。

症状是植物受病原生物或不良环境因素的侵袭后,内部的生理活动和外观的生长发育所显示的某种异常状态。它是一种表现型,是人们识别病害、描述病害和命名病害的主要依据,因此,在病害诊断中十分有用。植物病害的症状表现十分复杂,可发生变色、坏死、萎蔫、腐烂和畸形等(图 9-1)。

一、园林植物发生病害的原因及其危害

(一)植物病害的原因

园林植物发生病害的原因有三个方面:病原、感病植物和环境条件。这是园林植物病害发生发展的三个基本因素,它们之间存在着比较复杂的关系。

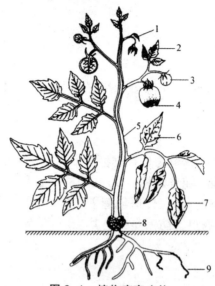

图9-1　植物病害症状

1—梢枯；2—叶枯；3—果斑；4—果腐；5—溃疡；6—斑点；7—卷叶及萎蔫；

8—瘿瘤；9—根腐

1. 病原

引起园林植物发病的病原有两大类：一类是生物性病原；另一类是非生物性病原。生物性病原主要包括真菌、细菌、病毒、线虫等，其引起的病害称为侵染性病害，可以相互传染。非生物性病原主要包括营养不适合、土壤水分失调、温度过高或过低、日照不足或过强、毒气侵染、农药化肥使用不当等。由非生物性病原引起的病害，称为非侵染性病害或称生理病害。

2. 感病植物

当病原侵染植物时，植物本身要对病原进行积极抵抗。病原的存在不能导致植物一定生病，这与植物的抗病强弱能力以及对植物的管理和养护有关。因此，选育抗病品种和加强栽培管理，是防治园林植物病害，尤其是侵染性病害的重要途径之一。

3. 环境条件

当病原和寄主植物同时存在的情况下，病害的发生与环境条件的关系十分密切。对侵染性病害而言，环境条件可以从两个方面影响发病率：一是直接影响病原菌，促进或抑制病原菌的生长发育；二是影响寄主的生活状态,增强寄主植物的抗病性或感病性。

（二）植物病害的危害

植物发生病害,影响了植物的正常生长发育,对植物无疑是有害的。植物根系是支持植物和吸收水分、营养的部分,根部生病后有些引起死苗或幼苗生长衰弱,如小麦根腐病、稻烂秧病等;有些根部肿大形成瘤状物,影响根的吸收能力;有些引起运输贮藏器官的腐烂等。叶片是光合作用和呼吸作用的部分,叶部生病,造成褪绿、黄化、变红、花叶、枯斑、皱缩等,均影响光合作用。茎部有输导水分、矿质元素和有机物的作用,茎部受害后导致萎蔫或致死、腐烂等,影响水分、养分的运输。植物病害对花和果实的危害可以直接影响植株繁育下一代。

植物病害严重威胁农业生产。病害发生严重时,可以造成农作物严重减产和农产品品质变劣,影响国民经济和人民生活。带有危险性病害的农产品不能出口,影响外贸,少数带病的农产品,人畜食用后会引起中毒。

此外,为防治病害还需要制造农药,这无疑增加了成本投入,增加了环境污染和公害等。因此,防治植物病害对减少国民经济损失,提高人民生活水平都具有重要的意义。

二、园林植物病害防治原理

植物病害的防治是以作物为中心,基于病害发生流行规律,科学运用各种措施,创造一个有利于寄主生长发育,不利于病原菌繁殖扩展的生态条件,有效预防和控制病害的发生发展,将病害所造成的损失控制在经济水平允许之下,确保农作物安全生产和农产品质量符合无公害要求。

植物病害防治采取的各项措施主要是针对病原物、寄主和环境条件,强调协调、合理使用各种措施,使之有效阻止或切断病害侵染源。不同防病措施的作用方式和原理不尽相同,但目的一致,均是以消除或降低病害初侵染源,控制病原菌侵染与扩展蔓延,促进植物健壮生长,增强其抗病性,将病害的发生危害降低至最低限度为目标。

防治病害的措施很多,按照其作用原理,通常区分为回避（avoidance）、杜绝（exclusion）、铲除（eradication）、保护（protection）、抵抗（resistance）和治疗（therapy）六个方面。每个防治原理下又发展出许多防治方法和防治技术,分属于植物检疫、农业防治、抗病性利用、生物防治、物理防治和化学防治等不同领域。从主要流行学效应来看,各种病害防治途径和方法不外乎通过减少初始菌量、降低流行速度或者同时作用于两者来控制病害的发生与流行(表9-1)。

表9-1　植物病害防治途径及其流行学效应

植物病害防治原理	防治措施	主要流行学效应
回避（植物不与病原物接触）	1.选择不接触或少接触病原体的地区、田块和时期 2.选用无病植物繁殖材料 3.采用防病栽培技术	减少初始菌量，降低流行速度 减少初始菌量 降低流行速度
杜绝（防止病原物传入未发生地区）	1.种子和苗木的除害处理 2.培育无病种苗，实行种子健康检验和种子证书制度 3.植物检疫 4.排除传病昆虫介体	减少初始菌量 减少初始菌量 减少初始菌量 减少初始菌量，降低流行速度
铲除（消灭已发生的病原体）	1.土壤消毒 2.轮作、降低土壤内病原体数量 3.拔除病株，铲除转主寄主和野生寄主 4.田园卫生措施 5.植物繁殖材料的热处理和药剂处理	减少初始菌量 减少初始菌量 减少初始菌量，降低流行速度 减少初始菌量 减少初始菌量，降低流行速度
保护（保护植物免受病原物侵染）	1.保护性药剂防治 2.防治传病介体 3.采用农业防治措施，改良环境条件和植物营养条件 4.利用交互保护作用和诱发抗病性 5.生物防治	降低流行速度 降低流行速度 降低流行速度 降低流行速度 降低流行速度
抵抗（利用植物抗病性）	1.选育和利用具有小种专化抗病性的品种 2.选育和利用具有小种非专化抗性的品种 3.利用化学免疫和栽培（生理）免疫	减少初始菌量 降低流行速度 降低流行速度
治疗（治疗患病植物）	1.化学治疗 2.热力治疗 3.外科手术（切除罹病部分）	降低流行速度 减少初始菌量 减少初始菌量，降低流行速度

三、园林植物主要病害防治

（一）叶部病害

1. 白粉病类

白粉病是一种在世界范围内广泛发生的植物病害。月季白粉病（图9-2）是白粉病中比较典型的一种，病原为单丝壳属的一种真菌。

图9-2　月季白粉病（图片来自网络）

（1）症状

月季白粉病是蔷薇、月季、玫瑰上发生的比较普遍的病害。其主要发生在叶片上，叶柄、嫩梢及其花蕾等部位均可受害。初期发病，叶片上产生褪绿斑点，并逐渐扩大，以后在叶片上下两面布满白粉。嫩叶染病后，叶片皱缩反卷、变厚，逐渐干枯死亡。嫩梢和叶柄发病时，病斑略肿大，节间缩短。花蕾染病时，其上布满白粉层，致使花朵小，萎缩干枯，病轻的花蕾使花畸形，严重导致不开花。

（2）发病规律

病原菌以菌丝体在病组织中越冬，翌年以子囊孢子或分生孢子作初次侵染，温暖潮湿季节发病迅速，5～6月、9～10月是发病盛期。

（3）防治方法

①结合修剪，剪去病枝、病芽和病叶，减少侵染源。休眠期喷洒波美2～3度的石硫合剂，消灭越冬菌丝或病部闭囊壳。

②适当密植,通风透光,多施磷、钾肥等,氮肥要适量,增强植株抗病能力。

③发病前,喷洒石硫合剂预防侵染;发病期用50%多菌灵可湿性粉剂1 500～2 000倍液喷施。生物农药BO-10、抗霉菌素120对白粉病也有良好防效。

2. 炭疽病类

炭疽病是黑盘孢目真菌所致病害总称,是最常见的一类植物病害。兰花炭疽病(图9-3)是兰花发生普遍又严重的一种病害,我国兰花栽植区均有发生。该病除为害中国兰花外,还为害虎头兰花、宽叶兰、广东万年青、米兰、扶桑、茉莉花、夹竹桃等多种植物。其分布在台湾、四川、浙江、江苏、福建、上海、广东、云南、安徽等地区。兰花炭疽病的病原为刺盘孢属的两种真菌和盘长孢菌属的一种真菌。

图9-3 兰花炭疽病(图片来自网络)

(1)症状

该病主要为害植株的叶片,有时也侵染植株的茎和果实。发病初期,感病叶片中部产生圆形或椭圆形斑;发生于叶缘时,产生半圆形斑;发生于尖端时,部分叶段枯死;发生于基部时,许多病斑连成一片,也会造成整叶枯死。病斑初为红褐色,后变为黑褐色,下陷。发病后期,病斑上可见轮生小黑点,为病原菌的分生孢子盘。新叶、老叶在发病时间上有异。上半年一般为老叶发病时间,下半年为新叶发病时间。

(2)发病规律

病原菌主要以菌丝体在病叶、病残体和枯萎的叶基苞片上越冬。第二年春季,在适宜的气候条件下,病原菌产生分生孢子。分生孢子借风雨和昆虫传播,进行侵染为害。老叶一般从4月初开始发病,新叶则从8月开始发病。高温多雨季节发病重。通风不良病害加重。兰花品种不同，抗病性也有差异。

（3）防治方法

①结合冬剪，及时剪去枯枝落叶，集中烧毁，减少侵染源。

②加强栽培管理，盆花放在通风处，露地放置兰花，要有防雨棚，并不要过密。

③发病前，喷施 1 : 1 : 100 波尔多液，或 65% 代森锌可湿性粉剂 800 ~ 1 000 倍液。发病时，喷施 50% 克菌丹可湿性粉剂 500 ~ 600 倍液，或 50% 多菌灵可湿性粉剂 500 ~ 800 倍液，或 75% 甲基托布津可湿性粉剂 800 ~ 1 000 倍液，每隔 10 ~ 15 d 喷 1 次，连续喷 2 ~ 3 次。

3. 灰霉病类

灰霉病是一类重要的植物病害。自然界大量存在着这类病原物，有许多种类的寄主，范围十分广泛，但寄生能力较弱，只有寄主在生长不良或受到其他病虫为害、冻伤、创伤或多汁的植物体在中断营养供应的贮运阶段，才会引起植物体各个部位发生水渍状褐斑，并导致腐烂。仙客来灰霉病（图 9-4）是一种常见病，尤以温室栽培发病重。该病主要为害植株叶、叶柄及花，引起腐烂。仙客来灰霉病的病原为灰葡萄孢的一种真菌。

图 9-4　仙客来灰霉病（图片来自网络）

（1）症状

发病初期，感病叶片上叶缘出现暗绿色水渍状斑纹，以后逐渐蔓延到整个叶片，最后全叶变为褐色并干枯，叶柄和花梗受害后产生水渍状腐烂。发病后，在湿度大的条件下，发病部位密生灰色霉层，为病原菌的分生孢子梗和分生孢子。病害发生严重时，叶片枯死，花器腐烂，霉层密布。

（2）发病规律

病原菌以菌核在土壤中或以菌丝体在植株病残体上越冬。第二年春季条件适宜时,产生分生孢子。分生孢子借气流传播进行侵染为害。高湿有利于发病,反之病害发展缓慢,且灰霉少。

（3）防治方法

①减少侵染来源,拔除病株,集中销毁。

②加强栽培管理,控制湿度,注意通风。

③发病初期,喷施 1 ： 1 ： 200 波尔多液,或 65% 代森锌可湿性粉剂 500 ~ 800 倍液,每隔 10 ~ 15 d 喷 1 次,连续喷 2 ~ 3 次。

4. 叶斑病类

叶斑病是一种广义性的病害类型,主要指叶片上发生的病害,很少数发生在其他部位。杜鹃叶斑病又名脚斑病(图 9-5),是杜鹃花上常见的重要病害之一。该病在我国分布很广,江苏、上海、浙江、江西、广东、湖南、湖北、北京等地均有发生。杜鹃叶斑病的病原为尾孢菌属的一种真菌。

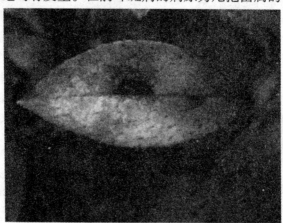

图 9-5　杜鹃叶斑病(图片来自网络)

（1）症状

病斑圆形至多角形,红褐色或褐色,后中央颜色变浅,边缘深褐色或紫褐色,病斑上灰黑色霉点。病叶易变黄,脱落。

（2）发病规律

以菌丝体和分生孢子在病残体或土中越冬。翌年春季,环境适宜时,经由风雨传播,自植株伤口侵入。病害适温为 20℃ ~ 30℃。每年 5 ~ 11月发病。一般在种植过密、多雨潮湿和粗放管理情况下发病严重。

（3）防治方法

①结合修剪,剪去病枝、病芽和病叶,集中销毁,减少侵染源。

②加强管理,多施磷、钾肥等,增强植株抗病能力;盆花摆放密度适当,以便通风透光。夏季盆花放在室外加荫棚。

③开花后立即喷洒 50% 多菌灵可湿性粉剂 600 ～ 800 倍液,或 20% 锈粉锌可湿性粉剂 4 000 倍液,或 65% 代森锌可湿性粉剂 600 ～ 800 倍液,每 10 ～ 15 d 喷 1 次,连续喷洒 5 ～ 6 次。

5. 病毒病及支原体病害

（1）仙客来病毒病

仙客来病毒是世界性病害,在我国十分普遍,仙客来的栽培品种几乎无一幸免,严重降低其观赏价值。仙客来病毒的病原为黄瓜花叶病毒。

①症状。该病主要为害仙客来叶片,也侵染花冠等部位。从苗期至开花均可发病。感病植株叶片皱缩、反卷、变厚、质地脆,叶片黄化,有疱状斑,叶脉突起成棱。叶柄短,呈丛生状。纯一色的花瓣上有褪色条纹,花畸形,花少、花小,有时抽不出花梗。植株矮化,球茎退化变小。

②发病规律。病毒在病球茎、种子内越冬,成为翌年的初侵染源。该病毒主要通过汁液、棉蚜、叶螨及种子传播。苗期发病后,随着仙客来的生长发育,病情指数随之增加。

③防治方法。其一,将种子用 70 ℃ 的高温进行干热处理脱毒。其二,栽植土壤用 50% 福美砷等药物处理;采取无土栽培,减少发病率。其三,用 70% 甲基托布津可湿性粉剂 1 000 倍液 +40% 氧化乐果乳油 1 500 倍液 +40% 三氯杀螨醇乳油 1 000 倍液防治传毒昆虫。其四,通过组织培养,培养出无毒苗。

（2）香豌豆病毒病

香豌豆病毒病是一种常见病害。该病分布广,发生普遍,严重影响切花的质量。香豌豆病毒的病原为菜豆黄花叶病毒。

①症状。植株感病后,叶片表现为系统花叶或鲜黄与淡绿色斑驳,叶片皱缩,花为碎色。

②发病规律。病毒主要通过汁液和多种蚜虫传播,种子传播不常见。菜豆黄花叶病毒可以为害豌豆、蚕豆、苜蓿、小苍兰等植物。

③防治方法。其一,清除香豌豆栽培区内的菜豆黄花叶病的寄主,减少侵染源。其二,施用杀虫剂,防治蚜虫,避免汁液传播。

（3）夹竹桃丛枝病夹

夹竹桃丛枝病是夹竹桃的重要病害,发病率达 50% 以上,严重影响植株生长,降低观赏价值。夹竹桃丛枝病的病原为一种支原体。

①症状。该病使腋芽和不定芽大量萌发,形成许多细弱的丛生小枝。小枝节间缩短,叶片变小,感病小枝又可抽出小枝。新抽小枝基部肿大,淡红色,常簇生成团。小枝冬季枯死,第二年在枯枝旁边又产生更多的小

枝。如此反复发生,最后可造成整枝死亡。

②发病规律。支原体在病株枝条的韧皮部越冬。植物是全株性带病。夹竹桃支原体是通过无性繁殖传染,亦可能通过叶蝉传染,还可通过苗木运输传播。支原体在叶蝉体内可以繁殖。不同夹竹桃感病差异明显,红花夹竹桃感病较重,白花夹竹桃感病较轻,黄花夹竹桃未见发病。

③防治方法。其一,培育苗木时,选择无病株作母树。其二,人工剪去刚发病的植株并销毁。其三,用50%马拉硫磷1 000倍液,或40%乐果1 000倍液杀灭叶蝉。

(二)枝干病害

枝干病害对园林植物的危害性很大,不论是草木花卉的茎,还是木本花卉的枝条或主干,受病后往往直接引起枝枯或全株枯死,这不仅降低花木的观赏价值、影响景观,对某些名贵花卉和古树名木,还会造成不可挽回的损失。枝干病害的症状类型主要有腐烂、溃疡、枝枯、肿瘤、丛枝、带化、萎蔫、立木腐朽、流胶流脂等。不同症状类型的枝干病害,发展严重时,最终都能导致茎干的枯萎死亡。

1. 溃疡类

杨树溃疡病(图9-6)又称水泡型溃疡病,是我国杨树上分布最广、为害最大的枝干病害,病害几乎遍及我国各杨树栽植区。该病除为害杨树外,还可侵染柳树、刺槐、油桐和苹果、杏、梅、海棠等多种果树。病原的有性世代属子囊菌亚门,腔菌纲,茶藨子葡萄腔菌;无性世代属半知菌亚门,腔孢纲,群生小穴壳菌。

（1）症状

感病枝干上形成圆形溃疡病斑,小枝受害往往枯死。水泡型是最具有特征的病斑,即在皮层表面形成大小约1 cm的圆形水泡,泡内充满树液,破后有褐色带腥臭味的树液流出。水泡失水干瘪后,形成圆形稍下陷的枯斑,灰褐色。枯斑型是在树皮上出现小的水渍状圆斑,稍隆起,手压有柔软感,干缩后形成微陷的圆斑,黑褐色。发病后期病斑上产生黑色小点,为病原菌的分生孢子器。

（2）发病规律

病原菌以菌丝体在枝干上的病斑内越冬,条件适宜时产生分生孢子器和分生孢子,成为当年侵染的主要来源。孢子借风、雨传播,由植株的伤口和皮孔侵入。干旱瘠薄的立地条件是发病的重要诱因。起苗时大量伤根及苗木大量失水,是初栽幼树易发病的内在原因。

图 9-6　杨树溃疡病

（3）防治方法

①选用抗病树种。白杨派树种抗病，黑杨派树种中等抗病，青杨派树种多数感病。

②加强栽培管理。减少起苗与定植的时间与距离，随起苗随定植，以减少苗木失水量。

③药剂防治。发病前，喷施食用碱液 10 倍液，或代森铵液 100 倍液，或 40% 福美砷 100 倍液，或 50% 退菌特 100 倍液，都有抑制病害的作用。

2. 腐烂类

腐烂病是一种重要病害，发病严重时，植株成片死亡。杨树腐烂病如图 9-7 所示。危害严重时，可造成行道树或防护林大量死亡。以三北地区发生严重，主要为害北京杨、毛白杨、合作杨、二青杨、马氏杨、新疆杨以及柳、榆等。病原为樟疫霉、掘氏疫霉及寄生疫霉，属鞭毛菌亚门，卵菌纲，霜霉目。

图 9-7　杨树腐烂病（图片来自网络）

（1）症状

该病主要为害植株根部。发病初期,病根为浅褐色,以后逐渐变为深褐色,皮层组织水渍状坏死。危害严重时,针叶黄化脱落,甚至整株枯死。扦插苗从剪口开始,沿皮层向上,病组织呈褐色水渍状,输导组织被破坏,感病大树干基以上流脂,病部皮层组织水渍状腐烂,深褐色,老化后变硬开裂。

（2）发病规律

地下水位较高或积水地段,病株较多,土壤黏重,含水率高或肥力不足,移植伤根,均易发病。流水与带菌土均能传播病害。

（3）防治方法

①加强检疫,不用有病苗木栽植。

②加强栽培管理。开沟排水,避免土壤过湿,增施速效肥,促进树木生长,以提高抗病力。1% ~ 2%尿素液浇灌根际有良好作用。

③药剂防治。苗木保护可用70%敌克松500倍液,或90%乙磷铝1 000倍液或35%瑞毒霉1 000倍液,浇灌苗床。

3.丛枝病类

泡桐丛枝病（图9-8）分布于华北、西北、华东、中南各地。感病幼苗及幼树严重者当年枯死,感病轻的苗木定植后继续发展,最后死亡。大树则影响生长,多年后才死亡。泡桐丛枝病的病原为支原体。

图9-8 泡桐丛枝病

（1）症状

泡桐丛枝病在枝、叶、干、根、花部均表现病状,常见为丛枝型。隐芽大量萌发,侧枝丛生、纤弱,枝节间缩短,叶序紊乱,形成扫帚状,叶片小而薄、黄化,有时皱缩,花瓣变成叶状,花柄或柱头生出小枝,小枝上腋芽又生小枝,如此往复形成丛枝。

（2）发病规律

病原在植株体内越冬，可借嫁接传染，也可由病根带毒传染。刺吸式口器昆虫如烟草盲蝽、茶翅蝽是泡桐丛枝病的传毒昆虫。不同品种间发病程度差异很大，一般认为兰考泡桐、楸叶泡桐发病率较高；白花泡桐、川泡桐较抗病。

（3）防治方法

①培育无病苗木。选择无病母株供采种和采根，推广种子繁殖，或从实生苗根部采根繁殖。

②种根浸在 50 ℃温水中 15～20 min，取出晾干 24 h 后，再行栽植。

③在病枝上进行环状剥皮，可阻止病原在树体内运行。其方法是在病枝基部或者生病枝的枝条中下部环状剥皮，宽度为环剥部位直径的1/3～1/2（以不愈合为度）。

④应用盐酸四环素治疗支原体病害。用 1 万国际单位 /mL 盐酸四环素（选用 1% 稀盐酸溶解四环素粉末，配成 1 万国际单位）通过髓心注射及根吸方法治疗对丛枝病有疗效。

4. 枯萎病类

紫荆枯萎病的病原为一种镰刀菌，属半知菌亚门，丝孢纲，瘤座孢目，镰刀菌属。紫荆枯萎病除为害紫荆外，还为害菊花、翠菊、石竹、唐菖蒲等花卉，病菌侵害根和茎的维管束，很快造成植株枯黄死亡。

（1）症状

病菌从根部侵入，沿导管蔓延到植株顶端。地上部先从叶片尖端开始变黄，逐渐枯萎、脱落，并可造成枝条以致整株枯死。一般先从个别枝条发病，然后逐渐发展至整丛枯死。剥开树皮，可见木质部有黄褐色纵条纹，其横断面导管周围可见到黄褐色轮纹状坏死斑。

（2）发病规律

该病由地下伤口侵入植株根部，破坏植株的维管束组织，沿导管蔓延到植株顶端，造成植株萎蔫，最后枯死。此病由真菌中的镰刀菌侵染所致。病菌可在土壤中或病株残体上越冬，存活时间较长，次年 6～7 月，病菌借地下害虫及水流传播侵染根部。土壤微酸性，利于发病。发病的适宜温度为 28 ℃左右。主要通过土壤、地下害虫、灌溉水传播。一般 6～7月发病较重。

（3）防治方法

①种植前进行土壤消毒。

②加强肥水管理，增强植株的抗病力。

③发现病株，重者拔除销毁，并用50%多菌灵可湿粉剂200～400倍液消毒土壤；轻者可浇灌50%代森铵溶液200～400倍液，用药量为2～4 kg/m²。

（三）根部病害

园林植物根部病害的种类虽不如叶部、枝部病害的种类多，但所造成的为害常是毁灭性的。染病的幼苗几天内即可枯死，幼树在一个生长季节可造成枯萎，大树延续几年后也可枯死。

根病的症状类型可分为根部及根茎部皮层腐烂，并产生特征性的白色菌丝、菌核和菌索；根部和根茎部出现瘤状突起。病原菌从根部入侵，在维管束定植引起植株枯萎；根部或干基部腐朽并可见有大型子实体等。根部发病，在植物的地上部分也可反映出来，如叶色发黄、放叶迟缓、叶形变小、提早落叶、植株矮化等。

1. 苗木猝倒病和立枯病

苗木猝倒病（图9-9）和立枯病在我国各地均有发生，可以为害100多种植物，其中以针叶树苗最易感病，柏科树木比较抗病。易感病的园林植物有洋槐、槭、海桐、紫荆、枫香、悬铃木、银杏、菊花、康乃馨、仙客来、大丽花等。引起本病的原因，可分为非侵染性和侵染性两类。非侵染性病原包括：圃地积水，造成根系窒息；土壤干旱，表土板结；地表温度过高，根茎灼伤。侵染性病原主要是真菌中的腐霉菌、丝核菌和镰刀菌。

图9-9　杉苗猝倒病

（1）症状

根据侵害部位不同可分为三种类型：种子或幼芽未出土前即遭受侵染而腐、烂，称为种芽腐烂型；幼苗出土后，真叶尚未展开前，遭受病菌侵染，致使幼茎基部发生水渍状暗斑，继而绕茎扩展，逐渐缢缩呈细线状，子叶来不及凋萎幼苗即倒伏地面,称为猝倒型;幼茎木质化后,造成根部或根茎部皮层腐烂,幼苗逐渐枯死,但不倒伏,称为立枯型。

（2）发病规律

多发生在早春育苗床或育苗盘上。病原以菌丝或菌核在土壤中越冬,土壤是主要侵染来源,幼苗出土 10 ~ 20 d 受害最重,经过 20 d 后,苗株茎部开始木质化,病害减轻。病害开始往往仅个别幼苗发病,条件适合时以这些病株为中心,迅速向四周扩展蔓延。

（3）防治方法

①育苗场地的选择。选择地势高、地下水位低、排水良好、水源方便、避风向阳的地方育苗。

②土壤消毒。选用多菌灵配成药土垫床和覆种。其具体方法是:用 10% 可湿性粉剂 75 kg/hm², 与细土混合,药与土的比例为 1 ∶ 200。

③根据苗情适时适量放风,避免低温高湿条件出现,不要在阴雨天浇水,要设法消除棚膜滴水现象。

④幼苗出土后,可喷洒多菌灵 50% 可湿性粉剂 500 ~ 1 000 倍液,或喷 1 ∶ 1 ∶ 120 倍波尔多液,每隔 10 ~ 15 d 喷洒 1 次。

2. 苗木茎腐病

苗木茎腐病（图 9–10）在长江中、下游各省均有发生,为害池柏、银杏、杜仲、枫香、金钱松、水杉、柳杉、松、柏、桑、山核桃等园林植物的苗木。病原菌属半知菌亚门,炭疽菌属。在苗木上很少形成孢子,常产生小如针尖的菌核。

图 9–10　茎腐病

（1）症状

主要为害茎基部或地下主侧根,病部开始为暗褐色,以后绕茎基部扩展一周,使皮层腐烂,地上部叶片变黄、萎蔫,后期整株枯死,果穗倒挂。病部表面常形成黑褐色大小不一的菌核,数量极多,用手拔苗时,皮层脱落,仅拔出木质部分。

（2）发病规律

盛夏土温过高,苗木茎基部灼伤,造成伤口,为病菌的侵入创造了条件。因此,病害一般在梅雨季节结束后15 d左右开始发生,以后发病率逐渐增加,至9月逐渐停止发展。病害的严重程度取决于7～8月的气温。

（3）防治方法

①秋季清扫园地,将病枝剪下集中烧毁,消除病原。

②加强苗木抚育管理,提高抗病能力,苗期施足厩肥或棉籽饼作基肥,可以降低50%的发病率;合理施肥,合理密植,降低土壤湿度等措施可以使植株健壮,减少茎腐病。

③夏季搭架荫棚。每日上午10时至下午4时遮阴,发病率减少85%左右。苗木行间覆草发病率也可减少70%。

④在时晴时雨、高温高湿的夏天,病害易流行。每周喷施1次0.5%～1%波尔多液,保护苗木,防止病菌侵入。

⑤合理轮作,深翻土地,清除病残和不施用未腐熟的有机肥,可以减少田间菌源,达到一定的防治效果。

3. 苗木紫纹羽病

紫纹羽病分布广泛,长江流域均有发生,危害杨、柳、槐、桑、柏、松、杉、刺槐、栎、槭、苹果、梨等100多种植物（图9-11）。苗木紫纹羽病的病原为紫卷担子菌,属担子菌亚门,银耳目,卷担子属。子实体膜质,紫色或紫红色。

（1）症状

此病主要为害根部,初发生于细支根,逐渐扩展至主根、根茎,主要特点初发病时,根的表皮出现黄褐色不规则的斑块,病处较健根的皮颜色略深,而内部皮层组织已变成褐色,不久,病根表面缠绕紫红色网状物,甚至满布厚绒布状的紫色物,后期表面着生紫红色半球形核状物。

病菌先侵染幼根,渐及粗大的主根、侧根。病根初期形成黄褐色块斑,以后变黑、腐烂,病易使皮层和木质部剥离。病部表面密生红紫色绒状菌丝层。病根上常形成半球形菌核。

（2）发病规律

菌丝体和菌核残留在病根或土壤中,可以存活多年。春季土壤潮湿时,开始侵入幼根。靠水及土的移动传播,也随病苗的调运扩散。雨季,菌丝可蔓延到地面或主干上6～7 cm处。刺槐是紫纹羽病的重要寄主。

图 9-11　茶树紫纹羽病

（3）防治方法

①选用健康苗木栽植,对可疑苗进行消毒处理:在 1% 硫酸铜溶液中浸泡 3 h,或在 20% 石灰水中浸泡 0.5 h,处理后用清水冲洗再栽植。

②生长期间加强管理,肥水要适宜,促进苗木健壮成长。发现病株应及时挖除并烧毁,并用 1∶8 的石灰水或 3% 硫酸亚铁消毒树坑。

4. 苗木白绢病

苗木白绢病(图 9-12)可危害多种花木,如兰花、君子兰、香石竹、凤仙、茉莉、万年青、楠木、瑞香、柑橘等,主要分布在长江流域以及广东、广西等地。白绢病病原菌属半知菌亚门小核菌属。

图 9-12　兰花白绢病

（1）症状

白绢病通常发生在苗木的根茎部或茎基部。感病根茎部皮层逐渐变成褐色坏死,严重的皮层腐烂。苗木受害后,影响水分和养分的吸收,以致生长不良,地上部叶片变小变黄,枝梢节间缩短,严重时枝叶凋萎,当病斑环茎一周后会导致全株枯死。在潮湿条件下,受害的根茎表面或近地面土表覆有白色绢丝状菌丝体。

（2）发病规律

菌丝和菌核丝从苗木根茎部或根部侵入,8～9月秋雨连绵时发病尤重。密植易传播蔓延,病菌随苗木、流水而传播。

（3）防治方法

①更换无菌土壤或消毒土壤。用土重的0.2%五氯硝基苯与土壤搅拌后上盆使用。

②在苗木生长期要及时施肥、浇水、排水、中耕除草,促进苗木旺盛生长,提高苗木抗病能力。夏季要防暴晒,减轻灼伤危害,减少病菌侵染机会。

③发现病株及时拔除后,用升汞：石灰：水（1：1：1 500）浇灌病株周围土壤。

③发病初期喷50%多菌灵可湿性粉剂100倍液,或50%托布津可湿性粉剂500倍液。

5.苗木根结线虫病

根结线虫病,在四川、湖南、广东、河南等地的苗圃中发生比较普遍。杨、槐、柳、赤杨、核桃、朴、榆、桑、山楂、泡桐、大丽花、金鱼草、一串红等都有可能发生该病。桂花根结线虫病（图9-13）的病原是一种细小的蠕虫动物。成虫雌虫梨形,不经交配即可产卵,产卵量可达500多粒。

图9-13 桂花根结线虫病

（1）症状

在主根及侧根上形成大小不等、表面粗糙的圆形瘤状物,瘤中有白色粒状物,是线虫雌虫。染病植物大部分当年枯死,个别次年春季死亡。

（2）发病规律

雌虫产卵于寄主植物病部瘿瘤内或土壤中。卵可存活二年以上。幼虫无色透明，雌雄不易区分。幼虫主要在浅层土中活动，常分布在 10 ~ 30 cm 处，以 10 cm 处居多。土壤湿度 10% ~ 17%、温度 20℃ ~ 27℃时，最适于线虫存活。幼虫从根皮侵入后在寄主植物内诱发巨型细胞，其分泌物刺激根部，产生小瘤状物。线虫主要靠种苗、肥料、农具、水流传播。

（3）防治方法

①加强检疫，严格禁止有病苗木调出、调进。

②选用无病床土育苗。实行水旱轮作，以减轻危害；选择肥沃的土壤，避免在沙性过重的地块种植。

③搞好花场苗圃的清洁卫生，清除已枯死的花卉和苗圃内外的杂草、杂树。

③土壤消毒。用克线磷或灭克磷防治根结线虫效果较好，用量为 30 ~ 45 kg/hm² 颗粒剂，可以沟施也可以加土撒施，施药后一定要翻盖。

6. 根癌病

根癌病又称瘦瘤病、冠瘿病、根瘤病和肿瘤病等，为检疫对象。其分布范围很广泛，可为害桃、梨、榆、柳树、苹果、毛白杨等多种植物。碧桃根癌病如图 9-14 所示。病原为细菌中的癌肿野杆菌。

图 9-14　碧桃根癌病

（1）症状

主要发生在根茎处，也可发生在根部及地上部。病初期出现近圆形的小瘤状物，以后逐渐增大、变硬，表面粗糙、龟裂、颜色由浅变为深褐色或黑褐色，瘤内部木质化。瘤大小不等，大的似拳头大小或更大，数目几个到十几个不等。由于根系受到破坏，故造成病株生长缓慢，重者全株死亡。

（2）发病规律

病原细菌在根瘤或土壤中越冬，为土壤习居菌，能在土壤中长期存活。病原菌随苗木的调运、灌水、中耕除草、地下害虫传播，由伤口侵入。土壤湿度大、微碱性，根部伤口多，发病严重。

（3）防治方法

①加强苗木检疫，发现病株要烧毁，防止随苗传播；对怀疑有病的苗木可用 $500 \times 10^{-6} \sim 2\,000 \times 10^{-6}$ 链霉素液浸泡 30 min 或 1% 硫酸铜液浸泡 5 min，清水冲洗后栽植。

②移栽苗木时，淘汰重病苗，轻病苗剪去肿瘤，然后用 1% 硫酸铜溶液或 50 倍抗菌剂 402 溶液消毒切口，再外涂波尔多液浆保护。

③用"根瘤宁"和"敌根瘤"浸泡、涂抹或浇根，也有较好的防治效果。

④对珍稀植株，发现瘤体可用利刃切除，然后涂抹甲冰碘液消毒，其配比为：甲醇 50 ∶冰醋酸 25 ∶碘片 12，混合均匀。

7. 球茎、鳞茎干腐病

干腐病是唐菖蒲的常见病害，主要发生于唐菖蒲球茎上。唐菖蒲干腐病的病原为唐菖蒲尖镰孢属半知菌亚门，丝孢纲，瘤座孢目。

（1）症状

主要危害球茎，也危害叶、花、根。球茎受害，表面出现水渍状红褐色至暗褐色小斑，逐渐扩大成圆形或不规则形。病斑略凹陷，呈环状萎缩、腐烂；发病严重时，整个球茎变黑褐色，干腐。植株受害后，幼嫩叶柄弯曲、皱缩，叶片过早变黄、干枯，花梗弯曲，严重时不能抽出花茎。

（2）发病规律

病原存在于土壤和有病球茎上。条件适宜时，自植株伤口侵入。病原菌借水的流动、人为园艺操作等传播，可传播到整个植株，也能侵入新球茎和子球茎。栽植带病球茎，氮肥过多、雨天挖掘球茎等都会增加感染。

（3）防治方法

①严格挑选无病球茎作繁殖材料，发现病株、病球茎应清除烧毁。

②种植前球茎处理。用抗菌剂 401 的 1\,000 倍液喷洒球茎表面，然后用清水冲洗，晾干后种植。

③药剂防治。发病初，喷洒 70% 甲基托布津可湿性粉剂 2\,000 倍液或 50% 多菌灵可湿性粉 1\,000 倍液防治。

④加强储藏期管理。贮藏前将球茎置于 30 ℃条件下处理 10 ~ 15 d，促进伤口愈合。贮藏期间要求通风、干燥，防止受冻和高温。

第二节　园林植物虫害防治

危害园林植物的动物种类很多,其中主要是昆虫,另外有螨类、蜗牛、鼠类等。昆虫中虽有很多属于害虫,但也有益虫,对益虫应加以保护、繁殖和利用。因此,认识昆虫,研究昆虫,掌握害虫发生和消长规律,对于防治害虫,保护园林植物具有重要意义。

一、害虫对园林植物的危害

影响虫害发生的环境条件主要有:温度、湿度、土壤、天敌、食物和人的活动。只要条件合适就会有利于害虫生命活动。害虫对园林植物的危害归纳起来有:咬断根、茎,蚕食树叶,蛀食木材,破坏顶梢,吸食植物营养甚至传播病害。

二、园林植物的主要害虫防治

(一)叶部害虫

叶部害虫是一类以植物叶片作为食物主要来源的昆虫,主要为鳞翅类,另有膜翅类、鞘翅类和一些软体动物。

1. 叶甲类

叶甲又名金花虫,成虫、幼虫均咬食树叶。成虫有假死性,多以成虫越冬。园林中常见的有榆绿叶甲、榆黄叶甲、榆紫叶甲、玻璃叶甲、皱背叶甲、柳蓝叶甲等。榆绿叶甲(图9-15)又名榆叶甲、榆蓝叶甲、榆蓝金花虫等,属鞘翅目,叶甲科。主要发生在内蒙古、河北、河南、山西、山东、江苏、吉林、黑龙江等地;蒙古、俄罗斯、日本也有发生。主要危害榆树。以成虫、幼虫取食叶片危害,严重时把叶片啃光,致使提早落叶,影响当年木材生长量。

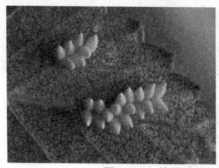

图 9-15　榆绿叶甲(卵和成虫,图片来自网络)

（1）生活史及习性

一年发生 1～3 代,在江苏、上海一带一年发生 2 代。以成虫在树皮裂缝、屋檐、墙缝、土层中、砖石下、杂草间等处越冬。5 月中旬越冬成虫开始活动,相继交尾、产卵。5 月下旬开始孵化。初龄幼虫剥食叶肉,残留下表皮,被害处呈网眼状,逐渐变为褐色;二龄以后,将叶吃成孔洞。老熟幼虫在 6 月下旬开始下树,在树杈的下面或树洞、裂缝等隐蔽场所,群集化蛹。7 月上旬出现第一代成虫,成虫取食时,一般在叶背剥食叶肉常造成穿孔。7 月中旬成虫开始在叶背产卵,成块状。第二代幼虫 7 月下旬开始孵化,8 月中旬开始下树化蛹,8 月下旬至 10 月上旬为成虫发生期。越冬成虫死亡率高,所以第一代为害不严重。

（2）防治方法

①越冬成虫期,收集枯枝落叶,清除杂草,深翻土地,消灭越冬虫源。

②当第一代、第二代老熟幼虫群集化蛹时,人工捕杀。

③4 月上旬越冬成虫出土上树前,用毒笔在树干基部涂两个闭合圈,毒杀越冬后上树成虫。喷洒 50% 杀螟松乳油或 40% 乐果乳油 800 倍液防治成虫。

④保护利用天敌,如榆卵啮小蜂、瓢虫等。

⑤灯光诱杀成虫。

2. 袋蛾类

袋蛾又称蓑蛾,属鳞翅目,袋蛾科。除了大袋蛾外,尚有茶袋蛾、小袋蛾、白茧袋蛾等。在园林上为害严重而普遍的是大袋蛾。大袋蛾（图 9-16）又名大蓑蛾、避债蛾、皮虫、吊死鬼等,分布于华东、中南、西南等地。大袋蛾系多食性害虫,可以危害茶、山茶、桑、梨、苹果、柑橘、松柏、水杉、悬铃木、榆、枫杨、重阳木、蜡梅、樱花等树木,大发生时可将叶吃光,影响植株生长发育。

图 9-16 大袋蛾(图片来自网络)

（1）生活史及习性

大袋蛾多数一年1代,少数2代,以老熟幼虫在虫囊中越冬。雄虫5月中旬开始化蛹,雌虫5月下旬开始化蛹,雄成虫和雌成虫分别于5月下旬及6月上旬羽化,并开始交尾产卵于虫囊内,繁殖率高,平均每雌产卵2 000～3 000余粒,最多可达5 000余粒。至6月中、下旬孵化,幼虫从虫囊内蜂拥而出,吐丝随风扩散,取食叶肉。随着虫体的长大,虫囊也不断增大,至8月、9月4～5龄幼虫食量大,故此时造成危害最重。幼虫具有较强的耐饥性。在其喜食的二球悬铃木、泡桐等四旁林木及苗圃、栗园、茶园内常危害猖獗。

（2）防治方法

①人工捕捉。秋、冬季树木落叶后,摘除越冬护囊,集中烧毁。

②灯光诱杀。5月下旬至6月上旬夜间灯光诱杀雄蛾。

③药剂防治。喷洒孢子含量为100亿个/克青虫菌粉剂0.5 kg和90%晶体敌百虫0.2 kg的混合1 000倍液;50%敌敌畏乳剂1 000或90%晶体敌百虫1 000倍液。

④保护利用天敌。大袋蛾幼虫和蛹期有各种寄生性和捕食性天敌,如鸟类、寄生蜂、寄生蝇等,要注意保护和利用。

3. 刺蛾类

刺蛾(图9-17)又名痒辣子、刺毛虫、毛辣虫,鳞翅目刺蛾科,是多食性害虫,我国各地几乎均有发生。受惊扰时会用有毒刺毛蜇人,并引起皮疹。毒液呈酸性,可以用食用碱或者是小苏打稀释后涂抹。园林中常见的刺蛾种类很多,其中为害严重的有褐刺蛾、绿刺蛾、扁刺蛾、黄刺蛾等。

（1）生活史及习性

北方年生1代,长江下游地区2代,少数3代。越冬代幼虫在4月底

5月上旬开始化蛹。5月中下旬开始出现第一代成虫,5月下旬开始产卵,6月上中旬陆续出现第一代幼虫,7月上中旬下树入土结茧化蛹,7月中下旬可见第二代幼虫,一直延续到9月。第三代幼虫发生期为9月上旬至10月。以末代老熟幼虫入土结茧越冬。初龄幼虫有群栖性,成蛾有趋光性。

图9-17 刺蛾幼虫与成虫(图片来自网络)

(2)防治方法

①人工杀茧。冬季结合修剪,清除树枝上的越冬茧,或利用入土结茧习性,组织人力在树干周围挖茧灭虫。

②灯光诱杀。羽化盛期,用黑光灯诱集成虫。

③化学农药防治。发生严重时,可用90%敌百虫1 000倍液,50%杀螟松乳油1 000倍液等。

④生物制剂防治。青虫菌对扁刺蛾比较敏感,可以喷孢子含量为0.5亿个/mL的500~800倍稀释菌液。

⑤保护天敌。将上海青蜂寄生茧集中放入纱笼里饲养,春季挂放于园林内,逐渐控制刺蛾。

4. 尺蛾类

尺蛾为小型至大型蛾类,属鳞翅目,尺蛾科。幼虫模拟枯枝,裸栖食叶为害。大叶黄杨尺蠖(图9-18)是园林重要害虫之一,又名丝绵木金星尺蠖、卫矛尺蠖、造桥虫,鳞翅目尺蛾科。分布在我国华北、华中、华东、西北等地,为害卫矛科植物中的大叶黄杨和丝绵木及扶芳藤、榆、欧洲卫矛等。

图9-18 大叶黄杨尺蠖幼虫及成虫（图片来自网络）

（1）生活史及习性

一年发生2～3代。第一代成虫于4月中旬羽化产卵。幼虫于4月下旬开始为害，至5月下旬陆续化蛹。第二代成虫于6月中旬开始羽化，幼虫于6月下旬开始为害，直至8月上旬进入蛹期。第三代成虫于8月中旬开始羽化，幼虫于8月下旬孵化为害，9月下旬化蛹。有些年份发生4代，到11月下旬至12月上旬化蛹越冬。幼虫群集叶片取食，将叶吃光后则啃食嫩枝皮层，导致整株死亡。成虫白天栖息枝叶隐蔽处，夜出活动、交尾、产卵，卵产于叶背，呈双行或块状排列。成虫飞翔能力不强，具较强的趋光性。

（2）防治方法

①于产卵期铲除卵块。冬季翻根部土壤，杀死越冬虫蛹。

②成虫飞翔力弱，当第一代成虫羽化时捕杀成虫；利用成虫趋光性，在成虫期进行灯光诱杀。

③幼虫发生为害期，喷洒50%辛硫磷乳油1 500～2 000倍液，或晶体敌百虫1 000～1 500倍液，敌敌畏1 000～1 500倍液。

5.蝶类

蝶类属鳞翅目、球角亚目，体纤细，触角前面数节逐渐膨大呈棒状或球杆状。蝶类均在白天活动，静止时翅直立于背。我国记载有2 300多种蝶，如粉蝶、凤蝶、蛱蝶等。在园林中常见的凤蝶有柑橘凤蝶、玉带凤蝶、马兜铃凤蝶等。柑橘凤蝶（图9-19）又名橘黑黄凤蝶，橘凤蝶、黄菠萝凤蝶、黄檗凤蝶等，属鳞翅目凤蝶科。其分布甚广，几乎遍布全国各地。幼虫喜欢的食草是芸香科的柑橘植物及食茱萸。危害柑橘和山椒等。

（1）生活史及习性

橘凤蝶在各地发生代数不一。长江流域及以北地区年生3代，江西4代，福建、台湾5～6代，以蛹在寄生枝条、叶柄及比较隐蔽场所越冬。翌年4月出现成虫，5月上中旬出现第一代幼虫，6月中下旬出现第二代幼虫,7～8月出现第三代幼虫,9月出现第四代幼虫。第五代10～11月,以第六代蛹越冬。成虫在白天活动,取食花蜜,卵多散产于芽尖与嫩叶背面。

图9-19　柑橘凤蝶幼虫与成虫(图片来自网络)

(2)防治方法

①人工捕杀幼虫和蛹。

②保护和引放天敌。为保护天敌可将蛹放在纱笼里置于园内,寄主蜂羽化后飞出再行寄生。

③药剂防治。喷洒90%敌百虫800～1 000倍液,或80%敌敌畏1 000倍液,或孢子含量为100亿个/g的青虫菌500倍液,或2.5%溴氰菊酯乳油10 000倍液。

6.叶蜂类

叶蜂幼虫形同鳞翅目幼虫,但属膜翅目叶蜂科,头部的每侧只有一个单眼,除3对胸足外,还具有腹足6～8对。园林中常见的有樟叶蜂、蔷薇叶蜂。蔷薇叶蜂(图9-20)又名黄腹虫、月季叶蜂、玫瑰三节叶蜂,属膜翅目、三节叶蜂科,分布在华东、华北,幼虫为害月季、十姐妹、蔷薇、玫瑰等,主要以幼虫数十头群集在叶片上取食,严重时可将叶片吃光,仅留下粗的叶脉。

(1)生活史及习性

北京一年发生2代,以幼虫在土中作茧越冬。翌年4月、5月成虫羽化,6月进入第一代幼虫为害期,7月上旬老熟,入土作茧化蛹。7月中旬成虫羽化。第二代幼虫于8月上旬开始孵化,8月中下旬进入幼虫发生高峰期,9月下旬幼虫作茧越冬。

幼虫食叶成缺刻或孔洞,该虫常数十头群集在叶片上,可将叶片吃光,仅残留叶脉。雌虫把卵产在枝梢、致枝梢枯死,影响生长和质量。

图 9-20　蔷薇叶蜂幼虫与成虫（图片来自网络）

（2）防治方法

①冬、春捡茧消灭越冬幼虫，人工捕杀幼虫。

②选育抗虫品种。

③幼虫为害期喷洒 50% 杀螟松 1 000 倍液，或 40% 氧化乐果 1 500 倍液，或 20% 杀灭菊酯 2 000 倍液。

7. 软体动物类

软体动物中腹足纲的蜗牛和蛞蝓也会为害园林植物。蜗牛又名角螺、软螺蛳，是一种陆生软体动物，属腹足纲巴蜗牛科。蜗牛（图 9-21）分布极广，国内到处可见。生活于阴暗潮湿的墙壁、草丛、矮丛树干，有时也见于山坡草丛中。主食植物的茎、叶等。危害农作物。被害叶片呈不规则的缺刻，严重时将花苗咬断，造成缺苗。

图 9-21　蜗牛（图片来自网络）

（1）生活史及习性

一年发生 1 代（但寿命可达两年）。蜗牛是雌雄同体，异体受精，亦可自体受精繁殖，任何一个体均能产卵。交尾后受精卵经过生殖孔产出体外。卵都产在地下数毫米深的土中或朽木、落叶之下。蜗牛的幼虫在卵壳中发育,孵出的幼体已成蜗牛的样子了。

蜗牛3月中旬开始活动,成虫和幼虫舔食嫩叶嫩茎,并在移行的茎叶表面留下一层光亮的黏膜,5月间成虫在根部附近疏松的湿土内产卵,卵的表面同样有黏膜。初孵的幼虫,初喜群集,后逐渐分散。8~9月间如遇天气干旱则潜入土内,壳口有白膜封闭,等到降雨湿润后又出土为害,11月间入土越冬。

(2)防治方法

①清除杂草,开沟降湿,中耕翻土,以恶化蜗牛生长、繁殖的环境。

②春末夏初,尤其在5~6月蜗牛繁殖高峰期之前,及时消灭成蜗。

③蜗牛为害猖獗时,可每1 000 m² 撒施5~6 kg菜子饼粉,或每1 000 m² 撒生石灰粉7.5 kg左右,或夜间喷洒1:70~1:100氨水溶液,或用3.3%蜗牛敌按1 g/m² 撒施。

（二）枝干害虫

枝干害虫主要包括蛀干、蛀茎、蛀新梢以及蛀蕾、蛀花、蛀果、蛀种子等各种害虫,其中有鞘翅目的天牛类、象甲类、小蠹虫类;鳞翅目的木蠹蛾类、透翅蛾类、蝙蝠蛾类、螟蛾类等。它们对行道树、庭园树以及很多花灌木均会造成较大程度的为害,以致株、成片死亡。

枝干害虫的为害特点是除成虫期进行补充营养、觅偶、寻找繁殖场所等活动时较易发现外,其余时候均隐蔽在植物体内部为害,等到受害植物表现出凋萎、枯黄等症状时,植物已接近死亡,难以恢复生机。因此,对这类害虫的防治,应采取防患于未然的综合措施。

1.象甲类

象甲类昆虫统称为象鼻虫,是鞘翅目昆虫中最大的一科,也是昆虫王国中种类最多的一种。象甲类昆虫的主要种类有臭椿沟眶象、北京枝瘿象甲、山杨卷叶象等。臭椿沟眶象(图9-22)属鞘翅目象甲科,分布于天津、北京、西安、沈阳、合肥、山西、兰州、大连、山东等省、市,主要蛀食为害臭椿和千头椿,危害严重的树干上布满了羽化孔。

(1)生活史及习性

我国北方一年1代,以成虫和幼虫在树干内或土中过冬。翌年4月下旬至5月上中旬越冬幼虫化蛹,6~7月成虫羽化,7月为羽化盛期。幼虫为害4月中下旬开始,4月中旬-5月中旬为越冬代幼虫翌年出蛰后为害期。7月下旬~8月中下旬为当年孵化的幼虫为害盛期。虫态重叠,很不整齐,至10月都有成虫发生。

图 9-22　臭椿沟眶象及其危害症状（图片来自网络）

成虫有假死性，受惊扰即卷缩坠落。成虫交尾多集中在臭椿上，产卵时，先用口器咬破韧皮部，产卵于其中，卵期约 8 d。初孵幼虫先取食韧皮部，稍长大后蛀入木质部为害。老熟幼虫先在树干上咬一个圆形羽化孔，然后以蛀屑堵塞侵入孔，以头向下在蛹室内化蛹，蛹期为 10 ～ 15 d。

（2）防治方法

①加强植物检疫，勿栽植带虫苗木，一旦发现应及时处理，严重的整株拔掉烧毁，同时无论是苗圃还是园林绿化工程都应控制臭椿或千头椿纯林的栽植量，减少虫源和防止虫害蔓延。

②幼虫初孵化时，于被害处涂抹 50% 杀螟松乳剂 40 ～ 60 倍液，或50% 辛硫磷 800 ～ 1 000 倍液。

③利用成虫假死性，于清晨振落捕杀，并于成虫期喷施 10% 氯氰菊酯 5 000 倍液。

④成虫盛发期，在距树干基部 30 厘米处缠绕塑料布，使其上边呈伞形下垂，塑料布上涂黄油，阻止成虫上树取食和产卵为害。也可于此时向树上喷 1 000 倍 50% 辛硫磷乳油。

2. 木蠹蛾类

木蠹蛾属鳞翅目木蠹蛾总科，包括木蠹蛾科和豹蠹蛾科，为中至大型蛾类。蠹蛾都以幼虫蛀害树干和树梢。为害园林植物的木蠹蛾，主要种类有相思木蠹蛾、六星黑点木蠹蛾、咖啡木蠹蛾、芳香木蠹蛾、柳干木蠹蛾等。柳干木蠹蛾（图 9-23）又名柳乌蠹蛾，属鳞翅目，木蠹蛾科，分布于东北、华北，华东的山东、江苏、上海、台湾等地，寄主植物有柳、榆、刺槐、金银花、丁香、山荆子等。

（1）生活史及习性

每两年发生 1 代，少数一年 1 代，以幼虫在被害树干、枝内越冬。经过三次越冬的幼虫，于第三年 4 月间开始活动，继续钻蛀为害。5 月下旬

6月上旬在原蛀道内陆续化蛹,6月中下旬至7月底为成虫羽化期。成虫均在晚上活动,趋光性很强,寿命3 d左右。卵成堆成块在较粗茎干的树皮缝隙内、伤口处,孵化后群集侵入内部。幼虫在根茎、根及枝干的皮层和木质部内蛀食,形成不规则的隧道,削弱树势,重者枯死。

图9-23 柳干木蠹蛾(图片来自网络)

（2）防治方法

①根据幼虫大多从旧孔蛀入为害衰弱花墩的习性,加强抚育管理,适时施肥浇水,促使植株生长健壮,以提高抗虫力,冬季修剪连根除去枯死枝,集中烧毁。

②利用成虫的趋光性,在成虫的羽化盛期,夜间用黑光灯诱杀成虫。

③幼虫孵化期,尚集中未侵入枝干为害期前,喷洒50%磷胺或50%杀螟松乳油;在幼虫侵入皮层或边材表层期间用40%乐果乳剂加柴油喷洒,有很好效果;对已侵入木质部蛀道较深的幼虫,可用棉球蘸二硫化碳或50%敌敌畏乳油加水10倍液,塞入或蛀入虫孔、虫道内,用泥封口。

3. 透翅蛾类

透翅蛾属鳞翅目透翅蛾科。成虫最显著特征是前后翅大部分透明,无鳞片,很像胡蜂,透翅蛾白天活动,幼虫蛀食茎干、枝条,形成肿瘤。透翅蛾科在鳞翅目中是一个数量较少的科,全世界已知100种以上,我国记载10余种,为害园林树木重要的有白杨透翅蛾、杨干透翅蛾、栗透翅蛾。白杨透翅蛾(图9-24)又名杨透翅蛾,属鳞翅目,透翅蛾科,分布于河北、河南、北京、内蒙古、山西、陕西、江苏、浙江等省(市、自治区),为害杨、柳树,以银白杨、毛白杨被害最重,以幼虫钻蛀顶芽及树干,抑制顶芽生长。树干被害处组织增生,形成瘤状虫瘿,易枯萎或风折。

图 9-24　白杨透刺蛾幼虫与成虫（图片来自网络）

（1）生活史及习性

在华北地区多为一年 1 代，少数一年 2 代。以幼虫在枝干隧道内越冬。翌年 4 月初取食为害，4 月下旬幼虫开始化蛹，成虫 5 月上旬开始羽化，盛期在 6 月中旬到 7 月上旬，10 月中旬羽化结束。卵始见于 5 月中旬，少部分孵化早的幼虫，若环境适合，当年 8 月中旬还可化蛹，并羽化为成虫，发生第二代。成虫羽化后，蛹壳仍留在羽化孔处，这是识别白杨透翅蛾的主要标志之一。

成虫飞翔力强而迅速，夜间静伏。卵多产于叶腋、叶柄、伤口处及有绒毛的幼嫩枝条上。卵细小，不易发现。卵期 7 ~ 15 d。幼虫 8 龄。初龄幼虫取食韧皮部，4 龄以后蛀入木质部为害。幼虫蛀入后，通常不再转移。9 月底，幼虫停止取食，以木屑将隧道封闭，吐丝作薄茧越冬。

（2）防治方法

①加强苗木检疫。对于引进或输出的杨树苗木和枝条，要经过严格检验。及时剪去虫瘿，防止传播。

②幼虫进入枝干后，用 50% 杀螟松乳油，或 50% 磷胺乳油 20 ~ 60 倍液，在被害 1 ~ 2 cm 范围内，用刷子涂抹环状药带，以毒杀幼虫。

③用杀螟松 20 倍液涂抹排粪孔道，或从排粪孔注射 30 倍液的 80% 敌敌畏乳油，并用泥封闭虫孔。

4. 螟蛾类

螟蛾属鳞翅目，螟蛾科，是一个大类。为害园林植物的螟蛾除卷叶、缀叶的食叶性害虫外，还有许多钻蛀性害虫。松梢螟（图 9-25）又名钻心虫，属鳞翅目螟蛾科，分布于东北、华北、华东、中南、西南的 10 多个省（市、自治区），是松林幼树的主要害虫，寄主为五针松、云杉、湿地松、红松等。被害枝梢变黑、弯曲、枯死，还可为害大树的球果。

图 9-25　松梢螟幼虫与成虫(图片来自网络)

（1）生活史及习性

此虫在吉林每年发生1代,辽宁、北京、海南每年2代,南京每年2～3代,广西每年3代,广东每年4～5代。出现期分别为越冬代5月中旬至7月下旬,第一代8月上旬至9月下旬,第二代9月上旬至10月中旬,11月幼虫开始越冬。各代成虫期较长,其生活史不整齐,有世代重叠现象。成虫有趋光性,夜晚活动。卵单产在嫩梢针叶或叶鞘基部。

以幼虫钻蛀主梢,引起侧梢丛生,树冠呈扫帚状,严重影响树木生长。幼虫蛀食球果影响种子产量,也可蛀食幼树枝干,造成幼树死亡。

（2）防治方法

①加强幼林抚育,促使幼林提早郁闭,可减轻为害;修枝时留茬要短,切口要平,减少枝干伤口,防止成虫在伤口产卵;利用冬闲时间,组织群众摘除被害干梢、虫果,集中处理,可有效压低虫口密度。

②成虫产卵期至幼虫孵化期喷施50%杀螟松乳油500倍液。每次隔10 d,连续喷施2～3次,以毒杀成虫及初孵幼虫。

③根据成虫趋光性,利用黑光灯以及高压汞灯诱杀成虫。

④保护利用天敌,如释放赤眼蜂等。

（三）根部害虫

根部害虫又称地下害虫,常见的有蝼蛄、地老虎、蛴螬、蟋蟀、叩头虫等。在园林观赏植物中一般以地老虎、蛴螬发生最普遍,食性杂,为害各种花木幼苗,猖獗时常造成严重缺苗现象,给育苗工作带来重大威胁。

根部害虫的发生与环境条件有密切的关系。土壤质地、含水量、酸碱度等对其分布和组成都有很大影响。如地老虎喜欢较湿润的黏壤土,故其主要为害区在长江以南各地及黄河流域的部分低洼地带;蛴螬(金龟子幼虫)适于生长在中性或微酸性土壤及疏松的介质中,在碱性或盐渍性土壤中很少发生;蝼蛄喜欢生活在温暖潮湿有机质丰富的土壤中;蟋蟀要求有温暖的环境,分布偏南。

1.蝼蛄类

蝼蛄属直翅目,蝼蛄科。俗称土狗、地狗、拉拉蛄等,常见的有华北蝼蛄和东方蝼蛄(图9-26)。华北蝼蛄分布在东北及内蒙古、河北、河南、山西、陕西、山东、江苏北部等地。东方蝼蛄在全国大部分地区均有分布,以长江流域及南方较多。蝼蛄食性很杂,主要以成虫、若虫食害植物幼苗的根部和靠近地面的幼茎。同时成虫、若虫常在表土层活动,钻筑坑道,造成播种苗根土分离,干枯死亡,清晨在苗圃床面上可见大量不规则隧道,虚土隆起。

图9-26 华北蝼蛄和东方蝼蛄(图片来自网络)

(1)生活史及习性

约三年1代,若虫13龄,以成虫和8龄以上的各龄若虫在150 cm以上的土中越冬。翌年3月当10 cm深土温度达8℃左右时开始活动为害,4月中下旬为害最盛,6月间交尾产卵。每个雌虫产卵300 ~ 400粒。成虫昼伏夜出,有趋光性,但体形大飞翔力差,灯下的诱杀率不如东方蝼蛄高。对粪肥臭味有趋性。

东方蝼蛄在南方一年完成1代,在北方两年完成1代,以成虫或6龄若虫越冬。翌年3月下旬开始上升至土表活动,4月、5月是为害盛期,5月中旬开始产卵,5月下旬至6月上旬为产卵盛期,6月下旬为末期。产卵前先在腐殖质较多或未腐熟的厩肥土下筑土室并产卵其中,每个雌虫可产卵0 ~ 60粒。成虫昼伏夜出,有趋光性,对香甜物质特别嗜食,对马粪等有机物质有趋性,还有趋湿性。

(2)防治方法

①施用厩肥、堆肥等有机肥料要充分腐熟。

②蝼蛄的趋光性很强,在羽化期间,晚上7 ~ 10时可用灯光诱杀。

③毒饵诱杀。用 90% 敌百虫 0.5 kg 拌入 50 kg 煮至半熟或炒香的饵料(麦麸、米糠等)作毒饵,傍晚均匀撒于苗床上。

④苗圃步道间每隔 20 m 左右挖一小坑,将马粪或带水的鲜草放入坑内诱集,再加上毒饵更好,次日清晨可到坑内集中捕杀。

⑤鸟类是蝼蛄的天敌。可在苗圃周围栽植杨、刺槐等防风林,招引红脚隼、戴胜、喜鹊、黑枕黄鹂和红尾伯劳等食虫鸟以利控制虫害。

2. 蟋蟀类

蟋蟀属盲翅目,蟋蟀科,常见有大蟋蟀和油葫芦(图 9-27),分布广,食性杂。成虫、若虫均为害松、杉、石榴、梅、泡桐、桃、梨、柑橘等苗木及多种花卉幼苗和球根。

图 9-27　大蟋蟀和油葫芦(图片来自网络)

(1)生活史及习性

大蟋蟀一年发生 1 代。以若虫在土穴内越冬,来年 3 月上旬开始大量活动,5 ~ 6 月成虫陆续出现,7 月进入羽化盛期。10 月间成虫陆续死亡。夜出性地下害虫,喜欢在疏松的沙土营造土穴而居。洞穴深达 20 ~ 150 mm,卵数十粒聚集产于卵室中,每一雌虫约产卵 500 粒以上,卵经 15 ~ 30 d 孵化。成、若虫白天潜伏洞穴内,洞口用松土掩盖,夜间拨开掩土出洞活动。

油葫芦一年发生 1 代,以卵在土中越冬,次年 4 月开始孵化。若虫夜间出土觅食,共 6 龄。6 ~ 8 月为成虫羽化期。成虫白天潜伏,一般以湿润而阴暗或潮湿疏松的土壤中栖息为多。成虫有趋光性,雄虫善鸣好斗,于 8 ~ 9 月交尾产卵,雌成虫多将卵产在杂草间的向阳土埂上、草堆旁土中。

(2)防治方法

用麦麸、米糠或各类青茶叶加入 0.1% 敌百虫配成毒饵,于傍晚投放于洞穴口上风处诱杀,在水源方便的地区,可向洞穴灌水。

3. 根蛆类

根蛆类的主要种类是种蝇,又名灰地种蝇(图9-28),属双翅目花蝇科。寄主植物有十字花科、禾本科、葫芦科等,为害特点是:幼虫蛀食萌动的种子或幼苗的地下组织,引致腐烂死亡。分布在全国各地。花圃、盆花均有发生。

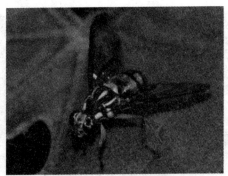

图 9-28 种蝇(图片来自网络)

(1)生活史及习性

年生2~5代,北方以蛹在土中越冬,南方长江流域冬季可见各虫态。种蝇在25 ℃以上条件下完成1代需19 d,春季均温17℃需时42 d,秋季均温12~13 ℃则需51.6 d。产卵前期初夏30~40 d,晚秋40~60 d。35 ℃以上70%卵不能孵化,幼虫、蛹死亡,故夏季种蝇少见。种蝇喜白天活动,幼虫多在表土下或幼茎内活动。

成虫喜欢在干燥晴天活动,晚上静止,在较阴凉的阴天或多风天气,大多躲在土块缝隙或其他隐蔽场所,常聚集在肥料堆上或田间地表的人畜粪上,并产卵。第一代幼虫为害最重。种蝇喜欢生活在腐臭或发酸的环境中,对蜜露、腐烂有机质、糖醋液有趋性。

(2)防治方法

①糖醋液诱杀。红糖2份、醋2份、水6份加适量敌百虫。

②幼虫发生期用90%敌百虫1 000倍液,或50%辛硫磷1 000~2 000倍液,灌浇根,杀幼虫。

③成虫发生期,每隔1周喷1次,80%敌敌畏乳油1 000~1 500倍液,连续2~3次。

④施用充分腐熟的有机肥,防止成虫产卵。

4. 白蚁类

白蚁属等翅目昆虫,分土栖、木栖和土木栖三大类。除为害房屋、桥梁、枕木、船只、仓库、堤坝等之外,还是园林树木的重要害虫。其主要分布在长江以南及西南各省。在南方,为害苗圃苗木的白蚁主要有家白蚁(属鼻白蚁科)、黑翅土白蚁和黄翅大白蚁(属白蚁科)。

家白蚁(图9-29)分布于广东、广西、福建、江西、湖北、湖南、四川、安徽、浙江、江苏及台湾等地,主要为害房屋建筑、桥梁、电杆及四旁绿化树种。

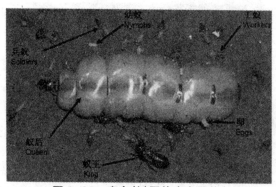

图9-29　家白蚁(图片来自网络)

(1)生活史及习性

家白蚁营群体生活,属土、木两栖白蚁,性喜阴暗潮湿,在室内或野外筑巢,巢的位置大多在树干内、夹墙内、屋梁上、猪圈内、锅灶下,也可筑巢于地下1.3～2 m深的土壤内。其主要取食木材、木材加工品及树木。木材上顺木纹穿行,呈平行排列的沟纹。通常沿墙角、门框边缘蔓延。蚁道的标志是墙上有水湿痕迹,木材上油漆变色,沿途有一些针尖大小的透气孔,或木材表面的泥被。一般找到透气孔即已接近蚁巢。家白蚁繁殖飞翔季节4～6月,多在傍晚成群飞翔,尤其是在大雨前后闷热时更为显著。有翅成虫有强烈趋光性,此时可用灯光诱杀。

白蚁的天敌有蝙蝠、青蛙、壁虎、蚂蚁等。许多种白蚁巢内均有真菌、细菌和病毒寄生,其中许多微生物能引起白蚁疾病,最后导致白蚁死亡,直至全巢覆没。另外,巢内寄生的螨类有时也能杀灭白蚁。

(2)防治方法

①挖巢。最好在冬季白蚁集中巢内时挖巢。由于家白蚁建有主、副巢,并会产生补充的繁殖蚁,所以挖巢往往还不能根除。

②毒饵诱杀。毒饵的配制是将0.1 g的75%灭蚁灵粉、2 g红糖、2 g松花粉、水适量,按重量称好,先将红糖用水溶开,再将灭蚁灵和松花粉拌匀倒入,搅拌成糊状,用皱纹卫生纸包好,或直接涂抹在卫生纸上揉成团即可。将带有灭蚁灵毒饵的卫生纸塞入有家白蚁活动的部位,如蚁路、分

飞孔、被害物的边缘或里面。配制毒饵时如无松花粉,可用面粉、米粉和甘蔗渣粉代替。

③在台湾乳白蚁活动季节设诱集坑或诱集箱,放入劈开的松木、甘蔗渣、芒萁、稻草等,用淘米水或红糖水淋湿,上面覆盖塑料薄膜和泥土,待7~10 d诱来白蚁后,喷施75%灭蚁灵粉,施药后按原样放好,继续引诱,直到无白蚁为止。

5.金龟子类

金龟子俗称白地蚕,属鞘翅目,金龟子总科,在全国分布,是苗圃、花圃、草坪、林果常见的害虫。蛴螬是金龟子幼虫的总称。为害园林植物的金龟子有170多种,其种类之多,食性之杂,为害之大,是其他地下害虫无法比的。

蛴螬为害情况可归纳为:将根茎皮层环食,使苗木死亡;根茎部分被啃食,影响生长,提早落叶;有些成虫(金龟子)吃叶、芽、花蕾、花冠影响花卉及果品的产量;根茎被害后,造成土传病害侵染,致使苗木死亡。

（1）生活史及习性

一般一年1代,或2~3年1代,长者5~6年1代。鳃金龟科种类多以成虫在土中越冬,丽金龟科、花金龟科种类多以幼虫在土中越冬。蛴螬常年生活于有机质多的土壤中,与土壤温湿度关系密切。土壤湿度大、生茬地、豆茬地、厩肥施用较多的地块,蛴螬在深土层过冬或越夏。成虫交配后10~15 d产卵,产在松软湿润的土壤内,以水浇地最多,每头雌虫可产卵100粒左右。蛴螬共3龄。1龄、2龄期较短,第3龄期最长。

铜绿丽金龟、华北大黑鳃金龟等成虫食性很杂,食量很大,多在夜间为害,以黄昏或清晨为害严重,白天在土缝中潜伏。成虫有强的趋光性。金龟子均有假死性,可多次交尾,卵散产于地中。由于种类不同,即同种在不同地区,其卵期、蛹期均有差异。铜绿丽金龟如图9-30所示,华北大黑鳃金龟如图9-31所示。

图9-30　铜绿丽金龟幼虫及成虫(图片来自网络)

图 9-31　华北大黑鳃金龟成虫及幼虫（图片来自网络）

（2）防治方法

①栽培技术。实行水、旱轮作；适时灌水；不施未腐熟的有机肥料；精耕细作，及时镇压土壤，清除田间杂草；大面积春、秋耕，并跟犁拾虫等。

②土壤处理。在翻地后整地前每公顷撒施 5% 辛硫磷颗粒剂 60 kg，或 3% 呋喃丹颗粒剂 45 ~ 60 kg，或 5% 西维因粉剂 45 kg，然后整地作畦。

③药剂拌种。用 50% 辛硫磷、50% 对硫磷或 20% 异柳磷药剂与水和种子按 1：30：（400 ~ 500）的比例拌种；用 25% 辛硫磷胶囊剂或 25% 对硫磷胶囊剂等有机磷药剂或用种子重量 2% 的 35% 克百威种衣剂包衣，还可兼治其他地下害虫。

④在成虫出土、为害期，利用黑光灯诱杀铜绿丽金龟、华北大黑鳃金龟等成虫。尤其以闷热天气，诱杀效果最好。

⑤利用金龟子的假死性人工捕杀。

⑥生物防治。如大杜鹃、大山雀、黄鹂、红尾伯劳等益鸟。此外又如青蛙、刺猬、寄生蜂、寄主蝇、食虫虻、步行虫等天敌均应加强保护与利用。利用白僵菌、绿僵菌、乳状杆菌、性外激素等防治均有一定效果。

参考文献

[1] 李永红.园林植物栽培技术 [M].北京:中国轻工业出版社,2017.

[2] 霍书新.园林绿化观赏苗木繁育与栽培 [M].北京:化学工业出版社,2017.

[3] 雷琼,赵彦杰.园林植物种植设计 [M].北京:化学工业出版社,2017.

[4] 陈艳丽.城市园林绿植养护 [M].北京:中国电力出版社,2017.

[5] 徐凌彦.草坪建植与养护技术 [M].北京:化学工业出版社,2016.

[6] 罗锢,秦琴.园林植物栽培与养护 [M].重庆:重庆大学出版社,2016.

[7] 王荷.园林植物识别与栽培养护技术 [M].北京:中国农业大学出版社,2016.

[8] 吕玉奎等.200 种常用园林植物栽培与养护技术 [M].北京:化学工业出版社,2016.

[9] 张小红.常见园林树木移植与栽培养护 [M].北京:化学工业出版社,2016.

[10] 张小红.园林绿化植物种苗繁育与养护 [M].北京:化学工业出版社,2015.

[11] 潘利.园林植物栽培与养护 [M].北京:机械工业出版社,2015.

[12] 赵和文.300 种园林植物栽培与应用 [M].北京:化学工业出版社,2015.

[13] 廖满英.图文精解园林植物栽培技术 [M].北京:化学工业出版社,2015.

[14] 程倩,刘俊娟.园林植物造景 [M].北京:机械工业出版社,2015.

[15] 成海钟,陈立人.园林植物栽培与养护 [M].北京:中国农业大学出版社,2015.

[16] 夏振平.园林植物栽培与绿地养护技术 [M].北京:中国农业大学出版社,2013.

[17] 唐蓉,李瑞昌.园林植物栽培与养护 [M].北京:科学出版社, 2013.

[18] 石进朝.园林植物栽培与养护 [M].北京:中国农业大学出版社, 2012.

[19] 余远国.园林植物栽培与养护管理 [M].北京:机械工业出版社, 2012.

[20] 庞丽萍,苏小惠.园林植物栽培与养护 [M].郑州:黄河水利出版社,2012.

[21] 龚维红.园林树木栽培学 [M].北京:中国建材工业出版社, 2012.

[22] 周兴元,李晓华.园林植物栽培 [M].北京:高等教育出版社, 2011.

[23] 蔡绍平.园林植物栽培与养护 [M].武汉:华中科技大学出版社, 2011.

[24] 李国庆.草坪建植与养护 [M].北京:化学工业出版社,2011.

[25] 上海市园林管理局,上海市风景园林学会.城市园林绿化管理工作手册 [M].北京:中国建筑工业出版社,2009.

[26] 吴丁丁.园林植物栽培与养护 [M].北京:中国农业大学出版社, 2008.

[27] 魏岩.园林植物栽培与养护 [M].北京:中国科学技术出版社, 2008.

[28] 张东林.园林绿化种植与养护工程问答实录 [M].北京:机械工业出版社,2008.

[29] 汪新娥.植物配置与造景 [M].北京:中国农业大学出版社, 2008.

[30] 祝遵凌.园林树木栽培学 [M].南京:东南大学出版社,2007.

[31] 吴玲.地被植物与景观 [M].北京:中国林业出版社,2007.

[32] 李承水.园林树木栽培养护 [M].北京:中国农业出版社,2007.

[33] 孔德政.庭院绿化与室内植物装饰 [M].北京:中国水利水电出版社,2007.

[34] 鲁平.园林植物修剪与造型造景 [M].北京:中国林业出版社, 2006.

[35] 陈佐忠,周禾.草坪与地被植物进展 [M].北京.中国林业出版社, 2006.

[36] 周兴元.园林植物栽培 [M].北京:高等教育出版社,2006.

[37] 张宝鑫,白淑媛.地被植物景观设计与应用 [M].北京:机械工业出版社,2006.

[38] 吴亚芹.园林植物栽培养护 [M].北京:化学工业出版社,2005.

[39] 祝遵凌,王瑞辉.园林植物栽培养护 [M].北京:中国林业出版社,2005.

[40] 胡长龙.观赏花木整形修剪手册 [M].上海:上海科学技术出版社,2005.

[41] 南京市园林局,南京市园林科研所.大树移植法 [M].北京:中国建筑工业出版社,2005.

[42] 中国城市建设研究院.风景园林绿化标准手册 [M].北京:中国标准出版社,2005.

[43] 张秀英.园林树木栽培养护学 [M].北京:高等教育出版社,2005.

[44] 陈发棣,房伟民.城市园林绿化花木生产与管理 [M].北京:中国林业出版社,2004.

[45] 吴泽民.园林树木栽培学 [M].北京:中国农业出版社,2003.

[46] 郭学旺,包满珠.园林树木栽培养护学 [M].北京:中国林业出版社,2002.

[47] 崔晓阳.城市绿化地土壤及其管理 [M].北京:中国林业出版社,2001.

[48] 张秀英.观赏花木整形修剪 [M].北京:中国林业出版社,2000.

[49] 谢金珠.观赏果树在园林景观中的实施要点分析 [J].江西建材.2015(14).

[50] 苏航,周兆栋,马婷.园林施工不同阶段管理技术探讨 [J].时代农机.2015(2).

[51] 何文芳.节约型园林绿化建设与养护管理探讨 [J].绿色科技.2012(1).

[52] 高富练,陈富增.园林施工过程中存在的问题及对策 [J].现代农业科技.2012(15).

[53] 高凤文,胡志凤,陈秀波.我国土壤保水剂的研究进展 [J].北京农业,2011(2).

[54] 宫辛玲,高军侠,尹光华,等.四种不同类型土壤保水剂保水性能的比较 [J].生态学杂志,2008,27(4).

[55] 王涛,林媚,王海琴,等.设施条件下 4 个中熟沙梨品种果实发育及糖酸含量的变化 [J].中国农学通报,2008,24(8).

[56] 王涛,陈伟立,陈丹霞,等.翠冠梨大棚栽培光温变化及生长发育规律研究 [J].安徽农学通报,2007,13（10）.

[57] 朱华明,冯义龙.我国花卉的设施栽培现状分析 [J].江西农业学报,2007,19（9）.

[58] 熊丽.云南花卉的栽培设施及发展思路 [J].农材实用工程技术：温室园艺,2005（1）.

[59] 中国农业机械化科学研究院.国内外设施农业装备技术发展趋势 [J].农机科技推广,2004（12）.

[60] 中国温室网.全球设施农业发展呈六大趋势 [J].农材实用工程技术：温室园艺,2003（5）.

[61] 马红霞.花卉业九大待解决问题 [J].河南科技报,2001（11）.

[62] 孟祥红,李红霞,薛玉祥,等.杏树日光温室栽培试验 [J].中国果树,2001（6）.

[63] 邵泽信.保护地栽培葡萄间作草莓的技术 [J].落叶果树,2001,33（1）.

[64] 刘华堂,周作山,李臣民,等.冬暖式大棚栽培甜油桃的实用技术 [J].落叶果树,2001,33（3）.

[65] 陈殿奎.我国设施园艺生产技术引进吸收情况 [J].农业工程学报,2000（6）.